SHUINI XINXING GANFA
ZHONGKONGSHI CAOZUO SHOUCE

水泥新型干法

中控室操作手册

第二版

● 谢克平 著

化学工业出版社
·北京·

本书针对近几十年新型干法生产线运行的实际状况，尤其是针对企业经营中产量、质量、运转率与能耗四大指标的关系，较为详细地介绍了新型干法生产线中央控制室的操作知识，包括窑和磨机的操作手段、操作参数的选择、验证操作指标的合理性等，对中控室操作人员实现精细操作具有较高的使用价值，对生产一线的技术人员和管理人员也有很好的参考性。

本书可供水泥生产企业的中控室操作员、技术人员和管理人员阅读，也可作为高等院校相关专业师生的参考书。

图书在版编目（CIP）数据

水泥新型干法中控室操作手册/谢克平著. —2 版.
—北京：化学工业出版社，2020.3（2023.4 重印）
ISBN 978-7-122-35685-7

Ⅰ. ①水⋯ Ⅱ. ①谢⋯ Ⅲ. ①水泥-干法-生产
工艺-技术手册 Ⅳ. ①TQ172.6-62

中国版本图书馆 CIP 数据核字（2020）第 006825 号

责任编辑：韩霄翠 仇志刚 文字编辑：陈 雨
责任校对：盛 琦 装帧设计：刘丽华

出版发行：化学工业出版社（北京市东城区青年湖南街 13 号 邮政编码 100011）
印 装：北京虎彩文化传播有限公司
787mm×1092mm 1/16 印张 18 字数 391 千字 2023 年 4 月北京第 2 版第 3 次印刷

购书咨询：010-64518888 售后服务：010-64518899
网 址：http://www.cip.com.cn
凡购买本书，如有缺损质量问题，本社销售中心负责调换。

定 价：98.00 元

前言

光阴荏苒，《水泥新型干法中控室操作手册》一书自 2012 年 5 月出版以来，已有七年光景，多次重印，至今仍有读者需要。编辑问是否有必要再版，因此我重新翻看此书，发现随着水泥生产技术的发展及当下节能环保与可持续发展的要求，原版内容已远不能适应技术发展，满足读者要求了。

从客观上讲，水泥生产技术发展迅速，有相当多的内容（包括为水泥提供的生产装备及用户对水泥性能的要求）第一版并未涉及或适用。如很多企业都在制定水泥生产实现自动化与智能化控制的目标，但很多操作仍存在误区，甚至很多企业还不知自动化的标准及与智能化的差异，如果只提出口号，就难以符合健康发展的节能路线。又如，当下政策要求水泥窑排放 NO_x 量、SO_x 量、废气粉尘量降低，并扩大对生活垃圾及工业污染物的处理能力，这些都应当有新的技术支撑及正确操作。还如，当今水泥的主要用户——混凝土，已对水泥质量控制有了新的要求，中控操作同样要有新的认识。

从主观上讲，任何人对任何技术的认识，除了会受到客观条件约束外，自身对客观事物的认识也需要在实践中不断深化。笔者编写此书第一版时，只强调了中控操作要尊重水泥生产的客观规律，突出以均质稳定为主的操作理念，以提高产品产量、质量，降低消耗。但这几年通过对各企业经营的观察发现，很多企业在我国经济形势的发展与调整中，面对供给侧结构性改革的方针，不能抓住节能减排的关键要求，不仅没有去掉劣质产能，而且还影响了环保治理效果。因此，很有必要重新认识与理顺企业经营中产量、质量、运转率与能耗四大指标的关系，这样才可能正确操作，取得更好效果。

基于上述考虑，本书再版不但必要，而且任务也很明晰。希望通过本书的再版，能为更多中控操作者提供进一步改善操作的参考，搭建讨论平台。希望中控操作者不要认为现有的操作技术已经成型而止步不前。

还是那句话，实践是检验真理的唯一标准，水泥生产的健康发展，需要从业者在实践中不断提高认识。努力的方向是否正确，也需要同行们勇于在实践中检验。

谢克平

2019 年 12 月

第一版前言

《水泥新型干法生产精细操作与管理》一书出版后，得到广大读者的首肯与欢迎，不仅出乎意料，也为此感到欣慰。与此同时，又听到不少读者的反映及要求，认为书中介绍的精细操作，在操作细节上仍涉及不多、不够具体。事实也说明，近两年来一些企业在参考该书取得效益的同时，仍有一些操作还有待于进行更深入细致的讨论，还会有进一步改进与规范的可能。加之近几年笔者通过在一些企业的实践与调研，加深了更多原来合理的体会，纠正和补充了原来认识上不一定准确的概念。所以，又编写了本书，以期实现与更多读者再一次进行交流的愿望。

既然是"操作手册"，就是要提供给操作者操作的依据及具体手法、甚至事无巨细地包括各种程序和步骤。然而，生产现场的情况千变万化，水泥窑、磨的类型也千差万别，本书很难包罗万象，面面俱到，这不仅是笔者水平有限，更因为是过于具体后就不会具有普遍性，甚至还会对现场管理者与操作者产生越俎代庖的负面影响。所以，本书只能更多涉及处理的原则，对某些较为肯定的操作，将尽可能地具体化；对生产现场变数较多的情况，则提供更多可能性，供读者选择。

为了使管理者与操作者有共同的思路和要求，作为操作手册不能只要求操作者做到什么，更要阐述清楚良好的操作所需要具备的基本客观条件。所以，本书在叙述每项操作手段时，始终是分两部分：影响该操作手段的客观条件；操作者所应掌握的主观操作方法。

本书无论从内容上，还是叙述方法上，仍是按操作要素论述，拟与《水泥新型干法生产精细操作与管理》一书成为姐妹篇，具体分工在引言中详述。

既然两本书是姐妹篇，而且叙述内容有所交叉，故凡该书叙述过的内容，本书尽量减少重复，而是注明出处的相关章节供读者查对。同样，凡在《新型干法水泥生产问答千例：操作篇》和《新型干法水泥生产问答千例：管理篇》及《高性价比水泥装备选用动态集锦》书中所述内容，也采取相同方法引用，尽量减少叙述上的重复。

本书辊压机部分征求了粉磨专家邹伟斌先生，他对该节内容进行了真知灼见地补充与修改，为该节增色不少，在此深表感谢。

本书在撰写中，参阅了近期《水泥》杂志、《新世纪水泥导报》杂志、《水泥技术》杂志、《水泥工程》杂志、《四川水泥》杂志中相关文章，在此一并致以深深的谢意。

本书的校核仍是由李玉兰完成的，她是政府特殊津贴享受者，是我的大学同窗，又是终身伴侣。对她为本书付出的艰辛劳动深表敬意。

还是那句话，任何理论和做法都要经过实践检验，而且这种检验也必将符合实践—认识—再实践—再认识的过程，这个过程永远不会终止。所以，欢迎广大读者在实践中能更多结合实际，对本书的不当之处提出批评与建议，以期本书从当前手册的雏形逐渐完善成为应该遵循的操作依据。

愿所有从事新型干法水泥生产的同行们在实践中相互借鉴和学习，为提高我国水泥工业生产的运转水平和效益，赶上并超过世界先进水平而不断努力！

谢克平

2011 年 12 月

目录

第二篇　烧成系统的操作

第三篇　粉磨系统的操作

绪　论

对于"操作"这一在操作手册中使用最广泛的词汇，有必要与读者交流清楚其具体含义，以作为继续深入讨论的基础。操作是指按照一定程序和技术要求进行的活动或工作。在生产中所讲的操作涉及任务、目标、标准、参数、手段及条件等各项内容，讨论时不能缺少其中任一部分，否则，就难以对操作过程实施完整有效的指导。很多企业制定的操作规程可操作性不强，其原因正在于此。

记得在《水泥新型干法生产精细操作与管理》一书中，曾以操作的基本要素为序，按章分别叙述操作指标、操作参数、操作方法及排除故障，这只是操作中的部分内容，当时是从实现精细运转的愿望出发，制定科学操作指标的原则，优化各项操作参数，进而推荐所应采取的操作手法与技巧，所以，还不是操作要素的全部；而本书将首先客观分析优秀操作所应具备的操作条件，提出操作员所应持有的操作理念，利用所拥有的操作手段，按照应有的程序与方法，实现最佳操作参数的选择，验证操作指标的合理性，从而实现精细操作。由此便可看出，只有在两本书结合之后，才能完成对操作要素的全面表述。为形象描述全部操作要素之间的关系及两书的叙述分工，特别绘制图表示意（图 0-1）:《水泥新型干法生产精细操作与管理》是从后向前叙述，本书是由前向后叙述。

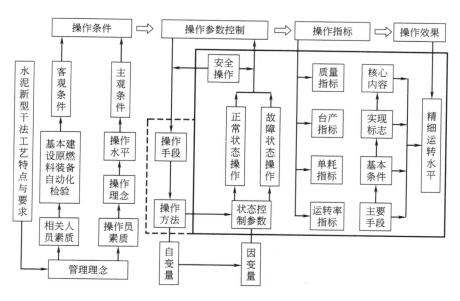

图 0-1　操作要素组成分解

黑实线内为文献［1］所涉及内容；黑虚线内为两书交叉内容；其余部分为本书涉及内容

　　两书在叙述内容上既有差别，也有分工，《水泥新型干法生产精细操作与管理》着重从精细角度出发，针对管理与操作中存在的粗放做法，提出明确的意见与看法，除了参阅国外资料外，基本未摘录国内同行的观点；本书则是尽量周到细致说明每个操作环节的正确与错误，必然会涉及同行所熟知的一些内容及经验，以便讨论。

　　本书叙述操作的中心思想是：提出优秀的操作标准，即节能的目标。实现这种操作不仅要提高操作员的素质，而且企业管理人员、现场巡检、质量检验等各工种都要为中控操作创造必要条件，对他们同样有对应的考核标准，让他们的操作同样合理与先进。这是企业培训操作员，激励优秀操作员涌现的正确途径。

第一篇

中控室操作的主客观条件

　　水泥生产中央控制室的操作对企业效益至关重要，为充分发挥其作用，不仅要提高中控操作员的主观素质，企业所有部门也都要为中控操作创造最佳客观条件。

第1章

▶▶▶▶▶▶

水泥生产经营的目标与核心指标

1.1 节能减排是提高中控操作技术的核心内容

1.1.1 降低能耗是各项操作指标的核心

水泥生产要不忘初衷，想要有利于社会与环保，企业就应当树立正确的节能思路，全力抓好节能减排。

之所以称能耗指标是企业经营的纲，是在分析了它与产量、质量、运转率等生产指标的关系后得到的结论：凡是片面追求产量、质量及运转率，必然会威胁能耗的降低。反之，能耗的降低，不但不会影响产量、质量及运转率的完成，反而有助于这些指标的改善；如果再分析成本、环保、技改、采购装备、现场管理、人力资源等经营指标与能耗的关系，也同样得出这样的结论：降能耗一定是降成本、利环保、确保技改效果、提高装备素质、改善现场管理、提高人员素质的关键举措。反之，单纯抓这些经营指标，很可能造成能耗升高，最终反而让各项指标倒退。所有分析都表明：降能耗才是有百利而无一害的唯一经济指标，它是带动企业素质全面提高的灵魂。

如果将企业比喻为一头牛。牛要前进，只需牵动"牛鼻子"，而这"牛鼻子"，就应该是能耗，而台产、质量、运转率、成本等指标则是企业的"牛腿"，全力支撑着企业在市场中行走。想让牛前行，只需牵着牛鼻子上的缰绳，而不能逐条搬动牛腿。然而，当前不少企业的管理现状却是：产量低了有人急、质量低了有人抓、运转率低了有人管，甚至连现场管理都要一把手亲自抓，唯独能耗高了无人问，显然成了"搬牛腿"式的经营。

在企业各项生产经济指标中，唯独降低能耗，才最能体现企业管理与技术水平。因为高产可以通过投资建设新生产线或增大装备规格实现；提高质量只要用好原燃料与配料就能达到；高运转率只要购置好装备并认真维护就能创造。而要降低能耗，就必须要求全体员工提高素质，通过全企业的精细管理与操作才能实现。所以，降低能耗是最不易完成的任务，也是任何企业蕴藏巨大潜力的目标，毫不夸张地说，只有低能耗才能反映企业管理者的真功夫。

总之，企业只有尽早抓节能，才能抓出企业经营的主动权；只有一把手给力抓节能，当作核心工作去抓，才能抓出企业日新月异的效益。

1.1.2 最高产量与最低能耗间的关系

人们提高台产时，常常还要考虑对产品质量及运转率的威胁，但却较少担心能耗的升高，而且这种升高常常在质量与设备并未受到威胁之前。为此，有必要再次思考产量与能耗的关系，看看增产是否一定节能，查查产量背后是否有更为关键的指标在影响企业效益增减。

相当多经营者的理念首先是总产量，不但要努力提高台产，还要提高运转率。他们习惯性认为：多一吨产量，就能多一吨的利润；而且提高台产，就能摊薄固定成本，增加利润。很多人坚信"产量越高，能耗就越低"，并未理解节能还有更深刻的意义，只以为是降成本而已。却没想到产量增加到一定程度时，能耗反而要增加，企业发展开始为这种高产承受负增长的恶果。再加之，企业管理存在很多落后习惯，如为节省投资，总是低价购置高耗能装备；为多发电，不惜多用煤增加余热等。在这种理念指导下，只靠技术人员节能降耗，就无法指望有好的水平。

从理论上分析：在其他条件相对固定时，单位能耗与台产的关系理应如图 1-1 所示：最初产量低时，能耗确实随产量增加而降低，但到一定程度后，能量转换与交换将受到设备规格的约束，煤耗、电耗都会升高。因此，台产与单位能耗的关系中，势必存在一个对应能耗最低的台产 a 点。它不会是设计保证值，也不是设备安全的额定值，却是管理者与操作者需要认真摸索的最佳产量 ［详见 4.3.1 节（2）］。尽管水泥生产计量尚不够精准，让人们对过高台产所增加的能耗有些麻木，但该最佳产量一定客观存在。低于它，

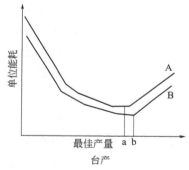

图 1-1 单位能耗与台产的关系

生产线就是欠产；但高于它（如 b 点），热耗就增加，带来更多污染排放与经济损失，当前更多企业状态即如此。

因为熟料在煅烧过程中，有预热、分解、烧成及冷却四大热交换阶段 ［详见 7.1.1 节（3）］，无论台产过低或过高，都会影响某阶段热交换的充分程度。这些不充分将反映在如下参数上：一级预热器出口温度、分解炉出口温度、窑尾温度、窑头废气排出温度（或是进余热锅炉的废气温度）以及熟料出篦冷机温度等。这其中只要有一处温度高，都意味着相关阶段的耗能在增加。而影响因素中，关键因素就是台产的喂料量。相反，只有上述温度在理想范围内，增产才变得合理而富有效益。这就是说，当热交换总效率最高、热能损失最低时的产量，才是生产应该追求的产量。

粉磨系统耗能的规律也不例外，它的能量交换可分解为烘干、粗磨、细研、选粉等几大环节，只要喂料量不当，就可能使其中某一环节能量交换不充分，如选粉循环负荷不当、风机电耗增高，就会让磨机的单位电耗升高；至于为追求产量，增大管磨机直径，节能前景更为渺茫；即使磨机负荷允许，增加钢球装载量实现增产，其单位电耗也必将增加；对于立磨与辊压机，当喂料量过小或过大，料层过薄或过厚，辊压及通风量又未做相应调整时，就导致产品粒径变粗，粉磨效率、选粉效率降低，系统的单位电耗变大。这些事实说明，粉磨过程同样不是台产越高，能耗就越低。

再看看实践运行的对比，为增加产量所带来的高热耗损失。尽管这种损失取决于水泥售价及能源价格的比值（水泥售价越低、能源价格越高，该损失越大）。假设原煤价格为500元/吨、每吨水泥可赢利20元，如果因为台产提高10%、能耗增加了2%～3%，就等于企业利润并未增加，此时提产所得早已被能耗升高所抵消。这还未考虑降耗可激励增产、降低排污费及实行能耗价差制度等因素对成本的影响。

这里所谓"降低能耗会激励产量提升"的含义，是强调只要降低了每公斤熟料所需热量，窑的容积虽未变大，但同样燃料就能煅烧更多熟料，就为提产创造了条件；而让粉磨单位电耗降低，磨机主电机额定功率不变，也会为增产留足潜力。很多技改实例已经表明，只要降低能耗，客观上就是促进产量提高。看来，只要稍加调整思维方式，以降低能耗为纲，替换狠抓产量的那股劲，企业定能得到更高效益。

由上分析可知：正是能耗充当着控制产量背后的灵魂，掌控着企业效益与命运。

这种理念就像有远见、有条件的家长，并不希望自己的孩子过早工作，而是要为他创造更多的学习机会，为日后成长与奋斗打下牢靠的基础。企业经营莫非不是如此，只有投资充分，让系统具有更低能耗运行的条件，投产后所创造的效益，一定比一心追求产量来得更为主动、扎实和诱人。

企业经营者一旦抛弃产量至上的陈旧观念、追求最佳台产之后，节能意识就会重于提产意识，经营效果就会明显飞跃。但是，降低能耗绝非只是控制产量那么单纯，它还需要一系列有效的管理与操作，更需要不断选用节能装备与技术、加快技术改造等。这种观念即便在产品供不应求时，为了社会总体利益及企业自身利益的大局，也是必要的。

1.1.3 降低能耗与提高质量的关系

凡坚持质量第一者都应当认为，提高水泥、混凝土质量，延长建筑物寿命，才是最大的节能减排，最大的环保。但能耗与质量的关系，还不应那样简单，虽然质量不像产量指标那样反映在能耗指标中，但任何产品（包括水泥）性能的进步，从根本上说，无论制造过程，还是使用过程，都要用节能效果去判断，否则就不是质量提高，其工艺与装备也不能称为高性能。也就是说，生产高质量产品不能靠增加耗能，而节能也不是让产品质量下降。不追求降低能耗地抓质量，就不可能是最适宜的质量；而能耗高的产品，哪怕性能再好，也必将受到更新换代的挑战。即提高产品质量必须与节能减排高度一致。

这是因为，任何产品质量是指它的使用价值高，绝不是追求某一项指标的极端。比如，绝不能简单认为水泥标号越高，质量就越好。因为过高的强度来自组分的活性，就需要更大的需水量，产生更多的水化热，此时的混凝土就容易开裂，会缩短建筑物寿命，即会表现为刚度过大、韧性不足。再比如，游离钙过低的熟料强度并不一定高，还会增加煅烧热耗、粉磨电耗。又比如，过细粉磨生料不仅电耗要多，而且窑的煅烧条件变差，还浪费热耗。由此可见，只在一个方向（或上限，或下限）追求质量的传统工艺规程指标，并不合理，即使合格率再高，质量也不见得就好，还易产生质量过剩的浪费。因此，任何质量指标都应有一个约束范围，产品性能才会更好、更稳定，也有利于降低能耗。

这还因为，提高生产稳定性，是同时赢得质量高与能耗低的法宝。只要狠抓生产的稳定条件，不仅可以有稳定的产品质量，更可以降低能耗。

这更因为，在相当多的具体操作中，高质量与低能耗常常是命运共同体。如努力提高二次风温，就会加快熟料冷却速度，避免结构晶型的不利转化，在窑更多回收热量降低煤耗的同时提高了熟料质量。因此，应将能耗列为考核操作员水平的首位指标，而不是只看熟料的游离钙或升重、水泥的筛余或比表面积。

抓质量不问能耗，只强调质量第一，就会升高质量成本，将质量指标与能耗指标对立起来。如煅烧熟料时，以为提高二次风温，就应当提高煅烧温度；或为提高标号，总要提高饱和比，被迫提升烧成温度，而牺牲热耗；或担心为省煤就会降低烧成温度，熟料质量就会变差。又如粉磨水泥时，为提高水泥强度，不惜增加熟料用量、提高比表面积，结果又增加电耗，升高了需水量、水化热，水泥性能变劣。为此，坚持质量与能耗的高度统一，才能创建熟料最佳晶相结构及水泥最佳粒径组成的工艺，才会获得高性能、低能耗的产品。

从发展眼光看，随着现代混凝土技术的进步，质量与节能的关系越发密切。可以预测，少用水泥并不只为降低混凝土成本，还能成为改善混凝土性能的重要手段。这正是将质量与节能对立的水泥人始料未及的。

1.1.4　降低能耗与设备运转率的关系

企业常常用设备运转率反映设备的管理水平，然而，企业要想从设备管理中直接获得效益，应该用完好运转率衡量。所谓完好运转率，就是按设备管理规程，将设备运转状态区分出完好运转与带病运转，并从实际运转时间中扣除带病运转时间，除以日历时间而计算的。这个标准，使以往 95% 的运转率中，完好运转率估计连 50% 都达不到，有的设备甚至从未在完好状态下运行过，它的完好运转率几近是零。完好运转率才是对设备管理的高标准。

之所以强调完好运转率，是因为它比带病运转能耗更低。比如设备常见的漏风、漏料、漏油、漏气，它们在增加能耗的同时，加剧了设备磨损；又如，风机阀门的风叶一旦变形、损坏，就一定会增加电耗，甚至难以实现所要求的风量与风压；还有，磨辊磨损后，一定会减产升耗；至于温度表、压力表不准，更会误导操作，即便产生大的故障也不易被发现；工艺原因所导致的病症，如窑内"结圈"、结皮、箅冷机雪人、红河等，也分分秒秒在蚕食着生产效益。所以，及时发现并消除隐患，就像人定期体检、早期治疗一样，是设备管理的基本功。

这完全说明，只有通过设备与工艺两方面，将节能当作共同努力的目标，设备才有高的完好运转率。只有明确目标，企业才会有选购高性价比装备的积极性，并通过科学巡检加强维护管理；工艺上更要提高原燃料的均质稳定，并在操作中寻求最佳工艺参数。

设备的润滑水平是判断企业设备管理水平非常现实的标准，它也时时渗透着运转率与节能的紧密关系。高水平的润滑，不仅能延长装备使用寿命，提高完好运转率，而且因设备摩擦副间降低了摩擦系数，必然降低设备运行能耗。

1.1.5　降低能耗与降低成本的关系

企业经营中，成本是非常重要的指标，面临供给侧结构性改革的要求，降成本就是其中的主要任务，现在企业遵循"降本增效"，似乎无可非议，它确实比盲目扩张规模强得多。但现实中却不难发现很多降成本的措施，是在增加能耗，尽管局部成本在降低，但升高的能耗一定会增加总成本。如压低原燃料价格，虽然采购成本局部降低，但由于忽略了均质稳定的要求，使生产能耗上升，责任却全部落在操作者的身上；又如为了节约成本，不配置必要的仪表，一定会造成耗能与成本损失；再如为了增加余热发电，不惜增加用煤量加大余热，显著增加熟料煤耗，虽降低用电成本，但却大幅提升了熟料用煤成本。

上述诸做法反映了这样的事实，未将节能当作降成本的龙头，却只当作降成本的局部，这样只会偏离降成本的轨道，获取事与愿违的结果。

能源之所以是主导成本，不仅因为能源价格会越来越高，更重要的是，降低能耗如前所述，能改善企业各项生产指标，产生很大的潜在影响。但遗憾的是，企业财务部门计算成本，只孤立按现有科目计算，根本无法反映、暴露成本增减的内在原因。比如，只计算装备采购成本，而未与装备维修成本及能耗成本联系在一起；只计算平均单位电价降低[元/(kW·h)]，却未对比可能增加的电耗（kW·h/t）；只计算燃料采购成本，不考虑熟料热耗为此升高的幅度等。所有这些成本计算，都会为领导决策提供片面的信息与依据。

1.1.6　降低能耗与环境保护的关系

人类为了生存，从向自然生化能源摄取能量开始，就已经在破坏生态环境了，只是最初摄取量较少，环境有足够的自愈功能，人类才得以繁衍生息数万年。但现代人对能源的摄取量，已经大大超过环境承受的程度，人类生存受到威胁。既然污染是来自耗能，那么，有效降低对天然能源的消耗量，正是环境保护的核心。

当今环境治理力度尽管很大，但治理效果仍不理想，其原因在于治理精力只集中在环保执法力度上，却忽视了治理污染的重心是降低能耗。比如，不断提高水泥脱硝标准，而不重视节能技术开发，就会增加氨逃逸量，多耗能而并未减排；又比如，粉尘治理提倡"电改袋"，也只追求低排放，但却增加了电耗量。总之，将治理污染与节能对立起来，不顾一切地降低排放而不问耗能，就等于让污染在项目与地域间转移。地球大气层是流动极快的整体，土壤与江河并不是孤立存在。至于为保护环境动辄统一停产，更是低级错误，虽能换来短暂的蓝天白云，但一开一停，肯定要为增加单位产品能耗而买单。

说到底，环保自身的耗能不仅要提高治理成本，更是对生态的反治理，因此，降低治理污染的耗能，必须成为环保工作中不容忽视的指标。在评审治理污染的工艺方案、环保装备制造的标准时，不应只审查治理后达到的排放标准，更要比较治理所用的耗能多少，包括间接耗能。即对环保考核同时一定要背上能耗指标。

也可以这样认为，凡是能耗过高的生产企业，即使污染排放合格，也不能算环保达标。只要能耗指标过高，生产线本身就是环境治理的关闭对象，根本没有资格谈治理排放。

水泥行业要想既环保，又节能，就必须回到尊重水泥生产的客观规律、尊重均质稳定上来。凡是治理过污染排放的人都有体会：只有生产稳定了，才有可能降低环保治理的投入与耗能。可以想象，若 NO_x 生成量随煅烧温度忽高忽低，不仅浪费氨水，也难以避免超标排放。因此，欲提高环保治理效果，首先要验收生产的均质稳定条件。我国生产稳定的水泥生产线并不多，理应成为环保治理内容的重中之重。

1.2　水泥行业的供给侧结构性改革

企业实力不能靠产能高低来衡量，而要看产能的品质，即要看产品质量及产能质量两个方面。产品质量是从需求侧判断的，是为降低用户的使用能耗服务的，它是企业获得回报的根本；而产能质量才是对供给侧能力的判断，同样的产能，并不意味着产能的质量高，而是看它的产能所用的能耗高低，能耗越低的产能，才表明企业的产能质量高，拥有更高的竞争实力。所以，任何企业在提高产能的同时，一定是追求更低的能耗，这种产能才更有意义。

某些企业家认为追求产能大是他们的天职，却从来不将质量与能耗当作战略决策去抓，常常是靠二把手，甚至仅靠技术人员。自己仍习惯于从需求侧用力，喜欢依仗权力，而不是技术，喜欢通过垄断，而不是竞争。这样的企业，不从企业内部，即供给侧进行结构改革，就很难逃脱被市场淘汰的厄运。

第2章

水泥新型干法生产的特点与要求

要做好任何事情，首先应掌握其规律。水泥企业要落实节能降耗的核心指标，首先就应当认识现代新型干法生产所固有的规律，通过实践加深理解，并提高执行的自觉性。

2.1 水泥新型干法生产的特点与要求

新型干法生产的要求与特点就是均质稳定。这里的所谓"要求"是指均质稳定的必要性，即水泥生产要想效益最大化，就必须均质稳定。而所谓"特点"是指均质稳定的可能性，即只有新型干法工艺才具有均质稳定的优势。预分解烧成工艺及料层粉磨工艺之所以能取代传统的烧成与粉磨工艺，原因正在于此。

均质稳定是经过较长时间的实践摸索、正反经验与教训的对比，被人们所悟出并理解的规律。遵循此规律，新型干法生产线才能高水平运转，获得高效益。现今国内各生产线之间存在较大区别，其根源就在于这种认识与实践上的差异，而且还将更为深刻、长久地影响企业的发展方向。

2.1.1 什么是均质稳定

"均质稳定"中的"均质"是指在一个原料、半成品或产品料堆中（如图 2-1 中的 A 或 B 两个料堆）的任一点取样（如图 2-1 两堆中的 1、2、3、4、5 各点），对它们任何指标的测试结果，都能代表该料堆原料、半成品或产品质量；而"均质稳定"中的"稳定"是指不同原料、半成品或产品料堆之间平均质量的一致性，不应随更换料堆而改变。如果按照数理统计学的概念定义，在同一批次物料中任意取样的各项指标的标准偏差应该小于要求值，而不同批次物料中心值的波动应该小于目标值±上下限。

"均质"是"稳定"的条件，"稳定"是"均质"的保证，两者密不可分。因为新型干法有这个要求，生产就必须具备这个条件，而且恰恰因为是这个特点，均质稳定才需要创

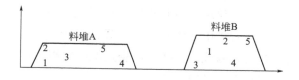

图 2-1　均质稳定示意图

造这个条件。以石灰石的氧化钙含量为例，如果石灰石堆场内任意取出的石灰石样品，其不同样品之间的氧化钙偏差介于±1％内波动，这样的石灰石就是均质稳定的石灰石。用这种石灰石生产生料，在其他工艺条件相同的情况下，就能配制出成分最为稳定的生料，单位生料所用的能耗也才能最低。

　　要想获取均质稳定的目标和效果，就需要有正确的思想指导，并付出足够努力。实现"均质"就是对物料"均化"，并防止加工过程的离析；实现"稳定"则是加强配料计量及检验控制、装备完好运转、加之正确操作；如果用自动化、智能化代替人工操作，则要求有正确的编程思路。实现"均质稳定"，是对原燃料至水泥出厂全过程的每个细节的贯彻，其中原燃料均化与仪表计量是关键细节，更不容忽视。

2.1.2　均质稳定与均衡稳定的区别

　　"衡"更多强调数量上的平衡；而"质"则同时要求数量、质量的均匀性。

　　"均质"与"均衡"两者的区别还在于："均衡"是各种事物产品都需要有的要求，并非是水泥生产所独具的特点；而"均质"才是部分产品，特别是化工产品的特定要求。水泥生产同样需要均衡，如配料各组分比例就要均衡，窑、炉用煤、用风也要均衡，如果原燃料的成分未实现均质，尽管上述均衡已经实现，但仍然难以实现生产与操作的稳定。突出均质稳定，就是强调不能越过原燃料处理的烦琐过程，不要误以为会有跨过均质的捷径。所以，"均衡稳定"永远不可替代"均质稳定"作为水泥生产的要求与特点。

2.1.3　新型干法水泥生产均质稳定的必要性

　　（1）社会对水泥产品质量要求所必需

　　用户对水泥品质的要求中，均质稳定既是基本要求，也是最高要求。之所以是基本，是因为任何一家水泥产品不能做到均质稳定，就不会有大用户敢于使用；之所以是最高，是因为对于像水泥这种固态的粉状产品，均质稳定程度的提高并不是轻而易举的事。评价水泥质量不能只看某项指标是否达标，更要求这些指标的稳定性。水泥的均质稳定决定了混凝土及砂浆性能的均质稳定，由此决定建筑物的整体耐久性，不会因为存在某个局部的薄弱而导致整体的垮塌。

　　有人说，新型干法生产技术诞生前的水泥不是一样满足了均质稳定的使用要求吗？不是这样的，当时是靠国家规定出厂水泥多库搭配制度予以满足，一个年产二三十万吨的水泥厂，至少有十个以上水泥库，且因生产规模小，事后搭配比较容易，用户使用批量也小，均质稳定的要求也不高。更何况，当时建厂条件要比现在正规，一个年产20万吨的水泥厂，都要拥有自采的石灰石矿山。随着现代建设的发展，不但水泥生产越发大型化，而且水泥的使用量也越来越大，因此，现代水泥企业就越发需要重视均质稳定的要求。

（2）实现新型干法水泥高产所必需

新型干法生产线的生产规模越大，设备能力对各种参数的波动承受能力会越大，即同样的风、煤、料的绝对波动值，日产5000t生产线比2000t生产线要显得稳定得多。但绝不意味着可降低生产中每个环节的稳定程度，因为相对波动值相同，大规格生产线的绝对波动量会变大，风险也随之加大。

① 在最大允许喂料量下运行时，生产线难以承受喂料量波动，稍向上波动就会窜生料、塌料；也难以承受生料成分的波动，稍向高波动就需要更多热量，不但煅烧温度难以稳定、窑皮难以保住，而且喂料量自身也难以维持恒定。

② 喂料、喂煤、用风的任意一项不稳定都会发生堵塞、塌料、结圈等工艺事故，直接影响生产稳定。

③ 由于风、煤、料等参数互相影响牵制，系统不稳定将加大操作难度，增加误操作的可能性。比如，喂煤量波动造成的窑内温度不稳定，就要调整喂料量，还应调整用风量，否则热耗就要升高。

（3）生产优质熟料所必需

原燃料与生产过程控制的均质稳定是影响熟料与水泥质量的关键。就原燃料稳定而言，因为生料成分与煤粉灰分都要直接参加化学反应，其中有任何变动都会直接改变配料三率值，都会对熟料煅烧制度产生干扰，进而影响熟料质量的均质稳定。而只有熟料矿物组成稳定，才能有稳定的高熟料标号。

水泥工作者都非常重视优选配料方案，但对原燃料的均质稳定却漠不关心。物料成分若波动较大，再好的配料方案也难以兑现。波动越大，配料方案的效果越小。就好像对移动靶位射击一样，靶位移动越大、越快，命中率必然越低。

（4）降低能耗所必需

如果系统在不稳定的状态下运行，喂煤量、喂料量、通风量加减频繁，最佳风、煤、料的配合就无法获取，就会发生：

① 过剩的风量消耗更多的热量；不足的风量使燃料燃烧不完全。两种情况都要消耗更多的燃料，而恰到好处的风量使用，在不稳定的窑中是很难实现的。

② 加煤过多，不会有完全燃烧；加煤过少，温度就会降低。窑内温度的变化，不论是由高温变成低温，还是低温升为高温，都要消耗更多的燃料。

燃烧器的一次用风量及风速要与用煤量相符，如果用煤量不稳定，这种相符很难达到。用煤量的改变还会使掺入的煤灰量变化，从而改变配料率值。

③ 影响下料量波动的因素更多，这种波动不仅造成窑内温度的变化，而且直接影响风、煤、料的配比，使煤耗增加。

我国大多数预分解窑热耗过高的主要原因之一正在于对均质稳定的要求重视不够。

（5）长期安全运转所必需

如果不考虑各种异常状态，影响窑运转率的主要因素，一是窑内衬料寿命，二是设备完好运转率。二者之间相互影响。

当生料与煤粉成分不稳定时，烧成系统的温度就要波动，会导致窑皮频繁脱落，必然加剧衬砖的消耗，大大缩短窑衬寿命；而且系统温度波动，也会让窑体不可能正常上下窜动；若窑内局部高温红窑，还会导致筒体变形，又进一步威胁窑衬砌筑质量，加剧缩短运转周期。

综上所述，对于某一固定的生产线，实现高产、优质、低耗、安全运转的最佳目标，必定是在全力实现原燃料的均质稳定条件下，才有可能获取。

2.1.4　新型干法工艺实现均质稳定的可能性

为了分析这种可能性，将新型干法水泥生产中预分解窑的核心技术与其他辅助先进技术分为两大部分叙述，逐项解析它们对均质稳定所发挥的积极作用。

（1）熟料煅烧的先进技术——预分解窑

预分解窑包括：筒状或管状分解炉及旋风筒状的多级预热器，高窑速的回转窑以及高效快速冷却的篦冷机。

① 分解炉　新型干法水泥生产工艺的核心技术是熟料煅烧前采取悬浮状态的预分解技术。不论何种类型的分解炉，都是煤粉在悬浮状态下燃烧释放出热量。生料同样在悬浮状态下接受热量进行分解，它不仅能快速地为熟料煅烧创造最高的碳酸盐分解率，而且提供了最为理想的均质稳定的分解过程。预分解技术能做到如此均质稳定的程度是任何传统水泥工艺望尘莫及的。比如，立窑依靠生料与煤粉的紧密接触，热耗也不高，但它无法使传热及分解在悬浮状态下进行，因而它所生产的熟料质量很难实现均质稳定，这种本质差异不仅是立窑提高熟料质量的难题，也是难以使其大型化的致命环节。

② 多级预热器系统　采取悬浮状态利用煅烧的余热预热生料，并且采取最多达六级的多级旋风筒预热方式，不仅提高热传导效率，强化预热效果，而且也是均质稳定的过程。旋风筒的气料分离功能，也影响着预热过程均质稳定的程度。

③ 窑的高速旋转　悬浮状态下高分解率的物料，为较大幅度提高窑的转速创造了可能，恰恰是这种高而稳的窑速，改善了熟料煅烧阶段均质稳定的效果，使熟料的受热均匀程度及物料之间的反应均匀程度，都相对高于中空干法窑、湿法窑及立波尔窑，从而使预分解窑的熟料质量有得天独厚的优势。当然，如果能使熟料煅烧过程也处于悬浮状态，将会从根本上改善煅烧的均质稳定条件，这种试图进一步提高质量、降低热耗的研究从未停止过，但毕竟这种技术的难度要大得多，目前世界上还没有生产性突破。

④ 篦冷机　熟料用空气急冷是保证熟料质量的必要手段，被熟料加热的高温空气则对煤粉的燃烧速率、火焰的质量以及降低热耗有着重要的影响，篦冷机的不断更新换代就是为了提高这种效果。有效控制冷却空气量与篦板及熟料阻力相配，提高热交换能力，是开发新型篦冷机的核心内容。在名目繁多的第四代篦冷机中，谁真谁假，只能且应该由此

辨别。

（2）物料粉磨的先进技术——料床粉磨

现代物料粉磨技术已由球磨机的冲砸、研磨技术，进步为以立磨、辊压机为代表的料床粉磨，也为粉磨过程的均质稳定提供了条件，与之相配的选粉技术也有了相应的进步。

立磨是通过磨辊在磨盘上对物料碾压，辊压机是双磨辊之间对通过的物料挤压，这种定向受力不仅比钢球杂乱无章的运动节能，而且有利于粉磨后物料的粒径分布均匀。立磨碾压后的物料中只有粒径小到一定程度才可能被选定的风压带到上部的选粉叶片内，经选粉将不符合粒径的粗料再返回磨盘；辊压机则是将挤压后的料饼经 V 选（V 形选粉机）打碎后，让不合格粗料返回辊压机重新挤压。显然，它们对成品的粒径控制要比球磨机准确得多。

（3）辅助先进技术

与窑、磨的核心技术相比，还有大量的现代水泥设施，成为均质稳定不可缺少的辅助技术。比如原燃料的均化堆场及装置、在线的质量检验设施、多风道燃烧器、计量与自动化仪表等。它们的应用为保证最终产品的均质稳定做出了贡献。但是这些技术并不为预分解窑所独有，当前 JD 立窑技术的先进与推广正是建立在这些技术的基础上。

① 原燃料的均化堆场　均化设施的原理是：让同一时间进场的物料不同时间出场，而不同时间进场的物料同一时间出场。包括石灰石、辅料、原煤在内的各种类型均化堆场及装置，是生产线上第一道均质稳定的设施，它们无非是让天然的非均质矿石，以均质的成分进入生产线。

② γ 射线中子活化在线分析仪　最近数年应用愈加广泛的 γ 射线中子活化在线分析仪，是保证配料稳定的理想控制设备，它一改取样、分析（人工或 X 荧光分析仪）、调整配料的传统程序，采取在线即时分析后的调整控制，避免了传统控制时间滞后较长、致使配料成分波动较大的弊病。与粉磨出的生料成分不均匀、依靠事后的"均化"相比，这种效果要更为主动和有效。

③ 生料均化库　为了进一步克服配料成分波动及生料系统控制的波动，提高入窑生料成分的稳定性，水泥专家们在开发生料均化库上也曾花费大量精力。它的原理与均化堆场完全一致，但设施完全不同，管理与操作方法也各有特点。γ 射线中子活化在线分析仪的投入使用可以减轻对生料成分稳定性方面要求的压力，甚至可以适当减少生料库容量，以降低基建投资。

④ 多风道燃烧器　如果煤粉的燃烧能使火焰稳定、均匀，而且尽快地产生热量并传递，这对于煅烧均质稳定的熟料非常有益。三风道与四风道燃烧器就是为实现这个要求而开发的装备。它不仅可以根据需要调节火焰的形状，更重要的是能用最少的一次风使煤粉快速燃烧，能在回转窑的高温带放出热能。尤其当使用挥发分低的煤质时，这种能力就变得必需，并且更加宝贵。

⑤ 计量与自动化仪表　计量设施能准确控制系统物料喂入量，仪表能准确地反映系统状态，当计量测定值偏离给定值时，根据设计的自控回路将实际值自动调整到给定值，这个过程远比人为操作要精细得多、可靠得多、及时得多，使操作参数都能稳定在理想水

平上。因此，只将自动化理解为可以节约劳动力，提高劳动效率，是一种片面而浅显的认识。应该明确，只有自动化，才能使系统的均质稳定程度提高到新的水平，这才是自动化重大而深远的意义（详见 3.4 节）。

只有充分认识到新型干法工艺所具备的这些促进均质稳定的优势，才有可能在设计与生产中主动发挥它，而不是采用错误的做法随意丧失这种优势，降低它的效益。比如，曾有人介绍"低温投料法"，宣传降低投料时的分解炉温度有利于防止堵塞，且不说世上数千条生产线高温投料并未造成堵塞，仅就其低温投料的结果就已经削弱了分解炉悬浮状态下的均质稳定特点，加重了窑内煅烧负荷，从投料开始就放弃了分解炉所拥有的均质稳定优势。

2.1.5　水泥生产实现均质稳定的难度

在论证新型干法水泥生产均质稳定的必要及可能之后，还要清醒地认识到水泥生产实现均质稳定的困难与关键所在。

这种难度在于它所使用的原料来自天然形成的矿产资源，它不像大多数化工生产所用原料本身就是来自上游的产品，基本已经均质。这为矿山工作者既提出了难题，也提供了展示才能的机遇，通过充分利用自然资源及工业废料，使非均质的原燃料，均质地进入生产线。水泥企业的建设者既要聘请高明的地质、矿山开采及工艺工程师，更要给予必要的投资支持。

这种难度还在于水泥虽是化工产品，但在它的化学反应中只有少量液相出现，更多的是固相反应。固态分子最难运动，从而很难实现均质稳定。所以，它更需要从基建质量、原燃料管理、设备维护、仪表自动化、质量检验等各个环节采取相应措施，为满足均质稳定要求创造条件（详见 3.1～3.5 节）。

相对于原燃料及产品特点而言，更大的难度还在于传统管理的习惯思维。比如，作为新型干法的核心技术预分解窑，比传统回转窑对原燃料成分波动有较宽的容忍度。于是，很多人便放松了对原燃料开采与控制的严格要求，尽管也能生产，但这种粗犷生产将使原有优势大大逊色。因为预分解窑等先进设备与工艺，并不是先进技术的全部，更要有掌握先进技术的思想。事实是，如果不尊重技术的基本特点与要求，不掌握其规律，尽管动机相同，企业效益也会是天壤之别。

2.2　认识水泥新型干法生产特点与要求的重要性

2.2.1　对均质稳定认识的误区

为了缩小我国水泥企业与世界先进水平的差距，开展水泥行业供给侧的结构性改革，必须认清新型干法生产的特点与要求，有必要对如下认识误区深刻剖析。

（1）从不过问新型干法生产的特点与要求

很多人从事水泥新型干法生产多年，应该熟悉生产中每个环节的操作与处理方法，但如果问及新型干法到底有什么特点与要求，却很少有人想过。有人认为这是人为故弄玄虚，而不是需要通过实践摸索出的事物内在规律。使得他们对操作中所采取方法，并不能判断正确性，却盲目满足以往的习惯做法；对处理效果也从不评价，甚至处理结果已经被动，也不找原因。就以预热器堵塞为例，尽管具体原因较多，但根本原因还是生产过程的非均质稳定。决策者不查找设备或操作中影响均质稳定的不当做法，而是采取更为均质稳定所不容的方法，盲目喷吹空气炮，甚至用雷管炸药爆破，不仅威胁操作者的生命安全，而且会引起预热器内耐火衬料松动，为后续稳定运行带来更多隐患。

（2）不了解何为均质稳定状态及意义

每当听到均质稳定时，有人怀疑它与生产无关，可是面对国内所惯用的管理方法与操作习惯，竟发现能遵循此特点、实现此要求的生产线并不多，从而效益低下。

不妨比较一下中控操作员的操作频次，便可判断该生产线的均质稳定程度：当先进企业已实现煤磨、生料磨、窑三大系统仅由一名操作员完成时，国内大多企业还需要 2～3 名操作员，且前者因实现均质稳定，操作频次低而轻松，后者却为应付波动而手忙脚乱。更重要的是，低频次操作的产质量与消耗都要略胜一筹。至今还有人将"精细操作"，当作勤操作、提高预见性、以小变动预防大变动去理解［详见 4.3.1 节(1)］。而产生这种差距的原因，正是企业未创造均质稳定的条件，操作员也未掌握均质稳定的控制能力。

根据均质稳定定义，一定要控制各种半成品质量的标准偏差，以判断系统的均质稳定程度。至今大多数企业考核原燃料、半成品的质量，仍习惯用合格率。此现状完全说明，他们对系统均质稳定的意义仍严重缺乏理解。

（3）用稳定的相对性来否认均质稳定

有人会以均质与稳定的相对性、波动的绝对性，否认均质稳定的意义。这种说法本身可能是思索均质稳定作用的结果，也可能是为自身系统不稳定寻找借口。但统计学对波动规律已能区别出异常波动与随机波动。虽然波动是绝对的，但只要系统处于随机波动，就应当认为是均质稳定状态。更何况，宏观上看，从操作频次及标准偏差，就能判断系统的均质稳定程度。所以，相对稳定并不能成为不落实均质稳定的挡箭牌。

"均质"是指在规定范围内任意取五个样品，当它们某项指标的标准偏差小于规定值时，该范围内对于该项指标就是均质的。

"稳定"是指系统的某个特性参数在通过检测后可以同时满足以下三个条件，就能承认该参数是稳定的，即属于随机波动。

① 所有单点数据必须都介于合格的范围内；
② 不能有连续五个点的数据都在目标值的一侧；
③ 不能有五个点的数据连续递增或递减。

现实中两种或三种波动状态有可能同时具备（图 2-2），则表示状态非常不稳定。此时不一定是因为偏差过大，而可能是波动的中心值发生偏移，或发展趋势不对。

这里，对取样有以下要求［详见 3.5.2 节(2)］：
① 获得单点数据的取样均为瞬时样，而不是惯用自动取样器的累计样。

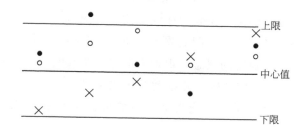

图 2-2　三种非随机波动的状态示意

② 确定某个参数的上下限及允许的标准偏差，需要实践证明能满足生产稳定的要求。

③ 取样的频次要根据系统的稳定程度及该参数的特点而定。

2.2.2　领导层认识均质稳定的重要性

（1）决定企业发展方向所需要

企业领导层只有对水泥生产特点与要求有明确认识，才能正确处理大型化与精细化的关系，从而掌握企业的发展方向，判断企业当前的运转水平。

水泥生产管理中，企业领导不一定要知道某项参数是否正确或掌握某项操作是否合理，甚至不一定要知道某项产品指标的合格率有多少，但一定要知道他所管理的生产线的均质稳定程度有多高以及提高均质稳定程度的方法。

在基本建设与技术改造中，只有采用有利于均质稳定的要求，而不是只考虑资金，才能选择正确的方案。一旦背离这种要求，也只有认识得越早，纠正越主动，损失才会越小。应该说，将天然不稳定的矿石变成稳定的原燃料，技术上并没有难点，只是管理者的认知程度，影响投资与管理的决心。

企业间的兼并收购，也要遵循均质稳定的特点与要求，判断兼并收购的价值，而不能只凭主机规格、生产能力及账面资产。因为均质稳定程度高的生产线价值是程度低的数倍。

（2）提高企业生产管理水平所需要

企业领导的意志与决心，必将要通过管理各层面落实，均质稳定的管理要求同样如此。

质量控制部门要制定原燃料稳定的标准及生产过程中控制均质稳定的标准，改变取样检验方法，尽量选用在线检查，彻底改变例行检验的形式化（详见 3.5 节）。

物流部门要严格按照进厂原燃料的标准，以主要成分的标准偏差衡量质量的稳定程度，作为比较采购价格的基础（详见 3.2 节）。

设备管理部门要采取一系列行之有效的巡检制度，加强维护工作，特别重视计量仪表的正常准确运行，保证必要原燃料的储存与调度，均衡生产，提高设备完好运转率，减少停车次数。改变设备故障的抢修模式，更不能为追求高运转率而默认带病运转（详见 3.3

节）。实现自动化、智能化生产，不是只有相应的软、硬件就可以，还必须有原燃料的均质稳定及可靠的信息来源，即强化仪表的在线检测（详见 3.4 节）。要求操作过程中紧紧抓住以节能降耗为中心的稳定生产，彻底放弃以高产为中心的操作方法（详见 1.1 节）。

人力资源部门要用均质稳定的概念，识别人员的素质及能力，认清并制定各工种岗位的关键业绩指标（KPI）及考核制度，并以此制定培训计划（详见 3.6 节）。用以上基本要求选拔、培养与考核管理人员，才能为生产系统在稳定条件下获取最佳参数创造条件［详见 4.3.1 节（2）］。

2.2.3 技术人员认识均质稳定的重要性

（1）选聘企业技术管理人才所需要的标准

以往水泥企业领导层或人事部门，选择技术人员的全部标准就是：一看水泥企业工作经历，担任过什么职务；二看有无相关专业学历；三是踏实肯干。然而，如果未掌握均质稳定的精髓，只凭这三个条件，其管理与操作只能因循守旧，很难避开现有生产线存在的通病。

有位民企老板提出，"只有能解决实际问题的人，才是人才"。这个标准比只看学历、职称更有道理，但是，能防止问题发生的能力不比能解决问题的能力更可贵吗？这位老板却说："不出问题是应该的。"显然这是将关系倒置的观念。前者是指系统遇到故障能排除的能力，即是在系统异常时才需要的才能，这是经历诸多故障处理后锤炼出来的。发生问题时处理的方法有多种多样，但唯有杜绝同类故障发生，才能达到最好效果。

如某人很善于"烧圈"，但另一人能够让窑根本不结圈，难道他对企业的贡献不是更大吗？但他不一定得到认可。又如一位调窑技术人员，在托轮受力不当发热时，他可以很快调整正常，便有人高价聘请，而能让托轮、轮带受力始终正常的人，却被认为是应该如此。这种不合理的评价习惯及不公平的待遇，已经严重挫伤了更多人的创新精神，使社会效益与企业效益无法最大化。

如果水泥技术人员能不断追求均质稳定的目标，结圈等故障就不会出现，人们也无须为"烧圈"提心吊胆，难道这不是更加难得的人才吗？事实上，正是企业领导缺乏这样的管理理念，不会以此标准选拔人才，才不能培养、留住这样的人才。

（2）技术管理人才应该具备的理念

从事新型干法技术的人员，只要认识到均质稳定这种特点与要求，就一定能突破某些陈旧的传统技术管理与操作。这种观念与意识应当是：

① 水泥生产线所具备的均质稳定程度越高，企业效益就越大。而实现这种均质稳定状态，需要企业每位员工都以此为目标，实施明确的分工与责任、步骤与方法。

② 明确水泥生产线的竞争力一定是来自不断降低能耗，管理者应该抓住节能的各项措施紧紧不放，包括提高台产要以降低能耗为前提。

③ 让每位员工都能为企业充分发挥积极性，这是管理者的智慧。现代水泥生产，虽然劳动生产率已经提高数十倍，但仍蕴藏着巨大潜力，要求大家众志成城、坚定不移地追

求。它要求所有人共同遵循均质稳定的规律，节能减排，并体现在企业制定的大政方针中。

2.2.4 操作层认识新型干法生产要求的重要性

中控操作员的操作要领应该以稳定为主，而不能只以不出事为原则［详见 4.3.2 节(1)］，唯有如此，才能摸索出最佳参数组合［详见 4.3.1 节(2)］。

质检人员要不断适时向操作人员提供系统稳定程度的信息，重视为控制均质稳定生产的服务，而不是将检测半成品的合格率当作唯一任务（详见 3.5 节）。

现场巡检人员要提高善于发现设备隐患并及早处理隐患的能力，润滑人员要为提高设备润滑水平而提高自身能力，确保为均质稳定运行创造必要条件。

第3章

中控操作应具备的客观条件

从企业大环境说，以全面质量管理的观点分析，中控操作同任何工作一样，所受到的影响因素可分人、机、料、法、环五大方面。本章先从基本建设质量（环）、原燃料质量（料）、高性能设备（机）、自动化（法）讨论满足均质稳定的四大客观因素；然后再讨论质量检验与考核要求，以提高人对均质稳定的主观操作能力。

3.1 基本建设要符合均质稳定要求

3.1.1 两种截然不同的投资理念

建设新生产线往往是企业大型化的重要手段。但在建设过程中，在质量与投资上，始终存在两种截然不同的态度，其关键差异就是对新型干法特点与要求的认知。不同理念指导所形成的生产能力一定会有天壤之别。

有的投资者要用1~2年时间做充分调研；而有的投资者却是抢时间、争速度，一年内就要形成生产能力。有的投资者重视矿山采掘及输送的条件，必要时甚至投资10亿元人民币建设通往厂区40余千米的输送皮带长廊；而有的投资者却将此内容对外承包或用汽车运输，将此十亿投资再多建两条线，甚至靠借贷加拖欠建设三条线。其结果，两种理念必然产生差异显著的投资效益。

当然，绝不是强调投资多就好、建设质量就高，而是说建设现代水泥生产线，就一定要抓住要害，遵循内在规律，并用此来衡量投资的合理性，当投资选项没有满足其特点与要求时，建设质量就不会高。不能为了节约投资，就随意砍掉似乎对运行可有可无、但对均质稳定生产却不可少的设施。即便是低投资，由于违背应该遵循的规律，就会因小失大，只有靠均质稳定技术的进步，才能提高建设质量。30年前5000t生产线投资要20亿，现在投资大大降低了，并未舍弃均质稳定的设施，反而是加强了。

　　两种不同理念还反映在投资前准备工作的态度上。国家规定每个工程立项都要对可行性研究报告、环境评估报告、安全生产评估报告等进行评审，以确保项目投产后，能利国利民。但某些企业，为了项目尽快获批，竟使出十八般武艺过关斩将，不惜采取一切"通关"手段。而一旦投产，这种"可行性"就成了对生产者的惩罚。而负责任的企业宁可前期准备两年以上，对资源勘探、市场调查都是慎之又慎，即便最后不能立项，损失也极其有限，远比被淘汰的损失要小得多。

　　投资人应当"悟透"企业的大型化与精细化的辩证关系。

　　"大型化"指的是企业的规模，但这种规模不仅是水泥的年产量，而应当是拥有的资产价值。衡量这种价值，并不是只看其有多少条、多大规模的生产线，而是看这些生产线自身创造效益的实际能力，就是符合均质稳定生产特点的程度。

　　"精细化"指的是运转水平，它是企业自身创造效益所具备的基础。同样是先进的新型干法生产工艺，由于其技术装备与管理思想有先进与落后之分，所创造的效益或利润就会有多少之分。从企业自身分析获取利润的渠道，除了靠销售策略提高售价外，还要靠质量的优胜，降低成本则要靠管理与技术的精细，尤其是能耗水平。"大"集团可能会有成本优势，但仅仅靠"大"绝对不是优胜的全部，也不是降低生产成本的关键。年产 1000 万吨熟料，单位成本为 150 元的大集团，很难胜过年产只有 200 万吨熟料，但单位成本为 140 元的公司。这是所有经营者需要承认的事实。

　　企业的大型化与精细化并不矛盾，只要领导者能合理兼顾企业的人力、财力，两者完全可以同时实现，而且还会相互促进。但在安排顺序及重要程度上，应当将精细化放在首位，在此基础上实现大型化，才可能两者兼得。如果不重视精细化，即便再大型化，也只能昙花一现。虽然不同企业、不同阶段、不同形势会有不同侧重面，但是不分时宜、不遗余力地永远追求大型化，没有认识自身运行水平与精细化的差距，以为新型干法技术已成定式，就难免使企业发展失去正确方向。

　　大型与精细都是相对概念。与世界水平相比，我国的水泥总产量早已稳居世界第一，国内的大型集团正在向着年产上亿吨水泥的规模发展，有的已经进入世界前十名之列。但运转水平，就具体能耗水平而言，在国际上依然没有优势。显然，我国水泥生产的总体发展状态是"大"快过于"精"，这正是需要努力纠正的。

3.1.2　基本建设中不符合均质稳定要求的表现

　　基建项目中如下常见做法是违背均质稳定的：

　　① 不重视建设新厂应有的基本条件，不认真做各项调研准备工作。甚至人为"编造"建厂条件，不惜搞无米之炊。

　　某厂明明石灰石资源在四五十公里之外，又无水路及铁路运输，而资源附近已有若干大厂，但可行性报告却硬说是资源丰富、交通便利、市场缺口很大。结果投产后仅石灰石成本每公斤就比附近厂家高二十多元，已经输在了起跑线。

② 每个基建项目负责人都会接受投资与工期两项很具体的硬指标，但所谓质量，因为难以考核而成为软指标。往往在原燃料加工处理及仪表配备自动化方面压缩投资，投产后的经营者命运都不会好。而且订购设备总是以招标压价为原则，甚至还以赊欠为条件，很难考虑到高性价比，难怪现今包括回转窑在内的主机故障频频发生（详见 3.3 节）。

③ 在选择工艺方案时，总认为技术越成熟越好，不愿尝试先进技术。也不会从均质稳定的总要求出发，善于识别技术的先进性。然而，新型干法水泥技术进步从未停止，如果说十年前，吨水泥电耗在百度（千瓦·时）以下很难实现，而现在高于百度就笃定是落后的。国内同规模熟料生产线热耗比国外先进指标高 10% 者"大有窑在"。这就是追逐"成熟"技术的结果。

上述这些惯用做法明显与新型干法生产的规律背道而驰，使企业从投产就处于艰难、被动的境地。它们不可能有低能耗的生产成本，更不要说国际先进的运转水平。

3.1.3　基本建设如何满足新型干法水泥生产的要求

（1）重视原燃料质量的把关工作

① 重视原燃料的选择　项目不能搞无米之炊，更要听取矿山工程师的意见。某 5000t 熟料生产线，高钙石灰石资源很少，但他们虚心请来一位设计院的配料专家，经过现场实地勘察计算与多项试验，果断地选用当地资源相对丰富、已被人弃之不用的低钙石灰石与之配用，效果极好。不但使企业有了充足的矿山资源，起死回生，而且综合利用了天然资源，获得国家奖励。

② 重视使用地质勘探的基本资料　有些资料需要购买，有些资料要由有资质的勘察部门完成，不能为了节省资金，而压缩必要的勘察量。

③ 重视矿山开采方案的制定与实施　为了避免矿山外包的弊病，破碎机为主机的所有固定设备，一定要在业主的基本建设投资内。为了节约投资，可以将移动设备（如载重汽车、装载机等设备）由外部承包者投资，使用者将直接落实矿石的开采方案及资源搭配，控制石灰石质量。

（2）重视设备及配件的订购质量

详见 3.3 节。

（3）重视新技术及自动化技术的应用

现代水泥生产技术从未停止发展，比如超短窑、大型预热器系列、生料辊压机的终粉磨、水泥立磨终粉磨等，都使煅烧、粉磨工艺向着更有利于均质稳定的方向发展，从而实现节能优质。另外也要重视仪表自动化的实效使用（详见 3.4 节），这已成为设计中的缺失项。

（4）重视员工的培训工作

在生产准备的培训工作中，不应习惯委托某个老生产线跟着学，要努力开展贯彻新型干法生产特点的培训，不论理论上、操作上，都应该明确地将企业生产运行引导到均质稳定、选择最佳参数使热耗最低这样的轨道上来（详见第 4 章）。

3.1.4　补救基建中存在不足的办法

如果投产后能发现生产线存在的粗糙做法，本身就难能可贵。因为认识到所付出的代价，才会有寻找改善企业效益途径的迫切愿望。那么，究竟采取什么补救措施，才能弥补基本建设中的过失呢。

比如：原燃料堆场不足或均化能力偏低，可以加大堆场。如果现场空间受限，可以建钢板筒库，或增设 γ 射线在线分析仪，方法简单而效果显著；对原煤供应源较多的企业，要有储备堆场〔详见 3.2.4 节(2)〕。

对于含夹层土较多的石灰石矿，可以破碎使用带波辊的板式喂料机，达到石、土分离分别进厂存放与使用的效果（详见文献〔1〕4.1 节）。

当立磨产量不能满足窑的生料或煤粉使用时，可以用 LV 技术对选粉转子改造。

当喂料量与喂煤量波动时，应当对控制计量系统进行逐项技改（详见文献〔4〕10.2 节）。

熟料质量不高或不稳定的生产线，更要按照均质稳定的要求逐项排查与纠正，必要时，有针对性地对分解炉、上升烟道进行改造。

烧成系统中比较薄弱的环节经常是高温风机、燃烧器及篦冷机，前两项可以选择负责任的制造商更换，篦冷机可用圣达翰技术改造（详见文献〔4〕3.2.1 节）。在应用低温余热发电技术中要慎重对待取风位置〔详见 5.3.3 节(5)〕。

在全线生产基本稳定的基础上，完善与补充在线检测仪表，会起到如虎添翼的功效。

更重要的是，要对全体员工进行必要的培训，补上"新型干法水泥生产的特点与要求"这一课，并辅以具体的指标考核，使他们从内心明白如何管理与操作才是正确的。

总之，从基本建设的可行性调研、设计、施工、安装、监理、设备购置、人员培训、调试等每个环节，无时不是检验每位管理者对新型干法规律的认知程度。

3.2　应按均质稳定要求控制原燃料进厂

3.2.1　预分解窑生产对原燃料质量的要求

预分解窑由于具有高效的预热及预分解工序，因此，与其他传统煅烧熟料的窑型相比较，它对原燃料有较宽的适应能力。比如，熟料 KH 高达 0.95、n 高达 3.5 配制的生料照样能够烧出优质熟料；同样，挥发分很低、灰分较高的煤也能在这种窑中使用；而且，原燃料波动，生料并不会轻易从窑内窜出。因此，它具有其他回转窑型难以获得的优势。

这绝不意味着企业可以放松对进厂原燃料质量的管理。原来传统窑时代，配料人员都要小心翼翼地配料，每班都要调整，生怕窑烧不好熟料。现在好了，尽管成分跳动较大，也能烧出熟料，甚至认为对原燃料均质稳定的要求无须过分苛刻，应当为降低价格、成本让路。但波动大的原燃料此时纵然能烧出熟料，但生产所付出的代价及所获得效果，与稳定的原燃料相比，根本不能同日而语，只是未被人所重视而已。就好像吸烟有害健康，并未立即感觉到罢了。

预分解窑对原燃料有较大的适应能力，本是为摸索出好的配料方案创造了可能，以充分挖掘当地资源条件，但企业要获得最高运转效益，配料成分就必须稳定。适应能力与要求稳定完全是两码事。预分解生产为了稳定质量、降低消耗，不只要求原燃料所含成分在允许范围内，更是要求尽量缩小主要成分的标准偏差。退一万步讲，很多生产技术措施可以解决原燃料成分不理想的问题，但对成分不稳定却束手无策，只有先从源头令其成分稳定，才可能对节能降耗有计可施。

3.2.2　料层粉磨对原燃料的质量要求

当立磨、辊压机等料层粉磨设备已逐渐替代管磨机后，虽然产能规模增加、能耗降低，但它们对原料的粒径、水分、黏度、易磨性等指标要求一定要更高，进一步做到均质稳定，否则就可能发生比管磨机更为严重的故障，不只是产量下降、能耗增高，还会因粒径变化而造成设备跳停。如立磨虽然允许喂料粒径可大到 70～80mm，但过细的料粉却能让立磨跳停；而辊压机允许的粒径不能过大，且在缺少细料填充时，就难以挤压成料饼；同样，物料含水量过大、过黏时，不仅辊压机无法工作，立磨也将束手无策。

3.2.3　采购原燃料应执行均质稳定要求

（1）目前惯用做法中的弊病

① 采购低价第一原则　各种原料，尤其是燃料，价格对水泥生产成本影响极大，因此，它们的单价就自然而然是物流人员工作业绩考核的重要指标，特别是放松质量指标时，价格就成为最容易落实的唯一指标。但是，控制进厂原燃料质量稳定的难度要远高于对价格的控制，而且价格越低，难度越大。应该强调物流人员责任重点是控制进厂质量，然后才是价格低廉的要求，否则低价并不一定有利于企业利益。

② 质量要求中未突出稳定概念　在众多原燃料采购合同中，这样的条款司空见惯：进厂石灰石的氧化钙含量必须大于 48%（此值要按当地实际矿山资源的品位而定），否则不予验收，如果在 50% 以上，每高 1%，单价提高 ×× 元；进厂原煤的热值必须高于 20900kJ/kg，否则不予接收，热值与要求标准每相差 418kJ/kg，则燃料提、降单价 ×× 元。在这里，突出要求的只是满足某项质量指标的合格，甚至合格率为 100%，要求可谓严格，但它只能促使供货商实现单项指标的合格，而不是稳定。其中所谓按质论价，如果是波动的，过高氧化钙含量的石灰石并不能提高熟料质量，过高热值的煤也不能保证熟料热耗降低。并且，任何不稳定的原燃料只能增加厂内均化的工作量，只要窑内生料成分波动，熟料煅烧温度不稳定，熟料标号一定要降低。

③ 控制进厂质量的检验方法不科学　在原燃料进厂后的质量检验中，常用的取样方法缺乏代表性，难以及时发现供货商的供货质量。而且检验时间较长，超过供货商的车、船等待时间，一旦卸入料场，检验工作便流于形式。

④ 质量不达标用扣罚解决　对于进入料场后发现不合格的原燃料，只在计量上扣除

不合格重量，或单价按废品收购，生产处于永无休止的波动状态，企业损失要远高于对供货商扣罚额的百倍千倍。

（2）纠正弊病的方法

① 改变合同中对质量要求的指标。供货合同中应明确提出进厂原燃料的质量关键成分需控制的中心值及标准偏差。此时，原当作废品含量为 47％氧化钙的石灰石，现在却成为生产稳定很需要的石灰石。反之，含量为 52％氧化钙的石灰石，不仅是浪费资源，而且还因影响稳定受到惩罚。同理，进厂原煤也不是热值越高，灰分越低，质量就越好，而是要求这些指标能稳定在给定的中心值附近波动。具体指标可以这样确定：每堆石灰石任意取五个样，其平均值不应偏离给定值 48％±1％，标准偏差就会减小，这就是可以接收的均质物料。如果标准偏差更小，应该奖励。如果原料目测就很不均匀，完全有理由拒收。供应商面对这样的要求，就会合理地对天然原料搭配，而无须提高原料的绝对质量，也无须为了应付用户以次充好。

只有这样的原燃料采购合同，才有利于生产稳定。

② 加强对自有矿山的建设［详见 3.1.3 节（1）］。

③ 选择信誉度高的供货商并相对固定。利用标准偏差考核进厂原燃料的质量，对供货商而言，也许是新鲜事，但并不是难事。原来的指标使他们费尽脑筋、挖空心思地应付用户的瞬时取样，现在他们只要合理搭配天然形成的不均匀原燃料，就能为用户提供均质稳定的原燃料。

④ 改变进厂原燃料质量的检验方法（详见 3.5.1 节）。

3.2.4　对进厂原燃料的储存与使用方法

（1）确定合理储量

随着新型干法水泥生产的规模越大，库存原燃料的合理储量就应该越大。但有些企业为压缩流动资金，采用"边进边用"的管理模式，同样在违背均质稳定的根本要求。

即便现在的生产组织可靠，为压缩储量提供了可能性，但除了生产本身一般需要有三天以上的储量用于均化外，原燃料的配制也要求有必要的储量。

因为煤灰分要参加熟料反应，因此，配制生料时必须考虑原煤的灰分。而生料又必须在均化库内有一定储量，为让灰分变化与原给定的生料率值相对应，进厂原煤就不能随用随进。更何况原煤的用量也会改变，加大了灰分变化对配料率值的影响程度。故再高的配料技术也需要提前两天知道进厂原煤成分，才能准确计算生料成分的控制配料比，并能彻底更换原有库存成分，这就是最少的储量。因此，最保守的原煤储量应该是五天使用量。否则热耗的提高及质量的降低损失巨大，远高于占用流动资金所付出的利息。

保证合理储量并不是不可以压缩流动资金。如原煤堆场下约有 100mm 厚的料层无法使用，因此底部可以用煤矸石压实，使全部原煤都能参加周转，便可节约上百万元流动资金（详见文献［1］6.16 节）。

原煤储量不是越多越好。煤长期存放时，会遭受风化或自然损失，不但煤质下降，也易出现文火，且自燃后灰分更不均匀，不利于稳定生产。所以，储量的合理性非常重要。

（2）储存方案设计与使用

① 为了保证生料成分与原煤灰分随时对应，凡原煤供应商较多的生产线，应当设一级原煤堆场。即进厂原煤不应直接进入均化堆场，而应按检验质量分堆存放在一级堆场内，由配料人员决定进均化堆场的各等级原煤搭配比例及时间，以降低原煤灰分对生料稳定配料的影响。长方形均化堆场是分堆存在，各堆灰分中心值应该不变。若一级堆场已有原煤确实无法配制原设定的中心值，则要有足够的提前量调整生料成分，以便使用这批原煤时，其灰分恰好与调整后的生料成分相对应。

② 如果原煤堆场为圆形，则不能按堆选定中心值，只能要求原煤在均化前（即进厂原煤控制）的中心值就应与生料库内生料成分对应。但在原煤供应过乱时很难做到，这正是圆形堆场的最大缺陷。

③ 从一级堆场到均化堆场的物料倒运设计往往更多选用铲车，这种简易设计不仅运行成本高，而且不利于物料成分的稳定与均化。应该选用类似熟料出库的皮带输送（图3-1），这样虽然会增加土建工程量，但省去了铲车配置费用。保障不同煤种分别存放，按中心值控制配煤，先进堆场的原煤先用，确保存放安全。

④ 堆场面积要足够大，储存能力应该保证能供窑五天以上使用，配料人员才可能确保率值调配恒定。

⑤ 一级堆场应当防雨，通风良好，不能有烟头、纸屑等低燃点杂物混入。如长期存放原煤，特别是烟煤，

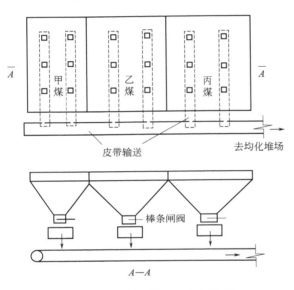

图3-1 原煤堆场储存与搭配输送

则需用膏泥封住煤堆，阻止煤堆与空气接触，避免自燃。

（3）均化设施的维护与管理

① 保证均化堆场按照设计要求运转 均化工序的设备应当与窑磨主机同等重要，绝不允许舍弃对均化的要求，如因堆、取料机某些配件损坏，堆料机定点堆料、取料机不能按要求搭配出料，倒堆也不进行，而全线生产却照旧，甚至相关配件也不购置。将均化可有可无，势必付出非均质稳定生产的巨大代价。

② 维护生料均化库效果的两个关键环节

a. 防止水分进入生料库的各种可能 ［详见5.1.2节（3）］。

b. 保证库内下料通畅及准确计量与控制 ［详见5.1.2节（4）～（6）］。

能满足这两个要求的生产线并不多，不少企业这里是无人区，只听罗茨风机高叫，但下料区与下料量已经失控，甚至生料已在库内穿堂而过，使均化徒有虚名。

③ γ射线在线分析仪是主动控制矿石或生料成分稳定的仪器，无论事前的均化设施多么有效，用它把关可以保证配料率值的稳定（详见文献［1］6.10.4 节、文献［4］11.2 节）。

总之，对原燃料进厂质量的控制，是落实生产均质稳定的第一步，只有在此投入必要的力量，才符合防止"病从口入"的道理，提高企业生产管理水平。

3.3　高性能设备是实现均质稳定的保证

高性能设备来自两个环节：一是采购性价比高的设备，二是强化对设备的科学维护。

3.3.1　设备质量可靠对均质稳定生产的影响

（1）系统运转率低下是对稳定生产的最大破坏

凡年运转率低于90%的生产线很难实现稳定。仅生产内部因素而言，在扣除工艺因素（包括更换窑砖及各类工艺故障）之后，其余设备因素就是停机，如主机发生一次恶性重大事故，全线就可停产半个月以上，辅机故障停车的频率更高，这不但直接影响生产的稳定，而且明显增加设备维修成本。

当前，由于环保要求、供大于求的市场格局，实行一刀切的错峰生产，大大降低了运转率，也必然升高能耗、降低产品质量。为尽快提升我国水泥生产的实力，应通过政府与市场共同干预，彻底关闭能耗高的企业，为能耗低的生产线全天候运行开绿灯。

（2）警惕设备带病运转的隐性损失

设备管理者应该清楚，当设备已经带病运转时，必将影响操作效果，虽然生产没有停止，但已经不可能获得最好效益，工艺上已无法选取最佳参数。这里有两种情况：

一种是设备本身性能就不高，从投产开始就是带病。比如，煤粉秤不准，或煤粉输送压力不稳，窑内喂煤量忽大忽小，不但无法高产，而且会耗煤更多；再如，无法关严的蝶阀，使系统漏风，增加电耗热耗，甚至热电偶测温不准，误导操作。

另一种则是，明明设备已经严重带病，却因追赶产量而坚持运行。有的预热器撒料板损坏或内筒挂板脱落，却在减料坚持；篦冷机的大梁弯曲，也要被迫减产。这类带病运转状态，必将导致系统运行没有均质稳定可言。

（3）设备富裕能力与系统稳定运行的关系

稳定运行是企业获得效益的条件，而系统每台设备都有一定富裕能力，又是系统稳定运行的条件。随着制造技术的提高，规格越大，运转的稳定程度也越来越高，万吨生产线的正常运转说明了这点。比如：大规格而先进的预热器，对生料量稍许波动的忍耐能力要高得多，因此，塌料现象会更少；大规格而先进的分解炉，对分解能力有更大的适应程度，成分稍有波动不会引起分解率的波动；大规格而先进的燃烧器，对煤质波动会有更大的调节能力和刚性；大规格而先进的篦冷机，对熟料的冷却能力更高，由 $35kg/(m^2 \cdot d)$ 提高到 $55kg/(m^2 \cdot d)$，表现出对熟料量波动具有更大适应能力。反之，若设备总在极端状态工作，不仅很难长期运行，更难稳定运行。当然，这种富裕能力应限制在 5%～10% 的幅度，才富有经济性。

3.3.2　购置高性价比装备是设备为均质稳定服务的前提条件

（1）何为高性价比装备

① 装备质量的概念　衡量装备质量有两个档次的标准：一是满足使用要求的基本质量标准；二是性能与价格相对应的能力，即性价比的质量标准。

基本质量标准较为简单，按照国家相关行业标准或企业标准检验即可。它只是用于区别产品真假，避免鱼目混珠。

性价比的质量标准是在满足基本质量标准后，通过比较质量优劣与售价高低，判断产品质量的档次。比如同是珍珠标准，名贵珍珠与普通珍珠的质量差异悬殊，只有通过性价比的计算，才能得出结论。既不会为低价但性能更低而上当，也不会为高质而更高价格得不偿失。

之所以强调高性价比，是因为传统订货常常是以价格代替了质量的比较。价格比较简单明了，质量比较标准复杂，使性价比指标难以落实，最终只得靠价格取舍。这样的选购标准，变相鼓励劣质产品充斥市场，优质产品反而败下阵来。从全社会讲，终将导致整个国民经济素质难以提高。从企业生产讲，质量较差的装备将直接影响企业效益，节省采购费用，竟导致生产成本成倍增加。

② 判断装备性价比的方法　性价比应当通过计算比较（详见文献［4］绪论），这里再推荐一种简单的判断方法，即通过投资与效益的对比，进行回收期的计算。其中的难度在于，要学会对比某项技改所获收益。常常见到企业的技改总结报告，缺乏评价数据，没有搜集改造前后的生产指标对比，使得有的技改有了效益，也只能说不错；而有的没有成功，却说不出子丑寅卯，连教训也没吸取。

其实，每次技改前后，一定要把握技改方向，以降低产品在应用中的能耗为目标。就以改造箅冷机为例，有人就是为增产，而有人就是强调降低能耗。这两者并不总是一回事，前者只要求增产后不出红料就是成功；后者则要看热交换能力是否提高，要比较二、三次风温提高的幅度。

除此之外，还应该有三个比较原则：

原则一是要有正确的参照标准，不只按某项指标改造前后的效果纵向比，还要会与当今其他先进技术横向比。某些"创新"装备，比如风靡一时的助燃剂、富氧煅烧等装备，实际使用中总说效益明显，但缺乏数据统计，而且只要对燃烧器性能稍做调整，便可取得效果，却要归功于这类创新。很多技改技术，其实是身外之物在起作用，换另一种技改方案，效果会更好。不能做这类横向比较，其结果不是自欺，就是欺人。

原则二是在进行某项技术改造时，不应与其他项目，或与大修同时进行。测试效果时，其他相关参数应相对固定，才能说明问题。否则，无法排除相互干扰，很难证实测试结果只为该项技改的效果。

原则三是需谨慎区分制造技术与应用技术的责任，尤其效果不甚理想时，千万不能轻易回避用户的应用水平。时刻应当记住：制造与应用常常是两种学科的综合结果。只有应用技术的充分发挥，才会有技改效果的理想展示。

只要公平地评价某项技改成果，正确计算技改效益，再与投资额相比，就可得到投资回报期。凡回收期短的项目，理当大胆推广，而不应迟疑。目前，一年以内回收期的技改项目，还有相当多未迅速推广，显然说明人们判断高性价比装备的能力不足。

（2）订购性价比高的装备的条件

大多水泥企业没有采购到高性价比装备，其原因不只是订购者愿意买低价产品，而且也因为高性价比装备并没有在市场中占有统治地位。这两者相互影响，使我国相当多水泥企业所用装备不可能为均质稳定创造条件，它需要优秀制造商与优秀用户共同努力，更需要政府营造良好市场环境（详见文献［4］绪论）。

3.3.3　建立现代水泥设备维护管理体制

采购了再好的优质装备，如果没有科学维护，同样不能可靠运行。建立适合新型干法生产水泥的设备管理体制，将维修工作专业化、社会化，是企业领导及设备管理者的重要任务（详见文献［1］11.1.2 节、11.1.3 节）。

国内同类型水泥企业的设备维护水平，之所以产生较大差距，更多是管理原因。面临供给侧的结构性改革要求，理应摸索出一套以维护为主的科学巡检，而不能继续因循守旧，将维修当作重点的管理方法（详见文献［1］11.1.4 节）。

3.4　自动化与实现均质稳定的相互促进

水泥生产实现自动化、智能化，将是各行业的发展方向。水泥行业如果缺乏对均质稳定的要求，自动化将是无源之水。因为只有在均质稳定条件下，自动化才能实现，而实现自动化，将会更大程度提高系统的均质稳定。

3.4.1　自动化是提高水泥生产效益的方向

（1）促进水泥生产向均质稳定发展

当高度自动化能代替部分人工操作时，一定会有利于水泥生产的均质稳定程度，且生产规模越大，稳定生产受益程度越大，受益越大，提高自动化程度的要求就会越迫切。以用 γ 射线在线分析仪自动控制生料配料为例，它比人工取样离线检测再调整，要及时得多，生料成分的标准偏差就会变小，用这种生料煅烧熟料，质量就会更稳定，热耗就会降低。

（2）提高生产线的精细运转水平

只有系统基本稳定之后，才能实现低能耗的精细运转目标，并在自动化基础上实现智能化，通过在线仪表提供的准确信息，选择最佳工艺参数，才能取得更高的经济效益。

（3）自动化绝不是只为提高劳动生产率

很多人以为，当生产人工成本日益升高、劳动力越发紧缺时，才应选择自动化，甚至将减少定员当作智能化的终极目标。但智能化更为关键的优势是：它能完成人力无法完成的工作，能彻底改善系统均质稳定程度，实现人工操作难以实现的参数优化，其效益绝非为人工操作所能比拟。

3.4.2　我国水泥生产线的仪表与自动化现状

尽管某些大的水泥集团重视信息管理与自动化控制，大量投资于软、硬件开发，但只停留于检测数据的远程显示，满足于领导能随时获取信息，却忽视了指导操作，甚至替代人工操作，导致至今水泥行业并未从自动化获得多大效益，窑、磨生产线曾经开展的FUZZY模拟控制，已经停摆。其中原因就在于缺乏如下两个条件：

① 不重视对原燃料均质稳定的要求（详见2.2节）。

② 不重视自动化的信息来源，少有在线仪表配置。

任何自动化控制都应来自大量生产信息，越是先进的DCS系统越需要先进的数据采集手段。然而，很多企业连检测温度、压力等参数的常规仪表都不能确保准确，甚至为降低仪表成本而取消，这种情况连操作员也难免误操作，DCS系统就更难以实现。至于先进的在线检测仪表，如高温废气分析仪、γ射线在线分析仪、高温成像测温仪、在线粒径分析仪等，国内大多企业也少有配置。

相反，由于设计时套用图纸，在生产线上的闲置仪表却屡见不鲜，如配料库（仓）中使用的料位开关、料位计，因制造、选型或安装不当，不能发挥作用。有的企业DCS系统只用于设备的连锁开停、参数集中在荧光屏显示、报警等功能，却没有数据累积、处理及自动调节作用，甚至交付使用时连参数趋势图都不能调阅，更不要说应用于自动控制回路。

不仅仪表的硬件条件差，应用仪表的软件力量也不强。水泥行业的仪表处于可有可无的状态，能力高的工程师必然流向其他重视仪表的行业。

相比之下，国内的外资企业自动化水平相对要高，就在于这两方面有较高的管理水平。

3.4.3　大力发展为水泥自动化服务的在线仪表

既然当前为水泥行业提供仪表的制造水平及水泥行业自身的应用水平并不高，已经拖了水泥生产均质稳定与自动化的后腿，就应当在如下方面奋起直追。

（1）将仪表的开发制造技术与用户的应用技术紧密结合

就以高温废气分析仪的应用为例，由于该仪表取样困难，要求有较高维护水平，导致很少有企业能获得使用效果。即使有更好的防堵性能，但操作者不会使用检验的数据，同样也不能实现节能操作。甚至连仪表销售人员也不能指导用户使用，这样的推广还能顺利吗？

（2）自动化必须与工艺规律紧密结合

如果工艺与自动化两个专业的技术没有深入渗透融合，只会照搬其他行业的应用，则很难成功。如某公司仿真技术在电厂煤磨上控制见效，就想推广到水泥企业的煤磨上，而根本未了解煤粉在水泥生产中不是只提供热源那么简单。

（3）实现自动化控制一定要讲究效益

很多自动化仪表制造商，不问用户的管理基础条件，以为只要是水泥生产线、水泥设备，就理所当然可以自动化。在设计 DCS 系统时，对仍需人员现场操作的设备，如破碎机、包装机等，也将开关量设置进 DCS 系统，或单独设置 DCS 站，就是画蛇添足，不仅毫无意义，反而还导致操作烦琐及安全隐患。

（4）不能强调信息化只是一把手工程，只为领导提供信息

要重视任何信息对生产操作的指导作用，必须从信息真实性出发。这不仅有益于提高操作者的主动性，而且也是自动化的基础。

3.4.4　提高水泥企业自动化程度的途径

（1）自动化仪表供应商的销售策略

① 一定要重视使用业绩　作为有能力的供货商一定要从水泥用户的利益出发。具体说，如果某产品使用 2~3 年都不能让用户收回投资，谁又会感兴趣呢？为此，培育能获得明显效益的用户、建立使用样板，将是扩大市场的第一步，而不是只停留于广告商业用语。比如在线粒径分析仪，对改善水泥粉磨粒径组成很有指导意义，但就是缺乏与用户共同试用、取得数据证明效果的过程，再加之价格昂贵，使得国内推广应用的速度很慢。

② 首批用户一定要选择具有应用能力的用户　仪表与其他机电产品的作用根本不同：没有仪表，生产却能照样运转，而没有机电设备，生产就无法进行。因此，仪表销售绝不能像其他机电产品一样，一定要让用户使用后感到缺它不可，而这种感觉不是所有企业都能得到，自动化仪表制造商一定要慎选用户。凡对进厂原燃料质量不予控制，或不追求数据真实性的企业，千万不要急于推销自己的产品。

（2）提高水泥企业应用仪表的能力

① 加强基础工作，走精细管理之路　自动化水平与企业管理水平两者永远是互为促进与制约的关系。企业管理基础充分体现在领导理念、人员素质、原燃料均质、生产线稳定、仪表可靠等各方面，它们都是生产线自动化的必要条件。可以预言，自动化必然是在企业管理较为先进的企业中获得发展与成功；反之，自动化水平的提高，也必将更大幅度促进企业管理水平及效益的提高。

② 重视对仪表的应用技术　自动化仪表设备应用的特点在于：它对原燃料有严格的均质要求，为生产保持相对稳定的状态，是实现智能化的基础设备。它的质量优劣及应用水平不仅仅影响自身使用效益，更反映出企业实现节能的潜力。采购及使用仪表设备，不能为表面好看，应该慎之又慎，宁缺毋滥。既不能因噎废食、上当受骗，也不能自信保守、缺乏创新。

③ 充分发挥仪表自动化专业人员的作用　随着自动化技术的快速发展，窑尾高温废气分析仪、高温成像仪、γ射线中子活化分析仪、煤粉及生料计量秤等，都已成为生产控制中不可缺少的装置。生产对这类仪表的依赖程度越高，企业就越需要这类装置的维护人员。否则，这类设备将会面临"搁浅"的危险。不仅要重视专业人才，还要加强各专业技术间的配合与协调，增强彼此相互渗透与理解，既要提高自动化人员对仪表在工艺生产中作用的认知，也要提高工艺生产人员对仪表机理的了解。

企业领导的认识对推广自动化计量仪表应用举足轻重。比如，只有理解大宗散装物料的计量精度对生产有显著效益时，他才会对采购计量仪表给予必要的财力支持，才可能改变习惯于盘库、使计量总停留于"拍脑袋"的状态。

总之，只有企业家的远见卓识，才会有企业的自动化发展战略。只有投入，才有回报。投入不当是损失，但不投入就永远会失去得到回报的机会。

3.5　质量检验与考核要以均质稳定为目标

新型干法生产企业的化验职能与检验方法，应该区别于传统水泥生产。而现在除增设分解率检验项目外，并未针对新型干法生产的特点与要求，改进检验思想与方法，促进均质稳定程度的不断提高。

3.5.1　对原燃料进厂质量的检验与控制

既然进厂原燃料的质量控制思想需要改变（详见3.2.1节），就应以均质稳定作为目标。化验部门应按照所要求的标准，避免不稳定的原燃料进厂，在取样与检验上取得进步：

① 要从原燃料源头（矿山或供应商的堆场）取样、检验，使质量控制有更大提前量。如没有均质搭配措施，或发生不符合均质要求时，可提前要求供应商改正。

② 应以直接观察作为进厂检验的第一手段。凭人的直观判断某种原燃料的成分高低，需要大量经验，且还涉及取样代表性。若现场用眼睛就可发现原燃料的不均匀现象、表里不一，便可根据合同拒绝验收。这种验收方法既快且准，连非专业人员都可做到，比用检验数据取舍，可以大幅减少不稳定原燃料的进厂。

③ 企业间应该建立良好的诚信关系，买方按规定及时付款，卖方严格保证原燃料质量，才是双赢。如果只要求进厂原燃料质量，而自身却总想赊欠经营，这只能是一厢情愿。

3.5.2　对半成品质量的检验与控制

（1）科学制定半成品质量指标

很多企业以为提高产品质量，应该不惜成本，这才是"质量第一"。但事实是两者并非如此，质量与成本应当在矛盾的对立中求得统一，尤其用均质稳定作为质量要求时，不但产品优质，而且企业成本更低。

① 制定每项半成品质量指标（生料细度、煤粉细度、游离氧化钙等），都应有上、下限，这不仅使产品均质稳定，也有利于节能（详见文献［1］4.2 节、4.4 节、4.8 节）。

② 用标准偏差代替合格率考核产品质量，会使半成品质量稳定（详见文献［1］4.11 节）。

③ 随着使用自动控制回路调整某些参数，就会比手动操作调整更严格、稳定。

（2）重视取样的代表性

从工艺流程或大堆原料中取出能代表母体质量的子样，是保证检验准确的第一步。比如取累计样与取瞬时样就有很大差异。但现在流行的取样，除熟料很难取累计样之外，大多数检验项目是用取样器取累计样，似乎自动先进，但并非有代表性。以一小时为取样间隔时间为例，它只能代表该小时产品的平均成分，而忽略了该小时内的成分波动。但此时段的喂料是在波动，却未被检验出来，不能及时发现煅烧状态的波动原因。若用瞬时取样，能反映系统的波动，还能区分出随机波动与异常波动。这里并不是要一律取消累计样，但每班至少要增加某一时刻的瞬时样组，计算标准偏差，判断喂料成分的稳定变化趋势。

检验的目的将决定检验的取样方式及时间，取样绝不是走形式，使检验失去对生产的指导作用。有两个例子很能说明问题。

例1：某企业矿山夹层较多，石灰石质量波动大，即使同一采掘点，一小时内石灰石氧化钙含量也可能有较大变化。为了控制进厂质量，该厂下决心同时开采四点搭配，每个点都配有挖掘机和车辆，并在矿山建立检验站，不可谓不下功夫。因破碎后的石灰石粒度大，现场取样只能沿袭取瞬时样的惯用方法，每半小时一次，两小时合并检测，根据结果判断四点的搭配方案是否合适。但这并没有抑制住石灰厂进厂质量的波动，甚至有时失控。后来才发现，问题出在取样方法上，由于石灰石进破碎机基本上每分钟一辆车，而取样时间并未按此间隔，所以每次也只取到某一采点的成分，四次取样也不能取到四个点的混合样，对采点布局毫无指导意义。在将取样间隔改为一分钟之后，连续四分钟取四次样，就能恰好取到四个采点的样品，经破碎、混合、缩分、检测，很快就得到四个采点的搭配成分，为调整采点提供了有价值的依据。与此同时，改变检测方法，尽量缩短检测用时。这个实例很能说明取样的代表性，将直接关系到对生产的指导意义。

例2：在取生料磨的生料半成品样品时，如果取样点设在入库提升机前的溜子上，一定要考虑生料是否已掺入收尘灰：有收尘灰固然能反映入窑生料的稳定程度，但却不能反映生料磨产品的真正细度与成分，而需要另加取样点。

（3）检验目的应是促进生产稳定

企业的产品质量是靠对生产过程的控制实现的，当系统处于稳定可控状态时，产品的质量不会有太大问题，即使有问题也很容易纠正。也就是说，控制生产的稳定程度要远重于控制产品的质量。而且标准偏差才能表示质量的稳定程度，合格率却绝对不能。

直到现在，绝大多数检验项目还是利用某项指标合格率，监督并考核中控操作的质量责任心。其实，这种检验思路本身就过于陈旧，与生产技术进步相比更显落后。生产与检验不只是检查与被检查关系，更应是服务与配合的关系。为了落实生产均质稳定，检验人员更要增强为生产的服务意识，成为中控操作保证系统稳定的信息来源之一。比如，当操作人员改变操作参数后，就需要检验人员取瞬时样，让操作人员了解调整效果。反之，当检测发现原燃料有较大波动时，应及时告之操作人员，以便让操作人员提前采取对策。至于为了追求合格率，随意改变操作参数制造波动的陈规陋习，应该尽快摒弃。总之，企业应大力提倡与培育质检人员的正确检验观，有针对性地调整检测频次与时间，提高检验的实效性。

（4）提高检验本身的实用性

能以系统稳定服务为检验目标，其实用性已经很高，但仍有兼顾实用性及经济性的要求。例如，在检验项目设置及检验频次上，并非是越全越好，也不是越多越好。对生产缺乏指导意义的项目，完全可以减少检测次数，甚至取消。如熟料立升重、入窑分解率的检测意义就不大，也不需要定时检验。实际上，越稳定的状态及参数，取样间隔时间可以越长，节约出更多精力，重点放到监测系统稳定的程度上来，不但要评价现有系统的稳定程度，而且要比较系统稳定的变化趋势。

（5）裁判员不能兼当运动员

如果仅从监督产品质量出发，质检员充其量就是生产的裁判员，但奇怪的是，很多生料率值及配料设计，都划归化验室负责。配料明明是生产中的重要环节，但却不是由"运动员"完成，造成生产部门与检验部门对熟料质量相互推诿，甚至让检验结果也被质疑。化验室负责配料，这一惯例源来自传统水泥生产，那时是靠众多生料库调配入窑生料成分，由化验室下达生料成分指标，满足各库生料成分，并需要配料人员根据窑内熟料烧结状态，调整生料出库。预分解窑对此要求早就时过境迁，它只设一个生料均化库，是要求生料成分稳定，而不是随意调整。

类似这种化验人员失去监督角色、介入生产环节的做法并不少，如决定窑灰走向、甩出的生料走向等生产细节。不少企业还设置了质量调度，似乎只有化验人员才重视质量，这种做法已使企业吃了苦头。

3.5.3 对出厂产品质量的检验

如果生产线每道工序都能遵循均质稳定的要求进行，出厂产品质量的稳定程度就会高得多，熟料和水泥 28 天强度预测与 1 天（或 3 天）强度的相关性会很高。世界不少国家并不检验熟料强度，就是这个道理。能将产品质量控制到如此程度，才表明水泥质量已从源头管起，企业已经从均质稳定中获取了根本利益。

3.6 考核制度要以均质稳定为中心

建立考核制度是企业管理的重要内容，它将反映一把手的管理理念与意图，成为企业文化建设的重要手段，引导企业的发展方向。为此，必须建立切实可行的考核制度，调动企业每个环节的积极性，保证系统的均质稳定运行。

3.6.1　目前惯用的考核制度

大多数企业现在仍沿用承包的考核做法，统一按单位熟料（或水泥）工资含量包干的办法计算各单位的工资总额，再按岗位的重要程度确定分配系数分配到个人。这种考核方法已经严重束缚了全体员工的生产积极性。

（1）不利于提高设备维护水平

设备的维护与维修人员一般是两拨人，当他们的收入与月产量挂钩时，只有设备维护得好，维修的量才少，大家的收入才会高；相反设备故障率高时，维修越多，月产量就越低，月收入就越少。但企业往往安排能工巧匠做维修，他们的分配系数肯定高于巡检人员。这种分配制度，是鼓励维修工积极修设备呢，还是调动巡检工维护设备的积极性呢？

（2）不利于提高劳动生产率

巡检设备本是主动发现设备隐患的工作，本来大多只要每班认真巡检设备 1～2 次，就不会发生故障。但既然收入与总产量挂钩，而不是与他们发现隐患和排除隐患的能力挂钩，正常运转时的巡检工只是做清扫工作，不是就在等待事故发生吗？

（3）不利于提高员工素质

这种考核体制对大多数员工没有压力，得到的报酬是依据大多数人无能为力的总产量，致使他们缺乏动力，失去了提高自身能力的机遇，企业很难准确并尽快地区分出脱颖而出的高素质员工，即使有高追求的员工，也会设法离开企业。

总之，考核的宗旨是激励全体工作者的主观能动性。优秀的考核制度能传递企业对员工的爱，而不只是压力或责任。

3.6.2　人力资源部门的责任与任务

21 世纪以来，企业人事管理机构均改称为人力资源部，这是对企业人事管理工作提出了更高要求，不再只是配置人员、统计考勤、计算工资奖金等事务性工作，而要求能精通现代水泥生产流程，设计出能调动全体员工积极性的考核方案，既能从企业生产效益出发，又能为一线员工的利益考虑。将水泥均质稳定的生产要求，量体裁衣地分解到每个岗位，按不同工种明确提出关键业绩指标（KPI），形成有生命力的考核制度，激励人人早日成材，这才有可能为企业创造出源源不断的人力资源，而不辜负这个部门的名称。

衡量制定的考核制度是否先进，就要看它的执行效果。

（1）看员工工作态度与积极性

任何人要想做好某项工作，一是要想做，二是要会做。衡量考核制度是否有效的表现之一是：企业员工中有多少人想在本岗位干好工作？又有多少人会干好本岗位工作？

一个成功的考核制度最终是：让想干又会干的人能干好，不想干的人想干，不会干的人想学，越来越多的劳动者积极主动。而不成功的考核制度则是：会干的人变得不想干，不会干的人又不想学，都在应付被动的工作。凡是抱怨年轻人不想学技术时，首先要检查企业的考核制度是否已为他们提供在小环境中有发展的可能。这个感触恰恰说明当今的社会分配制度鼓励学技术的程度很不够。

（2）看企业效益与员工素质的增长幅度

衡量考核制度有效的另一个标准就是：人员素质在不断提高，企业效益在不断增长。当然，此标准需要一定的兑现时间，有1年持之以恒的努力，就应初见分晓。

任何企业都需要正面的激励方法去管理，只要做到按技能定待遇，按业绩付报酬，并保持这种待遇与报酬的差距公平、合理。员工就会有做好本职工作的动力，迫切提高素质的愿望，使员工感到他不再被迫干，更不是逼他学。

3.6.3　科学考核指标的制定原则

① 能区分出劳动者的工作态度。劳动者的工作态度可以分为优秀、一般及恶劣三种。主动去做，是优秀；让做去做，是一般；惩罚去做，是恶劣。如果考核办法不科学，优秀者可以变为一般，一般者可以变为恶劣。比如：当员工发现设备运行有隐患时，是主动反映解决，还是装着没有看见，显然是态度问题。当按全月总产量考核巡检人员时，没有鼓励及时发现问题者，员工就会形成多一事不如少一事的回避态度。所以，能区分出劳动态度的考核制度是何等重要。

② 不仅看态度，更是看能力。简单的工作只要态度好，就可以干好，即只要想干就可以了；而技术含量高的工作就不能只凭态度好，还需要有能力，要会干才行。有的巡检工很难发现设备的隐患，发现了隐患也不会处理，说明能力没有到位。考核制度应该鼓励员工积极掌握更多能力。

③ 考核制度不仅要看态度、看能力，更要看效果。在制定考核指标时，必然要充分体现管理者企业经营的指导思想。比如，在制定产量、质量、消耗及运转率指标时，如果突出以产量为考核重点，则拼设备、拼消耗的现象就会越发兴盛；如果将消耗指标放在第一位，企业就会高效益地健康发展。制定考核指标是对领导者自身的考核，反映了领导者的理念与素质，它们更直接影响企业的效益。

④ 不论是看态度、能力，还是看效果，都要落实到人，且简便易行地量化。

⑤ 考核制度能使考核结果拉开差距，这种差距要使绩效优者满意，劣者服气。差距既不能过小，使优者没意思，劣者无所谓；也不能过大，使优者压力大，劣者有怨气。对巡检人员只从岗位的重要程度划分系数，或仅按遵章守纪判罚，根本不能调动他们维护设备的积极性，并提高他们的能力。

⑥ 考核标准要从调动员工主观潜能出发。考核制度中要特别重视防止问题发生的能力，而不只是停留于解决问题的能力，不能认同"不出问题是应该的，解决问题才是本领"这种片面且就事论事的标准。

中控操作员正确操作可以使生产少出问题，不出故障；巡检人员的有效巡检，能防止设备出事故。遗憾的是，现有考核制度中很少有能鼓励这种能力与贡献的内容。

3.6.4　现代水泥企业考核指标的制定

（1）要确认各工种关键业绩指标（KPI）

现代企业的考核关键就是要确定各工种的关键业绩指标，这是在强调每个工种尽管有很多指标可以考核，但其中只应有一个指标即 KPI，它能影响其他指标的实现。

现代水泥企业中有中控操作、巡检工、润滑工、化验工等关键工种，但受传统管理方式影响较深的企业领导，并没有分析清楚这些工种的关键业绩指标。因此，建立起新型考核制度的当务之急，就是要求人力资源部门与生产技术人员共同学习、实践，尽快找准各工种的 KPI。

（2）关键业绩指标的确定原则

① 执行该指标后企业能获取最佳效益　制定的标准不能过低。没有高标准，就不会有高水平的员工；反之，没有高水平员工，也不会有高效益。但高标准不能一蹴而就，要循序渐进。

制定过程中，不必担心高标准会拉大员工之间的差距，只要目标正确，每个员工努力方向明确，就能调动员工学习技能的积极性，通过加大培训力度就能缩小差距。

② 考核指标必须与管理体制改革同步进行　现在大多企业的运行特点是：生产线运转时，大家都很轻松，实际是人浮于事，很多人每天连两个小时工作量都不满。只有通过改革管理体制，同时制定切实可行的 KPI，才能适应现代水泥生产线的要求。所以，考核体制必须与管理机制有机结合。

③ 任何制度改革要使大多数人得到实效　必须在一把手的亲自领导与支持下进行，在实践中稳步推进。让大家在推进中增长信心，看到提高自身待遇的可能性。各级领导能看到考核取得的成绩。

④ 建立 KPI 考核体系不是为减少企业工资总额　尽管提高劳动生产率可以减少用人，但我国水泥行业中，比人力成本占更大比例的是能耗成本，应当设法鼓励并吸引更多能够降低能耗的人才，这才是最合理的薪酬策略。

（3）中控操作员的 KPI 标准

中控操作员应该以吨熟料热耗；吨生料、吨水泥电耗作为他们的 KPI，再辅之以质量指标。优秀中控操作员应该能够使系统稳定在最佳操作参数上，从而实现高产优质低消耗长期安全运转的目标。当然，客观上要创造好稳定的条件，才可能有主观上的操作稳定。

为了实现这种考核，首先要对煤粉与生料计量准确，其次是二、三次风温，一级预热器出口温度，头排废气温度检测准确。对计量工作既要支持，又要严格要求。

其他工种，如巡检工、润滑工、化验工的 KPI 都应以保障生产的均质稳定程度为核心要求，乃至工程师、技师及其他管理人员的责任也是为维持系统高水平下的稳定运行，不断通过降低能耗，促进高产优质安全运转的实现，辅之以员工素质的提高程度。

第4章

>>>>>>

中控操作员的主观操作素质

生产线欲达到能耗最低的精细运转水平，除了客观条件外，还要依靠中控操作员的主观操作。为提高对他们的 KPI 要求［详见 3.6.4 节（3）］，先从对他们的基本要求说起，再谈他们的应知与应会，进而总结出中控操作员所应具有的基本业务素质。

4.1　对中控操作员的基本要求

衡量的标准与要求不同，操作员水平的努力方向与操作效果就会不同。

4.1.1　当前流行的评价标准

目前评价操作员水平最实用的标准是，看其在中控室操作的时间长短，或是看在哪些大企业中工作过。虽说这个标准并不能准确反映水平，过于表面化，但毕竟是不少企业招聘操作员的条件。更何况新型干法水泥生产线建设过快，操作员能符合这些条件就算不错。

2004 年，中国劳动和社会保障部颁发了国家职业标准《水泥中央控制室操作员》，制定者确实花费了相当力量，参照原八级工标准的思路，将中控操作员水平划分为中级、高级、技师、高级技师四个等级。但这个标准很少在企业中应用，更少有企业以此作为指导对操作员进行要求和培训。

目前社会上比较认可的标准是，看操作员对系统工况变化提前预判时间。比如，某操作员能预判窑内温度 30s 后的状态，就比只能预判 15s 后状态的水平高；而能提前预判 60s 的操作员水平就更高。这个标准不无道理，这是传统中空窑沿袭过来的概念，因为只要窑况在波动，操作员越能及早预判，就越有时间调整而趋于稳定。但只要求操作员能"应付"波动的操作方法，就认定为最佳操作水平，显然与稳定操作，获取最佳参数的要求，不是一个档次。

2010 年中国水泥协会及水泥商情网举办了全国中控操作员"比武"大赛，并评选出窑、磨各前十名金牌选手，尽管参赛选手的代表性不够普遍，也存在一定偶然性，但毕竟是靠最后实践操作，通过比较谁的能耗最低选出来的，并不比较产量及其他指标。通过比赛，表明他们的操作思路与具体手法还大有精雕细琢的潜力和必要，也验证了考核中控操作水平应该有的标准和办法。

4.1.2　对中控操作员的基本要求

（1）三项基本要求

从为企业获取最佳效益出发，对中控操作员有三条基本要求。

① 能在科学管理思想指导下操作　所谓科学管理，就是指操作员要深刻、准确地认识均质稳定的要求，而且在操作中熟练地贯彻。否则，他们的操作就会陷入盲目性（详见2.2.4 节），既不能找到产品优质，能耗低、设备安全运转的途径，也不可能摸索出排除异常状态的办法，甚至还用错误手段对付，使系统更加不稳定。

② 让系统能在稳定状态下运行　在属于操作员的工作范围中，至少操作上要为实现高完好运转率创造条件。

这些工作职责有：

a. 尽早发现异常状态，防止各类工艺性故障发生。比如，预热器经常遇到的塌料、结皮、堵塞；窑内发生的结圈、结球、掉砖红窑；篦冷机内的"雪人""红河"等；立磨、辊压机经常遇到的跳停；管磨机的糊球、饱磨等。

b. 及时将中控屏幕上显示的有关设备运行参数，准确报告给相关部门，并紧密配合。

c. 减少半成品质量指标的异常波动与不合格。

③ 能准确选择最佳工艺参数　操作要为企业效益最大化，操作员就要知道什么工艺参数为最佳，更要知道怎样才能实现［详见 4.3.1 节(2)］。

（2）三项基本要求之间的关系

在三项基本要求中，第一项是能实现后两项的指导思想，后两项是落实第一项的具体体现。后两项要求也不是一回事，只有系统稳定才可能有最佳参数而言，不在最佳参数下稳定，能耗也不会低（图 4-1）。目前对操作员的评定更多是以第二项作为标准，即只要操作没有失误导致故障，就认为是好操作员，若能迅速扭转异常，排除险情，就以为是优秀操作员了。这种优秀还很有潜力，因为系统稳定不出事，热耗会低，但不等于热耗最低。虽然也能排除故障，但思路与手段并不尽合理，代价可能要大，效果并不是最好。

有位知名中医曾说过，"医生不只要研究各类疾病，更要研究患有疾病的人。"这是说治病要结合病人的体质，治疗才能治本。防治生产系统的故障也应如此，不仅要研究故障类型，更要研究带有故障的系统。严格说，各类故障都是系统不稳定的反映，操作员若不能整体分析系统状态，从治理不稳定着手，即使治理或排除局部故障，也不能持久根治。

更重要的是，只重视故障处理，使这种能力成为评价效果的唯一标准，只能误导人们

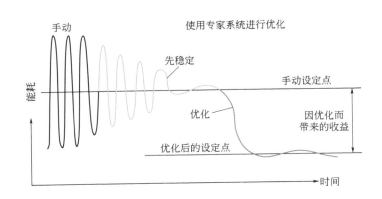

图 4-1 系统稳定与参数优化的关系

的追求。正确的标准应该防患于未然，确保系统总处于稳定状态，不出现故障。

从效果出发，预防事故发生的能力确实比处理事故的能力更重要，就像防火要比救火更重要的道理一样。当然，两种能力并非不可兼而有之，有预防事故能力者，往往处理事故的能力会更高，因为他知道事故的起因，叫作"知其然而知其所以然"；反之，处理事故能力高者，不一定有预防能力。在评价操作员水平时，重视防止事故发生能力的培养，就可以造就出高素质的操作员，否则，充其量只是一个排除故障者。

所以，上述第三项要求才是评价操作员素质的重点：在评比操作结果时，不仅要比具体完成的产量大小、质量好坏，更要看单位能耗水平的高低，从而判断操作员是否具备选取最佳参数的素质。

4.1.3 中控操作员的操作依据

中控操作员为了实现三项基本要求，他的操作依据是什么呢？或者说，企业应该为中控操作员的操作创造什么条件呢？

（1）中控操作判断工况的依据

操作员之所以能在中央控制室内对窑磨系统进行正确操作，必须有三大依据作为充分条件（图 4-2）。这些依据是：

① 中控室靠 DCS 系统传递到显示屏上的各种仪表测试数据；

② 现场巡检人员发现并及时反馈给操作员的各种现象；

③ 化验室的取样抽测各项过程控制的质量数据。

对照目前企业现状，如 3.3～3.5 节所分析，能充分及时得到这三大数据的中控室并不多，操作员能重视并正确使用这三大依据者也不多。

很多企业中，多则 50%、少则 20% 的现场仪表反馈到中控室的数据不准确。或因为领导认为没有这些数据，系统也能运行；或因为企业内维护仪表的力量过于薄弱，无法保证数据的可靠性。中控操作员知道不准又无法处理，只好耐住性子在猜测估计中操作。

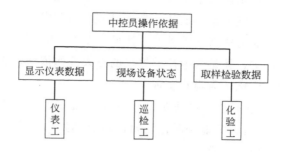

图 4-2　中控操作依据图示

至于化验检验项目，多是例行公事，检验的目的只是看操作员的质量控制水平，而不是为操作员提供系统运行稳定的信息。

巡检人员如果只是被动地服从中控操作员的领导，他们就会消极等待指令，而很少主动向中控操作员报告现场情况。

因此，在相当数量的企业中，不少中控操作员只能获得三大信息中的部分准确仪表提供的半个信息，另外两个半渠道已经接近堵塞，这正是导致误操作的源头。而造成此源头存在的原因，就是领导对中控操作需要的三大信息缺乏认识。三大信息的作用可以比作人的五官，试想，人的五官不好，人的生命可以存在，但是人的大脑缺乏正确思索的依据，其生活质量及工作能力将受到很大约束。中控操作缺乏信息来源，虽然系统在运行，但缺乏正确信息的操作，肯定会让技术经济指标遭受损失。

（2）为中控室操作创造良好客观条件的必要性

为了进一步说明客观条件对中控操作员实现三大要求的重要性，不妨以汽车驾驶的客观条件为例，比照对操作水平的影响。

驾驶老"解放"在道路崎岖的乡间小道上行驶，与驾驶"宝马"在高速公路奔驰，对驾驶员的要求不可能相同。前者要求驾驶员具有克服道路障碍的能力，只能要求平安到达目的地即可，谈不上省油和快速。而对后者驾驶员就能有最短时间最低油耗的要求，这时驾驶员要有两大能力：一是要有及时发现异常路况及车况，并及时处理、保障安全的能力；二是有选择最佳车速及路线，省油快捷的能力。这后一要求，只有好车好路时才能提出。

评价中控操作员也同样是此道理。对于某运行系统，当原燃料成分及喂料量难以稳定时，就相当于路况是乡间小路，而设备质量差，故障率高就相当于解放牌车况，迫使操作员只能对付各种故障，提高了处置隐患的能力；当原燃料稳定及设备正常时，就相当于路况与车况有了保证，只有这时，他们才会面临选择最佳参数的重任，以达到最低能耗、高产优质的目标。当前大多数生产线显然没有为操作员创造良好的客观条件。

完全可以这样说，中控室操作客观条件不同，所造就的中控操作员水平也不同，不同的驾驶条件，驾驶员的水平也不可能一样。

（3）中控室操作的客观条件

中控室操作良好的客观条件从企业大环境讲，可以概括为：高标准的基本建设质量；高度均质稳定的原燃料；高度可靠的设备；高度准确的计量仪表。而实现这些客观条件，企业就要拥有能实现均质稳定的高素质员工（详见 2.2.2～2.2.4 节）。

从中控室的局部条件讲，就是为中控员提供的三大操作依据，必须可靠。它仅是落实大环境要求的具体内容，应该较为容易实现。

当客观条件满足后，绝不意味操作员的水平不重要了，甚至有人说，这样的系统，"傻子"都可以操作。这种看法只能表明他们对高境界的操作水平——第三项要求并不理解，不知道有选取最佳参数的要求。

当今，同时具备第二项能力与第三项能力的操作员并不多，首先要获取稳定并不是操作员一厢情愿的，它需要优良的客观条件，但当客观条件改善后，中控操作员对付异常状况的能力不应下降。尽管他们具备了稳定下取得最佳参数的能力，但也不应该遇到特殊情况时就束手无策。所以，两方面能力均应具备。就像经破车烂路锻炼过的驾驶员，在高速公路上跑好车，同样要学习节能的操作。曾在不稳定原燃料及设备带病系统上操作过的操作员，只有培训提高，才可能学会选择最佳参数的本领。

如果说这个比喻尚不够贴切，那就是中控操作员选择最佳参数的技术含量要比汽车驾驶员节能要高得多、复杂得多，取得的效益也要明显得多。但无论如何，有关客观条件对操作者主观水平发挥的影响关系，已经阐述得很明晰了。

4.2 中控操作员的应知与应会

合格的中控操作员上岗之前，应该学会利用各种操作依据，接受如下两方面基本素质的培训与考核：一方面是理论上掌握操作的基本知识（应知）；另一方面是实际操作的能力（应会），两者不可偏废。

4.2.1 操作员的基本操作知识

操作员必须具备的基本理论知识包括：准确判断系统工况，掌握参数变化规律，树立科学操作理念。这些基本知识不仅来自教科书，更多来自实际操作经验的总结，升华为理论。两者结合才是操作员的"应知"。

（1）利用已知条件准确判断系统工况

中控操作员面对屏幕上显示的上百个数据，对它们的操作，应该分主次与先后，需要用所掌握的工艺知识，清晰地分辨它们的不同特性及作用，这是操作员的基本功。

① 辨别自变量与因变量的关系　首先应借用数学中自变量与因变量间的概念，区分这些参数。自变量就是操作人员用以调节系统状态的参数，是获取最佳因变量的工具、手段。通过对自变量的正确调整，获取想要的因变量，实现工艺系统的最佳运行，这就是所谓操作，是本操作手册要讨论的内容。而因变量是显示系统各种状态的参数，它们反映自变量调节的结果，判断系统是否实现高效运行状态，对它们的讨论已在文献［1］中完成。

　　任何由若干因变量确定的系统状态，都来自若干自变量的调整，而且因变量之间也会相互影响，如温度与压力。因此，操作员必须学会用因变量的变化趋势及效果，判断与衡量自变量调节方向与幅度是否正确。但由于每个调节作用并非简单唯一，这种判断与衡量并不简单：一个自变量的调节，会导致两个以上因变量改变，而且这种调节，还需要更多自变量配合。比如，增加作为自变量的窑头喂煤量，可能会引起一系列的因变量如烧成温度、窑尾温度，甚至一级出口温度的陆续提升；且分解炉用煤量也应做相应调整，同时还要求另一自变量——用风量的相应增加。否则，加煤不仅不会带来升温效果，反而导致了煤粉在窑炉不充分燃烧，降低窑炉温度，还使预热器产生不当的过度升温。

　　不仅如此，还因为有的自变量自身就是由多个自变量组成，使这种判断与衡量复杂化。比如系统用风量的调节，如果有多台风机作用于系统同一位置时，这种调节就会形成多种可能，一旦调节不当，必然引起自变量自身的互相干扰。

　　② 掌握各工艺参数之间的关系　操作员应当学会应用教科书上所学到的工艺知识，正确掌握相关工艺参数之间的关系，以印证参数变化的合理性及仪表检测正确性。诸如以下各类关系：

　　a. 系统的温度分布关系（详见 6.2 节）。

　　b. 系统的压力分布关系（详见 6.3 节）。

　　c. 风压中静压与动压的关系。在管道或容器中，由于静压与动压在一定范围内会有正相关，所以，常将压力表的数据误解为系统中的气体动力与速度。实际上，它只是表示系统阻力的变化，当阻力大到一定程度时，风量与风速就成为零。压力表只是测出管道内气体的静压，是反映测点前方管道阻力的大小，它与动压形成高风速是两个概念，动压表示的风速高低，要用毕托管测量。当静压大到一定程度后，会与动压成负相关，若管道前方堵住，压力表数值会最大，而风速却已经变成零，这虽是极端情况，但充分说明静压与动压是两个概念。

　　d. 风机风量与风压的对应关系。在自然界中，气体的压力与风量关系符合理想气体方程（$pV/T=$常数），即当温度恒定时，压力低，风量会变大；反之，风压高时风量会变小。而风机的工作风压与风量之间的关系，既不是简单的对应关系，更不是正比关系。根据离心风机的特性曲线（详见文献［1］5.1.2 节），在风量减小时，风压会相应增加；而罗茨风机，如果要放风，风压与风量同时减小。在热工系统内，风压表上显示的压力与风量之间更不会相互对应，如一段有阻力的密闭管道中，阻力两侧的压力值肯定有较大差异，但风量不会有较大变化。

　　e. 风量受温度与风压影响的关系。相同风量的体积，受热后肯定要膨胀变大，冷却后变小，如果此时容积不变，则风压就会升高。所以，风机的工作状态与进风机的介质温度很有关系，气体温度越高，风量会增加，但气体的密度要变小，由于这两者对风机功率的影响相反，风机没有明显的状态改变。

　　上述只列举几个常见关系，实际操作中还会有更多关系，也会相互影响。生产人员应当明确谁在这些关系中起主导作用。

③ 有关设备安全参数的使用　随着使用传感器测定设备轴承温度与振动的技术进步，接到中控显示屏上的机械与电气的重要参数越来越多。比如托轮与磨机轴瓦温度、电机电流与功率、风机与立磨的振动值等，与其说是提供了加料、加煤、加风必须遵循的上限，不如说有了自动报警功能，是对设备运行起到最可靠的监护作用。

（2）通过参数趋势图掌握参数变化规律

系统某一参数与时间的变化关系，如实地用曲线表示出来，就是趋势图。DCS 系统都应该具备显示参数趋势图的功能，否则不能交付使用。如下参数都应显示趋势图：作为自变量的喂料量、喂煤量、窑速；作为因变量的关键位置温度，包括二、三次风温，一级预热器出口温度，窑头废气温度，分解炉温度，窑尾温度；关键位置的压力，包括高温风机机前负压、窑尾负压、窑头负压、篦冷机高温段篦下压力；重要设备的电流，包括窑、高温风机、立磨、喂料提升机；重要设备轴承温度及振动值等。

同一屏幕画面一般能同时显示数条不同参数的趋势图，为了让操作员尽快判断参数发展趋势的合理性，在编制趋势图时，应该将相关参数设置于同一画面，以便发现变化趋势中的对应关系。比如，将生料喂料量、生料提升机电流、一级预热器出口温度、高温风机的机前负压安排在同一画面上，便能直接观察生料量加减对这些参数的影响。

根据自变量的趋势图能掌握操作员的实际操作动态，以便随时分析操作的合理性；根据因变量的趋势图可以及时了解操作后这些参数的变化方向。所以，正确利用趋势图是操作员提高操作水平的重要渠道，也是判断他们稳定系统能力的工具。有的操作员频繁调阅趋势图，见稍有波动就开始调整，以为用小变动可以防止大波动，这是来自传统窑的操作习惯，但很可能适得其反。因为如果是随机波动，本来它可自动回归目标值，如果操作过多干预，反而越调越乱。如果不清楚参数波动的原因，更可能会导致调整措施不当，缺乏针对性。就以发现喂料量变化为例，如果这是由于喂料设备的随机波动，并且波动范围不大，此时就无须调整任何参数；如果确实是异常波动，需察看提升机电流和一级出口温度的趋势图，若有同向较大波动时，就印证了系统为异常波动，此时方可果断及时调整。

（3）树立科学操作理念

预分解窑的操作必须建立如下理念，才能正确理解上述各工艺参数间的关系及每个参数的变化规律，否则很难形成科学严谨的思路。

① 均质稳定的操作是获取高产优质低消耗运转的基础。如何衡量某一项操作是否合理，并不需要等到熟料标号不高、煤耗越来越大，甚至工艺故障频繁发生时，才能下结论给予判断。每位管理者及操作者只要静下心来，思考该项操作是否有利于生产的均质稳定，就完全可以下结论。这是头脑清晰、反应敏捷、判断准确、动作果断的操作员所应具备的基本素质。

② 获取单位能耗最低的参数才是最佳操作参数。判断是否获得最佳操作参数组合，不是用最高单产，也不是获取最好质量，而应该是单位产量能耗最低的参数（详见 1.1 节）。不合理的操作参数千差万别，但最佳参数只能有一组，就是要找到其能耗最低时的风、煤、料配比量。

③ 形成优质熟料的煅烧条件是靠温度的合理分布，而不是延长时间；形成节能高效的粉磨条件是靠物料通过系统的流速，也不是停留时间。这是预分解窑之所以要薄料快转的基础，也是料床粉磨技术的先进之处。

④ 煤粉的快速完全燃烧是窑内形成高温区的关键。实现关键的条件是煤粉与氧气快速充分的混合，才可能形成高温区，确保煅烧条件。

⑤ 任何有两个以上风源作用的系统，都可能发生彼此相互干扰。任何一台风机在选择风量与风压时，都要首先考虑它与其他风机是否相互干扰，尤其在风机串联与并联使用时。

与上述理念相抵触的认识或做法，都会经实践验证为失误，如不能尽快纠正，势必造成损失。当然，还有很多理念需要在操作中建立，这里不能逐一列举。但不论来自何处的何种理念，一定要理论上讲得通，实践中经得起验证，否则错误的理念比没有理念更可怕。

4.2.2　操作员应该具备的现场处置能力

为了实现三大基本要求，操作员除了在理论上拥有上述基本知识外，在实践操作中，还应具备如下四方面的现场处置能力，即操作员的"应会"。

（1）判断现场状态的能力

这种能力可以表现为以下具体内容：

① 判断系统温度正常及控制的能力：在烧成系统中是指煅烧最高温度，窑筒体温度，熟料进、出篦冷机的温度等；在粉磨系统中是指出磨机的物料温度、入磨机气体的烘干温度等。这些温度的高低，或没有仪表指示，或能发现仪表指示不及时或不准确，都需要操作人员现场的经验感受。

② 观察火焰形状及调节火焰的能力：掌握燃料种类及组分变化对火焰的影响程度，并能根据煤质，调整一次风量与风压及与燃烧器性能的配合。

③ 观察系统正负压状态及调节用风的能力。

④ 观察熟料在篦冷机内冷却状态及调节的能力。

⑤ 观察熟料表观质量及查找原因的能力。

⑥ 判断磨机内物料填充状态、流速及尽快改善的能力。

⑦ 判断选粉机效率及改善的能力。

⑧ 掌握粉尘排放状态及控制合格的能力。

⑨ 及时发现系统异常状态并尽快排除的能力。

其中②、④为窑的操作所应具备的特定能力；⑥、⑦为磨机的操作所应具备的特定能力。

（2）与巡检人员默契配合的能力

具备上述现场实践经验，是与巡检人员默契配合的前提，但操作员要善于听取现场巡检人员的反映，而不是只向巡检工人发布指令。不少企业认为中控操作员的水平高，DCS

系统反映的数据快而准确，因此要求巡检人员必须听从中控操作员指挥。这也是一种片面认识，因为毕竟不少现象是中控无法了解到的，或者是了解不准确的，必须有现场的直接观察，否则还要巡检干什么？让巡检人员只听指挥，巡检工作就不能发挥主动精神。因此，当今最重要的任务是提高巡检人员的素质，而不是削弱其责任。

（3）诊断系统现有状态与最佳参数状态差距的能力

这是操作员稳定状态下选择最佳参数的关键能力，如果没有发现或不会发现差距，就永远找不到最佳参数状态。当系统不具备客观条件时（详见第3章），就应该准确指出不具备的条件；而客观操作环境一旦具备，就应保持系统稳定运行，并判断此时与最佳参数状态的差距，并通过操作实现。

（4）正确调整操作参数的能力

① 当某些自变量需要调整时　调整的幅度不能按"矫枉必须过正"的思路，而是要将实际测定值与目标值的差，乘以一个小于1的调整系数，该系数应是优选法的0.618，以求尽量减少调整次数，求得更高稳定性的调整，减小该指标的变化幅度。

② 系统稳定后摸索最佳参数时　选定最佳参数可采用试探法。即按照既定思路，对某个自变量或高或低的调节，以观察系统的变化趋势。当无论怎样调整，效果都不比未调整更好，则说明该被调参数已经达到最佳参数状态。当向某一方向调整，效果变好了，说明向此方向调整是正确的，可以继续调节，直到效果不再发展为止。调节用风量时，此方法便很有效〔详见5.3.4节（2）〕。

进行试探法的条件是在调节某一自变量时，不要改变其他自变量，更不能让调整好的核心参数变化。否则，就找不到这种变化的来由，也很难表明当下的调节方向正确，更难确定得到的状态为最佳。

③ 当系统出现异常波动时　此时应当先分析出引起波动的原因，找出主要自变量，然后确定需要调整的幅度，并且要反应迅速，措施与步骤同时到位（详见第5章各节）。

中控操作员具备上述四种能力，就可以增强每次操作的目的性，主动操作，落实对操作员的三大基本要求。

上述四种能力的培养与塑造，不可能先天具备，要在良好的客观条件下，经过后天的训练与努力才能获得〔详见4.3.3节（2）、（3）〕。

4.3　实现最佳参数下稳定运转的操作

很多企业中控室都挂有醒目的大字标语："精心操作"，与精细操作同属一个概念。它不应该仅仅是鼓动宣传，而是需要贯彻的具体要求，用以指导和检查操作员的操作标准。

4.3.1　精细操作就是要从稳定中求节能

（1）什么是精细操作

在稳定情况下追求最佳参数的操作才可称为精细操作。它是主观要求与客观条件的统一，即创造出能稳定的环境，才有最佳参数的追求；也是操作员职业道德与操作水平的统一，即既具备高尚的敬业精神，又有科学的操作理念，才能实现最佳经济效益的精细操作。

现代窑与传统窑对精细操作的理解有本质区别：

传统水泥窑的精细操作，就是操作人员要紧密观察表现各项窑工况变化的参数，为实现高产与要控制的质量指标合格，做高频次的精心调整，以小的调整防止系统大的变动，实现系统相对稳定。它的操作精髓就是"勤"操作，需要操作人员有较高的预见性，有高度责任心。这完全符合当时的生产力水平，在原燃料不够稳定、设备仪表的配备及可靠程度低时，是完全必要的。

对于现代水泥企业，欲想提高劳动生产率及生产稳定性，就该逐渐减小对人的操作水平及感情色彩的依赖程度。只要原燃料足够均质稳定、设备足够可靠及仪表自动化足够完善，为稳定运转提供了初步条件，操作员就应不断努力寻求运行最佳参数，这才是精细操作。那种不找最佳参数，漫无目的地调整已经稳定的参数，绝不是精细操作，甚至还会给系统带来更不稳定的因素，恰恰是企业利益最不需要的。

（2）什么是最佳工艺参数

既然获取最佳工艺参数对企业效益如此重要，是对操作员素质的最高要求，就应该明确最佳工艺参数的概念。

① 最佳工艺参数是客观存在的　每当说起最佳工艺参数，总会有人说"只有更好，没有最好"，因而更没有最佳，以作为可以不追求最佳参数的理由。他们借助社会事物中的辩证思维，将对某一事物的处理方法，某人的处理问题能力或态度的评价，嫁接到对生产操作参数的选择上，因而对"最佳"不以为然。但生产中要获得更大效益，都应寻找最佳参数，仅以烧成温度为例，它是烧成系统的核心参数：温度低了，熟料质量就低；但温度高熟料过烧，不但热耗增加，且强度也要降低。能使熟料标号最高的温度就是最佳温度。这就是有责任心的操作员要追求的目标。

当然，生产线中也确实有"没有最佳，只有更佳"的参数，但为数不多。比如，小到一级预热器出口温度、二次风温度等参数，大到熟料标号这些关键指标，都是可以不断改善的，不应该封顶。但对它们的改善空间毕竟已趋近极限，而且要想趋近，也只有在系统选取最佳参数群之后。

系统最佳参数的定义应该是，能实现最佳产品质量时，能耗最低的参数。

之所以说能耗最低的产量才是最佳产量，而不能将最高产量当作最佳产量，前面曾分析过（详见 1.1.2 节）。只有想明白，产量过高时的能耗并不是最低能耗，也许才能体会到追求最低能耗产量的价值。

有些人将系统不出故障的运行参数称为最佳参数，或能迅速排除故障的操作参数就是最佳参数。显然，这只能反映操作员的应付心态，是系统处于不稳定状态时的无奈选择，他们永远不想、也永远不可能获取最佳参数。

② 最佳工艺参数的效益　最佳参数是由总目标逐级派生或衍生而来的。如上所述，

为了最佳产量的实现，就会提出"熟料的烧成温度应该控制多高为好"的课题，它的最佳标准应该是用最少的燃料烧出最高标号的熟料，此时所控制的参数就是最佳参数。接着又该推理出，熟料游离氧化钙应该多少为宜，游离氧化钙过低，会导致熟料死烧，不仅强度不高，热耗也会升高；但游离氧化钙过高，熟料的安定性就会不合格。由此可以看出，只要重视选定最佳工艺参数，任何企业都可以从中挖掘潜力，获得巨大收益。

③ 选取最佳参数的必备条件

a. 稳定运行的系统。最佳参数来自相对稳定的系统，不稳定的系统很难有获取最佳参数的可能。这是因为影响调整结果的变动因素太多，不仅无法确定能产生效益的因素，而且即使获得最佳参数，也无法保持。

b. 操作员要具备科学思路。凡持有"产量越高消耗越低"信条的操作员，不可能调整出最佳参数。相反，只要操作员拥有正确思路，渐入佳境后，就不难获取系统的最佳工艺参数。

c. 仪表与自动化的进步可靠。在线检测的仪表要比离线检验进步很多，它能为选取最佳参数提供最快信息，既能判断任何调整的效果是否已是最佳参数，更能指导向最佳参数变化的趋势。

④ 操作员选取最佳参数的方法　详见 4.2.2 节(4)。

（3）稳定运转的衡量标准

所谓稳定运转，就是操作参数能在允许的范围内变动。

① 有两类不同性质的波动　任何波动都有两类，操作人员要学会判断波动的性质[详见 2.2.1 节(3)]。如果是随机波动，就是指所谓的相对稳定，此时不需要进行操作调整，否则会弄巧成拙、加大波动；如果是异常波动，就是指应该进行调整的波动，此时需要进行操作调整，否则会导致系统的失控。

② 判断不同性质波动的方法　判断两类不同性质波动的方法是：任何规定的操作参数及质量指标都应当为双向限定，即围绕目标值设有允许的波动范围。过去的水泥质量规程大多为单向限定，但各企业都应当从本企业实际状况出发，对任何检测数据都应设定偏离目标值的双向限定，即范围。这才能实现任何检测指标都应稳定在范围之内的要求。

准确确定取样时间间隔是判断波动性质的关键，这要根据每个被控参数稳定的程度而定。一个优秀的操作员不仅是在系统运行正常时能找到最佳参数，也不只是在不正常时能很快发现和处理，而是应该当系统从正常转向异常时，能及早发现与判断原因，控制住这种不利趋势。操作员善于观察趋势图，以了解系统的波动规律，是非常好的习惯。问题是在观察趋势图时，不只是看某个参数的高、低走向，更应判断出该段时间内，它是在正常随机波动还是出现异常波动。

③ 操作频次反映系统的稳定性　判断系统稳定性还有一个很简单的方法，就是看操作员的操作频率。系统越稳定，操作员的操作次数就越少，甚至有数日都无须操作员人为干预，这就是理想的系统稳定状态。有的企业因中控室操作内外条件创造较好，使操作员的工作量大大减少，从生料、煤磨到窑的操作只配置一人，这种精炼靠领导硬性下达规定绝不可能做到。当系统不具备稳定条件时，人为设想减少操作频次，或硬性减少操作人员

编制都是有害无益的。

国内外都有高稳定运行的样板生产线，更有世界先进水平需要国人努力追赶，任何操作员没有任何理由不按精细操作的要求，操作手中的预分解窑生产线。

④ 中控操作员实现稳定操作的方法　中控操作员应当在总结本系统各项参数波动规律的基础上，具备较强的预见能力，换言之，要按照判断随机波动与异常波动的三个条件，在观察趋势图时，要将该参数连续五个点的变化规律推演成它在某个时间段内的波动状态。只有这样，才能做到在异常波动发生时很快识别出来，并采取对策，而不是看到趋势图稍有波动就做调整。所以结论非常清楚：以不加思考的习惯为基础的频繁操作是在破坏系统的稳定，只有在判断总结的基础上的操作才可能使系统稳定。

当确认为异常波动时，必须重视调整手法［详见 4.2.2 节(4)］。

⑤ 创造均质条件，才是实现系统稳定的根本　第 2 章在分析新型干法水泥生产的均质稳定特点时，一再强调均质是稳定的前提。应该说，当物料均质到一定程度时，即质量参数的标准偏差小到使工序能力指数 C_p 大于 1 之后（详见文献［1］2.3.1 节），此时系统产生的波动，就一定是随机波动。这再一次证明，企业不重视原燃料均质工作，反而只要求操作员稳定操作，犹如釜底抽薪，操作员再努力也不过是杯水车薪。

通过以上分析，"精心操作"这个口号就成为具体的数字要求了。稳定运转与最佳参数二者不可分离，但二者并非是同一目标。实现稳定运转，生产线可以高产、高运转率，但只有同时实现最佳参数，生产线才能做到优质与低消耗。

4.3.2　操作员正确思路的建立

（1）中控操作员应该具备的素质

中控操作员为完成三大要求（见 4.1.2 节），并能很快掌握基本操作知识（见 4.2.1 节），拥有应该具备的现场处置能力（见 4.2.2 节），他们的主观素质是决定因素。这个主观素质有两方面：一是要有较高的预见性；二是要有正确的思路。

预见性为公认的操作员水平高低的差异所在，即让系统稳定运行所需要的素质［见 4.1.2 节(1)②］，这是丰富经验积累的结果，好的思路将有助于这种积累。

选定最佳参数必须要求操作员能建立正确的思路［见 4.1.2 节(1)③］，要经过大量的对比、分析、实践、总结，升华到一定高度，不断修正，才能逐渐完善思路。这种思路仅靠经验积累是无法获取的。比如，很多人面临异常因素系统波动时，可以靠经验临时处置，但要求选择最佳参数时，他们会一筹莫展。这就说明，要将经验升华为好的思路是多么重要。

公平地说，随着企业满足操作需要的客观条件逐渐完善，仪表自动化的水平越高，对操作技能的依赖就会淡化，这时恰恰需要贯穿操作中的正确思路和理念。

为了解决高素质操作员培训的困难，人们利用计算机先进技术，开发了专家管理系统，应用模糊逻辑、仿真技术等现代数学模型，将优秀操作员的成功经验编汇成软件系统，以代替并规范操作。这不仅提高了劳动生产率，而且大大提高了选取最佳参数的水平。但是，这种高水平控制更需要人的智慧，专家管理系统本身就要体现高素质的操作，这时的自动与智能控制要求生产相对稳定（详见 3.4 节），模拟与仿真的编程更需要正确的思路指导。

（2）操作员的正确思路来自正确的理念

分析问题思路清晰是素质高的重要标志，而清晰思路还必须有正确的理念基础，正确理念的形成，是来自扎实的基础科学知识及丰富的实践经验，并将二者有机结合起来。其实，科学知识就是前人实践经验的总结，已被后人公认直接接受，所以，任何理念归根结底都要经得起实践检验。如果某个理念一开始就建立在形而上学或唯心主义的基础上，当然就不会正确。理念一旦形成就会支配操作，不同的人对理念的建立与更新有着不同的态度，当然就会形成不同的能力。为了让操作员在形成理念上少走弯路，前面曾提出了一些理念 [详见 4.2.1 节(3)]，是否正确，同样也要靠实践中的不断总结与验证。

那么，什么才是正确的操作思路？又怎样形成正确的操作思路？

所谓思路就是思考过程，它由三个环节组成：明确思考的出发点；选择思考的逻辑与途径；确定思考所要达到的目标。这就是：找出需要处理事物的矛盾焦点，作为思考的出发点；利用应知的基础知识（详见 4.2.1 节）及应会的现场处置能力（详见 4.2.2 节），通过对事物由表及里、由浅入深的分析过程，在错综复杂的矛盾中确定主要矛盾及矛盾的主要方面，从而提出解决矛盾的实施步骤；思考的最终目标应当符合客观事物的合理发展，否则前功尽弃，甚至南辕北辙、背道而驰。在确定操作方案上，上述三个环节可按如下展开：

① 明确思考的出发点　一个系统在中控屏幕上会显示上百个参数，操作者不能不分主次。首先要分清其中的自变量与因变量，在因变量中，又必须抓住核心参数（详见 6.1.1 节）。只有如此，理念才会变得清晰有条理，措施才能抓到要害而有效。

系统的核心参数要具备以下三个条件：

a. 该参数直接影响系统经营指标的完成，即实现产质量与消耗的高水平；

b. 该系统所有的自变量都对此参数有直接调节效果，均要为此参数努力；

c. 该系统所有因变量被调节的效果，均要由此参数验证其合理程度。

无论是预分解窑的烧成系统，还是管磨、立磨及辊压机的粉磨系统，它们作为相对独立的生产系统，都有各自的核心参数（详见 6.1 节及 11.1 节），而且一定要经得起上述三个条件衡量。认准核心参数，思考的出发点就对了，思路就有好的开端，后面才可能正确展开。

② 选择思路过程　不论窑、磨系统，都会存在若干对矛盾，但主导该系统发展、决定运行效果的主要矛盾只有一个，其他矛盾将随之而改变。操作者应当明确主要矛盾并紧紧抓住它，分析矛盾的发展及矛盾主要方面的变化，推动事物的发展。这就是思考的过程，即思路的途径。该途径不但条理化，而且是思路的捷径。

③ 确定终点　思考的目的就是思路的终点，它一定是合理的、符合客观实际的效果。如果思考目标不正确，就会导致整个思考过程都会迷失方向，也不可能有正确的思路。经常看到操作者在采取各种操作手段时，并没有获得节能效果，就是因为他的思考目标是追

求最高产量，或者是"大事化小，小事化了"不出事的"对付"。这就无论如何也无法实现能耗最低的合理目标。违背节能减排的客观效果，就不可能有正确思路。

以上是组成正确思路的三要素。而且一个思路的结束不仅不是思考的终止，更该是新思路的开始，循环往复，永无止境，不断提升新的认识高度，将思考不断深化下去。

4.3.3　如何造就水平优异的中控操作员

（1）对中控操作员水平的评定

在讨论了对中控操作员的基本要求以及操作员的应知、应会之后，再来区分中控操作员的水平，这个标准应该简单而清晰了。中控操作员大体可划分为四个档次：合格的操作人员是能在系统运行稳定时，按照所具备的基本操作知识（4.2.1 节）及应该具备的处置能力（4.2.2 节），正确地执行各种操作程序；水平较高的操作人员，则能在系统异常时迅速找出准确原因，并正确实施对策，这里存在对异常现象反应的灵敏程度及采取措施的有效程度的差异；优异的操作者，则表现出较强的预见性，当系统从正常向异常变化刚露端倪时，便能敏感地发现，并采取对策制止，这种对系统出现异常的防范能力，就是维护系统稳定的水平；最高档次的操作人员，则是在相对稳定条件下，较为快速准确地找出系统的最佳参数，充分表现出清晰而正确的思路。

合格档次的操作员，可以通过书面理论知识测试及上机操作的基本手法便可断定；对于水平较高、进而优异的操作员，可以通过操作系统的稳定程度予以衡量，检查某些参数趋势图的稳定程度，便可认定其水平高低；而最高档次的操作员，则只有通过实际完成的能耗数据，做出评价。

这里渗透着操作熟悉程度与经验累积的差异，更能表现出操作员操作理念的差异，可以反映他们利用经验总结、归纳出科学操作思路的智慧与悟性。

人们在形容人的智力水平时，常用到这样几个词汇：聪明、智慧和悟性。操作员的水平不妨也使用这三个词汇，对他们所能建立的正确思路，进行一番实际的比对。

聪明即耳聪目明，对外界事物反应灵敏，发现、感觉新鲜事物及异常现象快，对屏幕上的各种参数反应敏感。如窑尾负压过高，再借助窑筒体红外测温仪观察，操作员可以迅速判断窑内有了后圈，于是果断采取开大窑尾高温风机或关小三次风阀等措施，达到增加窑内用风的目的，克服了结圈所带来的不利影响。这样的操作员可谓具备聪明的素质。

智慧即足智多谋，在接受外界事物后，不仅反应快，更能综合以往经历，找出差异与共同点，经过周密思考、总结规律、举一反三地类推到现有事件的处置上。比如，当知道窑后已出现结圈，操作员会考虑继续增加排风，尽管能解决窑内排风，但也会使结圈更为严重。因此，操作员根据以往处理结圈的经验，采取变动火焰位置等办法尽快烧掉后圈。这样的操作员能够综合各种单一概念，排除假象，汇集成系统理念，这是具有智慧的操作员。

悟性即大彻大悟，在对各种事物的充分思考与判断后，彻底理解掌握了事物发展的内在规律，通过努力能主导事物按照符合客观规律的方向发展。就以结圈故障为例，操作员能对各种原因形成的后圈提出一整套合理的操作方法，调整火焰形状及相关措施，不仅能很快消除后圈，而且还有杜绝后圈再次出现的办法。这就是悟性高的操作员。

最高境界的大彻大悟则是大智若愚，拥有这样素质的人，绝不会听到不同看法就立即嗤之以鼻，而是善于从不同意见中认真揣摩其中可能存在的道理，不断完善丰富自己的已有理念，达到相关知识融会贯通的境地。他们对结圈起落的规律，已经达到未卜先知的地步，只要观察窑内工况，就能准确判断结圈的可能性，且及时予以调整。

从上述比对中不难理解，高素质操作员的标准应该是什么，领导应该如何培养这些具有正确理念并形成正确思路的操作员；而操作员自身又应该知道如何塑造和提高自己。当企业技术人员、领导也都渐进到大彻大悟的境界，该企业操作员提升素质的条件，就非常难得了。

（2）为培养高素质操作员打造良好环境

① 要全面系统地培养操作知识　必须对操作员进行系统培训，用均质稳定的概念武装操作员的思想，用此思想对照操作中与之抵触的不良操作习惯，从而揣摩出改善操作的方式。

从曾经举办的全国操作员比武大赛的答卷看，能应付各种异常状况的操作者较多，但能分析清原因，讲清道理者少，更少有能上升为理论明确认识者，充分表现出操作思路上的差距。之所以如此，是当前国内对正确的操作，尚缺乏认真系统研究，将传统窑的操作思维习惯当作成熟的操作技术，导致操作员逐年逐代、照猫画虎地照搬，毫无思考与改进之处。欲进一步提高我国预分解窑的运转水平，必须对管理和操作中的粗犷进行改造。

② 用系统的知识分析以往发生的异常情况　操作员不应满足现有的经验，要在不断了解国内同行的发展水平及瞄准世界先进水平的基础上，组织他们对本生产线还存在的问题进行分析、对比，从中总结出解决办法，并升华为思路，以此提高处理异常情况的能力，确保稳定状态的能力及寻求最佳参数的能力，不断思考其他可能的想法，更要勇于实践那些不同于自己而又认真思考过的做法，以提高自身水平。

③ 对操作员要有正确的考核目标　确定考核操作员的KPI，对他们建立正确思路的终点（详见4.3.2节）起着至关重要的作用。这又与企业的整体管理水平有关，比如企业的核心指标究竟是追求产量、质量，还是能耗？企业的计量管理水平能否提高等。只有KPI选择正确，才能引导他们不盲目追求高产，不愿带病运转造成高消耗，提高追求稳定操作及选择最佳参数的积极性，并以此作为评价操作员水平的标准。

同时，对操作人员的考核还要做到：

a. 不应拘泥小节，培养成明哲保身、谨小慎微的人。比如每当发生工艺事故，如红窑、塌料、堵塞、结圈等，就予以重罚，而且有时只罚当班人员。对此，工艺工程师本应负有责任。只是在操作员自行其是，不服从总体安排指令时，操作员才有不可推托的责任。

b. 不应只重视经历，鼓励熬年头，而要敢于按照实际能力拉开待遇档次。一个操作员每天手中要使用数百吨煤，价值就是几十万，多用或少用1%（不足33.5kJ/kg，相当于8kcal/kg），就是数千元的盈亏，优秀操作员一个月为企业创造效益仅煤耗一项就有十万元以上的差距，企业为何不能用其 10%，拉开报酬的差距，以调动操作员提高能力的积极性。

（3）要有良好的企业文化氛围

不能只将操作员当作工具，但也不能放任自流，各行其是。有活跃的学术交流与学习气氛，有敢于实践的勇气。可以这样认为，培养优秀中控操作员的过程，也是提高与锻炼领导者素质的过程，或者说，至今水泥企业中最缺少的正是：能掌握上述应知、应会要求的工程师以及能承认优秀操作员标准的管理者。

（4）操作员应该做到脑勤、手勤、嘴勤和腿勤

操作员所在企业，若能有上述客观条件，真是可遇而不可求。然而，任何不重视自身修养与塑造的操作员，再好的条件也无济于事。

脑勤就是要勤于思考问题，凡是生产中遇到的现象，都要能用实践解释清楚，解释不清楚时一定要学习，可以查阅相关技术书籍及杂志。很多技术人员自己从不订阅书刊，他们的知识犹如无源之水，很难提高自身的技术水平与思路档次。

手勤就是要多记录，多写总结。有的操作员干了十几年，没有留下任何数据累积，更没有像样的体会文章。实际上，每次的操作，就是再思索、再提高的过程，这种手勤是任何措施无法代替的。不少企业要求操作技术人员写论文发表，作为评定职称的条件，这本是一项鞭策技术人员手勤的措施。无奈有些人或缺少实践，或懒于动脑，只会抄袭，为自己的提高设置了重大障碍。

嘴勤就是要创造与他人交流的机会和环境，要不耻下问，遇事多问几个为什么。

腿勤是指到现场要勤，只坐在中控室内想当然，很难得出解决实际问题的结论。尤其上述那些需要掌握的应会能力，只有经常迈开双腿深入现场才能获得。

尽管国内同行中，经常将现场操作当作"下里巴人"的技术，但操作员切勿妄自菲薄，更不能故步自封，千万不要满足现有的操作技术，即使是操作了十几年，又是本科毕业，也应对照上面所要求的素质修养，反省与检查以往的操作思路与手法，逐步走上正确思路的轨道。

第二篇

烧成系统的操作

　　讨论预分解窑操作有如下内容：找出所有调控窑运行的自变量，逐个分析影响它们的因素，确定调节它们的依据，得出正确的操作思路与手法，指出现存各种误操作的危害；再将窑作为系统，综合自变量与因变量各种关系，确定以降低熟料热耗为核心的优质、高产途径；最后，用窑的几种典型运行模式为案例，找出各自努力的方向。

第 5 章

▶▶▶▶▶▶

预分解窑系统自变量的控制与操作

在预分解窑中，操作员能改变系统状态的自变量〔详见 4.2.1 节(1)①〕共有七个，它们分别是：喂料量、喂煤量、用风量、三次风阀开度、燃烧器调节、箅冷机调节、窑速，这些调控手段相比传统窑要复杂得多。其中只有喂料量、三次风阀开度及窑速是单自变量，其他自变量都要依靠多个子调节手段组成的多自变量组群，提高了正确调节它们的难度；燃烧器调节、三次风阀开度的目前配置水平，还需要现场调节。本章将分别论述七大自变量的控制手段，围绕各自应解决的主要矛盾，逐项讨论其影响因素、调控判断依据及合理操作。

5.1 喂料量

操作员逐项分析煅烧过程中各影响因素，全面审视调控依据，以确定喂料量大小，提高从生料预热、分解到熟料煅烧、冷却四个阶段的热交换效率，为解决用最少耗热获取最好产质量这一主要矛盾，紧紧围绕其中的瓶颈，确定最佳喂料量。

5.1.1 喂料量调节的作用

（1）喂料量在系统调节中的作用

喂料量是确定系统产能的关键自变量，更是决定系统能耗的第一自变量。它的稳定程度直接影响系统的稳定，而系统一旦处于稳定状态，便应该开始摸索最佳喂料量，并辅之其他自变量调节〔详见 4.2.1 节(1)〕，以获取最低能耗。

在系统出现异常状态时，也应微调喂料量予以纠偏，而不是轻易改变煤量与用风，并静观其他因变量逐渐回归稳定状态。如果仍有波动，可继续修正喂料量，直到稳定为止。

（2）与其他自变量的关系

① 喂料量的调整，将决定其他自变量的调整大小与方向。如增加喂料量，就一定要

增加相应的用煤量及用风量；增加用煤量也不能只增加分解炉用煤，还要增加窑头用煤，而且应该按规定的比例增加；增加用风量不只是因为煤的燃烧需要氧气，还因料量的变化而改变物料的分散、上升与塌料；为了窑头煤粉的充分燃烧，增加一次风速，就要调节一次风机的变频器，需要调节燃烧器的断面；为了分解炉煤粉的燃烧，调节三次风闸阀，保持窑、炉用风比例；篦冷机料床也会随之增厚；高温段风机为风压提高也应提高频率；同时还要满足窑尾高温风机与窑头风机的平衡；这里唯一不需要变动的就是窑速。

该过程说明喂料量的调整会带来系统一系列变化，不宜对它频繁调节。至于点火投料，则应按与其他自变量的既有比例，只经 3～4 步加料过程，到达额定喂料量，实现稳定平衡。不应过于随意，或增加调整频次。

② 当系统由于某种因素，某处温度从稳定变高或变低时，为能迅速恢复稳定，最快捷、最易恢复平衡的手段应是微调喂料量，微调量不超过总喂料量的 1%。如系统温度下降时，只需稍减喂料量，其他自变量如喂煤量、喂风量等无须调节，系统就能稳住，立竿见影。这比急于增加喂煤量、用风量、降低窑速等手段要优越很多，对系统影响最小、最方便，避免了后续更多的调整，减少了一系列相应操作，缩短了系统波动时间。而且引起变化的波动因素一旦消失，只要简单微增喂料量，系统就可以恢复原状态。

上述喂料量与其他自变量两种状态的关系，可归纳为两句话：系统稳定时，为了获取最佳参数状态，调节喂料量时，需要全面考虑与各自变量的关系，步步为营，稳扎稳打；系统异常波动时，则只要微调喂料量，就可让系统尽快恢复稳定。

（3）与因变量的关系

改变喂料量，必然会引起一系列温度与压力等因变量变化。尤其是增加喂料量引发很多处温度降低，此时需要调节喂煤量、用风量、三次风阀开度、燃烧器调节、篦冷机调节等自变量，如果仍不能制止温度下降的趋势，喂料量也很容易恢复原水平。

改变喂料量，可能会改变很多设备振动的振幅或频率，还会让很多设备的电流改变，对设备功率电耗发生影响。尤其达到额定值还要增加喂料量时，要十分谨慎。

由于生料中碳酸钙会分解出 CO_2，故调节喂料量也会改变分解炉出口废气中的 CO_2 含量。

5.1.2　影响喂料量调节的因素

（1）生料率值的选配与稳定程度

所有水泥企业，正确选择配料三率值都是需要配料人员呕心沥血才能完成的任务。然而，三率值的稳定程度却常被忽视。再好的配料方案，如果生料入窑成分不稳定，它的最大允许值就要受到限制。如当饱和比向高的方向波动，窑的热负荷已经难以承受时，就只好减料，而且导致了窑的其他参数波动。所以，成分越波动的窑，喂料量的选取就越要有裕量。

要实现入窑生料成分的稳定，就须从矿山开采开始（详见 3.2 节），同时，还应该对所有影响三率值的具体因素全面分析，并逐项消除。生料成分的稳定不仅受生料配料中的计量水平与离析现象影响，它还受煤粉中灰分变化的干扰〔详见5.2.2.2(3)〕，更随窑灰添加量的多少而改变。而煤粉的灰分不只是由原煤灰分所确定，还受烘干煤粉所用热风带入的粉尘量影响；同时，窑灰的量在磨机开停时绝不会相同，而且有发电锅炉时，还受炉灰清理时间所左右；另外，更不容忽视收尘效果不稳时对三率值的影响。如果配料人员对上述这些影响全然不顾，其配料方案就很难有理想效果。

针对上述影响因素，可采取如下克服措施：

① 对电收尘或袋收尘，稳定收尘效率，并控制均匀、适当缩短清灰间隔时间，也包括均匀清除余热锅炉的积灰。

② 设计有一定储量的窑灰小仓，以避免生料磨停运后收尘灰全部入库，影响库内成分波动。还可用此窑灰作为混合材添加到水泥中，可获取增产水泥3%～5%的效益，并改善水泥泌水性能；或可将此窑灰定量均匀加入生料库中。只是总图设计时欠考虑，生产后就较难修改，但也绝非不可能。

③ 加强对原煤储存的管理与均化（详见5.2.2.3节、5.2.2.4节、5.2.2.6节）。

④ 开展对生料三率值标准偏差的检验，以实现生料成分的真正稳定（详见3.5.1节）。

⑤ 防止生料在入库输送过程中混入杂物，它不仅影响成分，更会卡住回转下料阀而威胁入窑生料计量秤的准确。

（2）生料细度

为防止生料在预热器中各旋风筒将细粉选为窑灰，生料粒径组成应该均齐，粒径既不能过粗，也不能过细，即粒径范围偏窄控制为好，根据经验，应该更多介于$80～200\mu m$（详见文献〔1〕4.2节）。这不仅可提高喂料量的可用率，减少喂料的飞损，也有利于降低生料生产电耗与煅烧系统的热耗，而且能减少过细粒径的结团现象。

（3）生料水分

要想防止生料粘壁或结团现象，除了要严格控制生料的含水量小于1%〔详见8.1.2节(1)〕，即不但要在粉磨过程中将原料中水分烘出，还要严格警惕外来水分混入生料库的各种可能。

这些混入的水分可能有：增湿过程中，喷水压力不足，或喷嘴磨损，都会使喷出的水不成雾状，使增湿塔下的粉料含水过多，造成"湿底"；露天的生料库顶因某个预留孔未盖严，使雨水漏入；生料库壁未做防水处理，使雨水渗入库内；库顶入料斜槽的风机入风口因缺少遮挡，将雨水带入空气斜槽的帆布上，浸湿物料；在窑收尘灰进入生料库的通道中，只要设备壳体或管道有一处密闭不严，雨水便浸湿收尘灰，并进入生料库内；松动库内物料的高压空气中也能含水，增加库内生料含水量等。

（4）生料出库的均匀程度

原生料均化库，除严格控制入库生料的含水量外，库下还需要较强的松动风压，以按设计要求分区出料。但库下透气层易损坏，或球阀（或电磁阀）的设计风源控制不当，使得生料库轻则成为直通溜子，重则堵塞，成为稳定喂料量的重大威胁。

我国最近开发出以太极锥为核心的粉流製技术（图5-1），合理分析了粉体流动机理，克服了物料在库内产生的各种拱力，是对现有均化库的重大技术突破。不仅为喂料的均质稳定做出世界级贡献，而且应用此技术，无须再向库内鼓风助流，节约电能，改善中间仓仓重控制及出库计量精度。

（5）中间仓仓重的稳定控制

较为规范的生料喂料量控制程序是：生料库下设有中间计量仓，有荷重传感器表示仓内生料存放量，将此料量与向仓内喂料的电动流量阀转速（或阀门开度）连锁，确保仓内料量维持恒定。因此，调试阶段操作员可以摸索最理想仓重，控制阀的转速或开度，获取下料量的稳定。

此仓原配有的充气管道，将不含油、水的压缩空气鼓入仓内，起"助流"作用，以确保仓内物料松散，增加流动性。为了提高助流效果，助流空气是由电磁阀间隔时间断续吹入。为了及时排出充气，中间仓还配备了专用袋除尘器，保证仓内负压恒定，并用阀门开度调节负压大小。这些配置在使用粉流掣技术后均可简化。

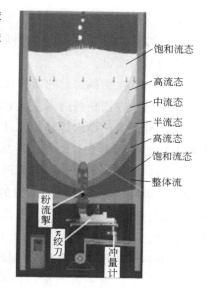

图 5-1　粉流掣卸料系统

（6）生料出库的计量精度

中间计量仓下方设置的计量设施现在多用冲板式流量计，该流量计的精度是控制计量仓阀门开度的依据，直接影响下料量的准确与稳定。目前计量精度满意的生产线并不多，其原因不只在于冲板式计量的原理本身，更与其冲板的弧度和位置有关，使皮重自身波动而影响下料量控制；还与它对流量控制阀的闭环修正控制参数的调节可靠性有关。

影响喂料计量秤不稳的原因还有：计量秤与喂料小仓不易锁风，物料松动时风会随料一起进入秤体，影响计量准确。故新的设计理念是设法不用松动空气，料还能自如流动。

有的企业对计量秤精度不重视，却在备用通道上多装一台计量秤，其实计量不准的秤装得再多也没用。由于流量计对控制阀开度控制不灵，迫使操作员不断调整计量仓负荷，尽管用尽精力，仍无法保证系统稳定。随着控制精度高的秤不断问世，如菲斯特秤、万能转子秤等，企业应及时更新，并严格强化定时动态标定与静态实物标定，提高计量精度。

考虑喂料量是最为关键的自变量，为提高其可靠性，有必要在出窑熟料处增设熟料秤，如生料与熟料料量能随时符合生料的料耗比值，就表明系统喂料与生产的稳定。杜绝月底盘库统计中靠随意改变料耗满足物料平衡的做法。

（7）生料入窑三通阀的类型

在生料入窑处除入窑通道外，应设计回库通路，并设置三通阀（详见文献［1］6.3节）。选择双位快速切断阀，能实现非此即彼、非彼即此的通道控制，是实现正确投料与止料的必要条件。而不应该选用在各自通道上分装两套截止阀。同时，该阀门的制作与安装质量十分重要：一是阀门要有一定刚度，平整度要高；二是在管壁上截止部位焊牢一整圈有强度的挡环，在关闭部位时能与阀门紧贴，防止向关闭的通道漏料。

对于双系列预热器，因为提升机出来的生料，要经过空气斜槽才能进入一级筒，投料时应设法缩短生料通过斜槽的时间；或按斜槽输送所需时间，作为开启风机风门之前，打开三通阀的提前量。

（8）全系统物料运动的通畅程度

物料从一级预热器进入系统后，历经了煅烧所需的物理与化学变化，直到成为熟料出篦冷机。在此工艺要求运动的全过程中，很多环节都会成为影响喂料量的瓶颈。因为系统内物料随时受到重力、风力、热力、化学力及机械力的不同作用，综合决定它们的运动速度与方向。故要特别关注：各级预热器进料撒料装置、内筒及闪动阀；窑尾烟室；窑皮；篦冷机及破碎机等部位对通过量的影响。如通畅程度不足，将会表现为结皮、堵塞、塌料、结圈、雪人等异常故障，更会增加物料在系统内的循环次数，这种隐性损失常被操作者所疏忽。

如改善窑尾烟室的容积与形状就很重要，通过调整内衬，扩大烟室面积，提高窑内随气流带出物料的沉积返回量；将入炉结构由方形改为圆筒形，有利于气流在断面的均布等，都是使物料通畅、入窑物料稳定的措施。

（9）焚烧工业与生活垃圾

如果系统承担焚烧垃圾等任务时，除了要选择合适的加入点外喂料量也要根据垃圾掺入的百分比及种类而调整，为此，需要严格控制垃圾的种类与组成。但此任务应在摸索出窑的最佳喂料量之后进行，即焚烧垃圾也不能忽视热耗指标的完成。

5.1.3 调节喂料量的原则

调节喂料量的目的就是为了在稳定运行条件下，获取最低能耗的最佳喂料量。

（1）提高物料受热效率

凡能提高生料在预热器与分解炉中的悬浮分散均匀程度、在窑中增加物料翻滚次数、在篦冷机中减少熟料粒径离析，都能提高物料与气流的热交换效率。其中热交换效率最低的环节，就是最佳喂料量最大的瓶颈。

（2）提高烧成系统中每个热交换阶段的效率

提高预热、分解、煅烧、冷却四个热交换能力的匹配程度，是提产的重要出路，只要有一处热交换能力成为瓶颈，都会限制产量增加（详见6.1.2节）。

（3）系统正常时，要以稳定喂料量为中心宗旨

喂料量稳定是烧成系统稳定的前提。但是，这绝非是要求人为不调节喂料量，就可以实现。因为窑内料量还受到如下因素的影响，操作者应该心中有数：

除了喂料系统存在不稳定因素外，窑自身的变化因素，也在随时改变出窑熟料量，它们同样会时刻改变系统的稳定状态。

① 随意调整窑速，改变窑内物料的填充率，导致出窑熟料量会瞬时增减。

② 当窑皮、结圈垮落，或预热器有塌料时，窑内物料会明显增加，而且严重破坏工艺制度的稳定。但更要知道，在挂窑皮或逐渐形成结圈时，或物料在预热器某个部位逐渐

积存时，出窑熟料量也会减少。克制这种波动，则不只是操作稳定，更要从配料稳定及预热器结构上考虑。

③ 增加系统用风量，将会加大细粉量排放，导致窑灰增加，出窑熟料量也会变少。

④ 煤粉中的灰分含量，直接影响它进入熟料的量，这种灰分不仅是原煤带入，在利用窑的废气烘干煤粉时，熟料细粉或生料粉都可能掺入煤粉中。因此，应当稳定原煤成分及降低入煤磨废气的含尘量。

⑤ 窑内烧成制度及配料三率值，将影响熟料的粒径组成：当熟料细粉含量少时，出窑的熟料体积量会增加，同样影响篦冷机热工制度稳定。

⑥ 避免窑灰直接入窑，更要避免生料库发生"短路"［详见 5.1.2 节(4)、（5）］。为获取系统稳定，上述各种导致窑内料量波动的因素，在操作中都应努力避免。

（4）系统异常时，要根据系统因变量的发展趋势采取对策

① 生产条件发生如下变化可以加料：

a. 当生料饱和比或硅率变低，物料易烧性变好时；

b. 当燃料热值或挥发分变高，燃料燃烧速度变快，火焰无黑火头时。

加料后要观察相关因变量的变化趋势，以证明加料的对错。如预热器一级出口温度可以为加料而降低，这表明预热器热交换有潜力，但还要核实相关因变量——篦冷机的废气温度及熟料出机温度的变化趋势。只有三个温度同时降低，才证明加料是合理的。当然，这种判断是基于其他自变量不会随之改变的前提，如果用风量、喂煤量等也要增加，说明加料需要燃料增加的幅度已经超过系统提高热交换能力的幅度，此时一级出口温度会不降反升。这时增加喂料量，就没有任何积极意义。

对投料与止料的操作要求更高（详见 7.4.5 节）。

② 发生如下情况必须尽快减料：

a. 当生料饱和比或硅率变高时，物料易烧性变差，表现为"吃火"；

b. 当燃料热值或挥发分变低时，燃料燃烧速度变慢，火焰黑火头变长；

c. 窑内结后圈，火焰不能顺畅进入；

d. 窑内掉落较多窑皮；

e. 预热器表现明显塌料；

f. 窑尾的上升烟道有"结皮"或篦冷机有"雪人"出现，需要人工清理；

g. 预热器已有堵塞征兆，而处理不见效果，此时应准备止料。

上述情况减料幅度取决于上述各种现象的表现程度，其中 d、e 两种情况调整的幅度应该大些（详见文献［1］4.4 节），而且还需要相应调节用煤量及窑速。

一旦上述各种工艺故障处理后，喂料量便可恢复原有数值。

5.1.4 调节喂料量的操作手法

（1）喂料量稳定的标志

通过观察下述各参数趋势图，便可断定喂料量稳定。

① 喂料秤显示数字稳定；

② 入窑提升机电流在±1A内波动；

③ 一级出口温度稳定。

（2）当判断或获悉系统生料或燃料成分波动时，要密切观察烧成温度的变化，并及时调整喂料量。但每次调整的量不应超过正常喂料量的1%，最大不超过5t/h，且无须调整窑速。

（3）当发现系统自身各处负压变化时，说明系统有结圈、结皮或漏风等情况发生，此时调整喂料量，就需要同时调整喂煤量（详见5.2.4节）、用风量等其他自变量。

（4）当系统负压有急剧变化，并配有窑电流增加时，说明已发生塌料、塌落大量窑皮、结大球等情况，此时千万不能用煤硬顶，而应迅速大幅度减小喂料量，一般要降至原喂料量的30%～60%［详见7.4.2节(3)］，调节的幅度根据窑皮、塌料大小、多少确定；同时，也要大幅减慢窑速，减少进入篦冷机的不合格熟料。只要措施得当，料量减少，当异常大的料流一旦通过，窑内就会逐渐清亮，系统温度很快提升，便可恢复喂煤量、喂料量。

（5）为使加减料趋于稳定，操作者对窑内温度的发展趋势要有预见性，要学会观察趋势图的变化趋势。尤其在加料时更要慎重，只有找准引起温度变化的原因，才可能妥善对待。

因此，烧成系统中每台大于30kW的电机都应配有单独的电流表与功率表，并配合使用可视化技术（详见文献［4］10.8.2节），随时监测各块电表的数据变化，协助操作员能及时发现相关参数的变化规律与关系。

5.1.5　调节喂料量的不当操作

① 片面追求大喂料量，以"最大产量"代替"最佳产量"。相当多操作者不顾各阶段热交换的实际效果，不顾设备的额定负载，虽还顾及游离氧化钙合格，但大喂料量将大幅降低冷却效率，使熟料慢冷，熟料强度仍会降低。这种不良操作习惯的来源就是产量为第一考核指标。

② 调节系统异常时，不会用喂料量作为第一手段。自动控制的编程，动辄采取"温度低就加煤，温度高就加料"的简单操作，即多用喂煤量调整，忽视应有的用风调节、窑炉配合等一系列后续操作。这是为保住产量不降，硬用加煤顶的陋习，这种思路与操作，不顾维持火焰形状的完整、活泼、有力（参见文献［1］5.8节），不仅使操作者疲于奔命，系统难以稳定，更谈不上优化最佳操作参数、获得最佳节能效果。

③ 每当窑内温度偏低或游离氧化钙偏高时，首先是打慢窑速，彻底破坏系统稳定运行（详见5.7节）。

5.2　喂煤量

预分解窑中调节喂煤量一定要根据喂料量，它的主要矛盾是以最小用煤量的尽快充分燃烧，提供并满足煅烧熟料所需热量。解决此矛盾的标志就是紧密配合燃煤稳定下的燃烧器调节，获取理想的最高烧成温度。喂煤量是由窑头用煤与分解炉用煤组成的双自变量，因此它的次要矛盾是窑、炉用煤的合理比例。

5.2.1　喂煤量调节的作用

（1）预分解窑喂煤量的特殊性

预分解窑的风、煤、料配合内容比传统窑增加很多，其中煤从单一窑头加入，改为从窑头与分解炉两处同时加入，有各自的任务与分工，因此既要相互配合，也会相互牵制。

预分解窑由于将生料预热与分解移在窑外进行，使窑的煅烧对生料成分提高了适应能力，当生料成分及煤的热值变化时，它不会轻易像传统窑那样窜生料或过烧；当用风过量或不足时，也不会暴露煤粉的燃烧状态，使窑、炉用煤与用风比例存在一定的操作弹性。这种特点本是系统易保持稳定的优势，但客观上也默许了粗糙操作。

预分解窑拥有较多操作手段与环节，也造就了操作方法的随意性、差异性。为了让窑在最佳参数组合下运行，应当借助仪表的准确检测，提供可靠信息，才可能及时避免质量波动及热耗升高，从而挖掘出降低能耗的巨大潜力。

（2）喂煤量与其他自变量的关系

喂煤量是决定向系统提供热量的自变量，它不仅取决于喂料量，还将影响用风量的选定；窑、炉用煤为确保各自的完全燃烧，它们的比例直接决定窑、炉用风的分配，因此还要求三次风闸板位置的合理调整；窑头用煤量的多少与燃烧器的性能、一次风机的调节关系密切；喂煤量还取决于篦冷机性能与调节的结果，唯有二、三次风温达到较高时，才可能真正减少用煤；但当窑速大于 3r/min 时，喂煤量与窑的转速关系不大。

（3）喂煤量对因变量的影响

① 对温度的影响　当窑炉某位置温度偏低时，一般都认为增加喂煤量就可以了。但是当喂煤量过高，致使氧含量不足时，温度会不升反降，这必须引以为戒，因为此时产生的 CO 或未燃煤粉都将可能导致在有氧后系统爆炸。

② 对废气成分的影响　煤粉在窑炉燃烧后，形成的废气的主要成分应当是 O_2、CO_2、CO、NO_x、N_2 等。可按下列四种检测结果分析与判断煤和风的用量是否合理。它是保证安全燃烧及节约用煤的重要参数。

当 CO 含量接近零时，O_2 的含量越低，说明窑的过剩空气系数越为理想，此时系统热耗最低；如果 CO 含量较低是由于 O_2 的含量过大所致，说明系统用风过大，必然增高窑的热耗；如果 CO 含量较高，O_2 的含量不高，说明煤粉已有严重的不完全燃烧，须加大用风量，否则热耗增高；如果 CO 含量高，O_2 的含量也很高，说明用风量并不低，但燃烧的条件、状态不理想，此时热耗一定不低，应该及时分析煤风的接触原因，采取对策。

理想条件是 CO 含量<0.5% 的同时，O_2 含量<2%。

5.2.2　影响喂煤量调节的因素

无论是窑头，还是分解炉，调节喂煤量不只受到喂料量及燃烧器等自变量调节（详见

5.5 节）的影响，还随时受到以下因素影响。

5.2.2.1 生料的易烧性与稳定性

即使喂料量相同，若生料易烧性不同，喂煤量也不会相同。一般用生料在 1400℃下的游离钙含量表示该生料的易烧性，它与生料的组分（特别是 $>44\mu m$ 的石英含量、$>125\mu m$ 的方解石含量）、细度、配料率值有关。计算生料易烧性 BI 的经验公式较多，这里只简介其一：

$$BI = \frac{C_3S}{C_4AF + C_3A}$$

其中 C_3S、C_4AF、C_3A 为计算生料的潜在矿物组成。实际范围为 $3.2 \sim 5.0$，越高越易烧，一般为 $4 \sim 4.7$。

生料成分或高或低，不但影响熟料煅烧质量，而且影响喂煤量。

5.2.2.2 煤粉工业分析组分的影响

煤粉工业分析的主要组分有：固定碳、挥发分、灰分与水分。

（1）固定碳

煤粉中的固定碳与挥发分是煤粉热值的来源，固定碳一般是热值的主要来源，因此它的含量决定了喂煤量。系统在稳定运行时，如果其他参数没有任何调整，而窑内温度突然变化时，首先应该怀疑原煤的发热量是否改变，这时需要及时调整喂煤量，并且根据窑、炉已有的煤粉储存量，同时调整一次风用量。再次说明，窑系统稳定运行的关键条件之一是煤质稳定。

（2）挥发分

挥发分的主要成分是碳氢化合物，只要有火种，即便是在温度很低的室温下，它也可迅速燃烧，形成爆炸，而且与煤粉细度无关（即使煤未被破碎及粉磨，也会发生瓦斯爆炸）。这就说明，真正能加快火焰燃烧速度，从而决定一次风用量的因素，正是煤粉中的挥发分含量。具体操作中，煤粉细度的控制指标的确定、燃烧器选用及调节，都要根据挥发分大小而定。故原煤中挥发分含量较高时，煤粉细度应当适度放粗，只要挥发分含量足够多，其燃烧后的热量就足够支撑相当细度的固定碳着火。

控制进厂原煤质量，重点就在于挥发分的含量稳定。由于挥发分含量不同的原煤对应的灰分含量也不相同，所以，企业一般是按灰分含量大小区别堆放原煤。如果灰分含量相同、挥发分含量不同，则可调节燃烧器及一次风量，予以对应（详见 5.5 节）。

（3）灰分

煤粉灰分含量越高，煤的热值越低。但灰分不仅影响煤粉热值，它还参加熟料生成反应，因此，为了保障生料配料的合理与稳定，必须重视煤粉中的灰分稳定。因此，原煤进厂存放不宜直接进入"均化"堆场，应按灰分含量分别存放，再按计算的配比搭配进入堆场，保证每堆原煤灰分的中心值不变。

另外，要掌握灰分的化学组成，因为 SiO_2 含量较高，Al_2O_3 含量较低，CaO、K_2O、Na_2O 等含量较高的灰分，其软化温度、变形温度与熔化温度降低，容易结渣，如果未完全燃烧的煤粉被灰渣带走，必将加剧机械不完全燃烧的热损失。

煤粉灰分不仅由原煤带入，还会由原煤的粉磨过程使用烘干废气带入，因来自篦冷机的废气中含熟料粉尘或来自窑尾废气的生料粉尘，它们被混入煤粉中，可以使原灰分含量提高 10％以上。本来已是半成品的生料、熟料，竟由于人们的漠视变成煤的灰分干扰因素，太不应该了（详见文献 [1] 4.8.1 节）。

（4）水分

国内预分解窑所用煤粉水分含量超过 1.5％的生产线至少有 1/3，有的窑所用煤粉含水量高达 4％，甚至更高。使用者会抱怨进厂原煤含水量太高，而且是内在水，难以烘干。这确实应该控制，对于立式煤磨，含水量不应超过 12％；但也有管理者有意放任高含水量入窑的倾向，他们担心为压低煤粉水分，需要提高磨机出口废气温度，容易发生爆炸或着火，因而严格控制入磨机风温在 300℃以内，出磨机废气温度为 70℃、甚至 60℃以下。这种牺牲煤粉水分合格，以谋安全的做法，实际并不高明，不仅提高热耗，而且并未消除燃爆可能。原因如下：

① 煤粉水分的分类　不同煤种随变质程度不同，其原煤水分含量不同，分别是：泥炭最大，可达 40％～50％；褐煤次之，约 10％～40％；无烟煤会低一些；烟煤较低，＜10％。

原煤水分可分为游离水及化学结合水（结晶水）。水泥生产测定的水分是游离水，它又有外在水和内在水之分。外在水是指附着在煤粒表面和存在于非毛细孔（＞0.1μm）中的水，它的蒸汽压力与纯水蒸气压力相等，故在常温下易于失去，直至与环境中的水蒸气分压平衡，实测值代表了煤样达到空气干燥状态所失去的那部分水。而内在水指吸附或凝聚在煤颗粒内部毛细孔（＜0.1μm）中的水，是测定中煤样达到空气干燥状态时保留下来的那部分水。内在水含量与煤的内表面积有关，内表面积越大，内在水含量越多。不同变质程度的煤，内表面积不同，变质程度越浅，表面积越大，其内在水含量越高。的确，内在水在常温下不能失去，但加热到一定温度就能逸出，内在水含量即使再高，它与外在水一样，检验时按规定时间加热到 110℃（按 GB/T 212—2008 规定，当含水量大于 2％时，还应再次进行干燥，直至恒重）。也就是说，内在水绝不像结晶水，它完全可以在煤粉制备过程中靠温度烘干出来。

② 煤粉含水量过高对生产的影响（文献 [1] 4.8.1 节）　尽管水分在燃烧过程中不一定都是消极影响，比如极少水分遇到炽热的空气后，会发生水煤气反应，产生氢气和一氧化碳，易燃烧，并放出热量，而且水含量＜1％有利于煤粉的短暂存放及输送，但过高的煤粉水分对生产是绝对有害的。

a. 煤粉水分在窑内汽化时要吸热。以环境温度的液态水（10℃）入窑，被加热到 100℃，从水变为 100℃蒸汽，然后升至千余摄氏度过热蒸汽，每一步都要消耗大量的热。粗算一下，如果每吨熟料所用的实物煤是 150kg，其热值按 5500kcal/kg 计，煤粉中每增加 1％水分，带入窑的水分就是 1.5kg，每千克水分耗热约为：90kcal（每千克水从 10℃升高到 100℃所用热）＋539kcal（100℃水的汽化热）＋600kcal [蒸汽比热容取 0.5kcal/（kg•℃），按升高 1200℃计]＝1229kcal，即该入窑水使熟料热耗提升 1229×1.5＝1843(kcal)，折合多用实物煤 1843/5500＝0.335（kg）。如果煤粉含水量高了 3％，则吨熟料多耗热 1843×3＝5529（kcal），近似多用 1kg 煤粉。对于原系统热耗 825kcal/kg 熟料，增加用煤为 5529/825000＝0.67％。此相对值看似不大，但按累计绝对值看，日产 5000t 熟料生产线年产熟料 165 万吨，年多耗实物煤达 1658.7t，即便煤价按 500 元/吨计，也是 82.9 万元损失。若算上原煤加工成煤粉的费用，每吨 40 元，每年损失又近 6.6 万元。这是用户在煤价扣除水分重量之后，并未看见的损失。如果将耗于煤粉烘干的这些热去发电，煤粉水分带来的损失更大。

b. 水分在煤粉燃烧过程中形成的水蒸气，严重阻碍了煤中固定碳、挥发分与氧气的接触，大大减缓了煤粉的燃烧速度，这是煤在窑、炉有限空间及时间内燃烧最忌讳的因素。这会使窑内火焰黑火头拉长，高温带火焰软而无力，高温区向窑后推移，不但降低了应有高温区的煅烧温度，而且使煤粉在不该燃烧的区域继续燃烧，形成有害的结皮。对此，有学者通过模拟计算得出，煤粉含水量每增加 1％，火焰温度下降约 12℃。

c. 水变成水蒸气后加大了气体密度，增加了风机的工作阻力，风压将被迫提高。如果风机没有裕量，窑内就会成为还原气氛。

d. 含水过多的煤粉容易滞留在煤粉制备系统的某部位，不利于安全运行；煤粉水分过多也容易结团，不利于输送与喂煤的稳定性。

总之，煤粉含水量过大对生产的破坏作用非常大，管理者应加以重视，努力采取各种措施降低入窑煤粉水分，为煤粉符合煅烧要求创造条件。

在焚烧工业废渣及生活垃圾时，煤粉水分过多不仅会改变用煤量，而且也会影响灰分等。如果焚烧物没有热值，对它的焚烧就会增加用煤量；如果含有热值，而且在分解炉添加，就会减少分解炉的喂煤量，但此时分解炉用风量不会随喂煤量的减少而少用。即三次风闸阀的位置是否需要调节，还要取决于焚烧物所带热值高低及添加时漏入的冷风量。

5.2.2.3 进厂原煤成分的稳定程度

四项工业分析对燃烧的影响竟如此之大，提高控制与搭配均匀进厂原煤质量的要求就不过分，不仅有利于稳定磨机操作，更有利于稳定窑煅烧制度。对于预分解窑而言，不仅窑内用煤要正确选择燃烧器、一次风机，并对其合理调节（详见 5.5 节），而且对分解炉用煤还有更多适应要求：首先炉的容积要适应不同煤质的燃尽时间及燃尽率，更换煤种就需要对原有容积核算并处理，比如烟煤与无烟煤相比，容积就有 2～3 倍的差异；其次，进煤点的配置，与进料点、入风口的空间关系更要根据不同煤质要求调整。所以，对于设计好的窑、炉，确保煤粉迅速、完全燃烧的前提条件是，窑、炉所用煤质一定要在原给定范围内稳定。如果超出原范围，就要改变窑炉的相关参数。在焚烧工业废料与生活垃圾时，这种稳定要求会更难，但也更关键。

5.2.2.4 原煤的储存

为了稳定控制进厂原煤质量，克服原煤来源不同的质量波动（详见 3.2.2 节），企业在最初总图设计时，还应充分考虑原煤储存的要求（详见 3.2.3 节）。

5.2.2.5 煤粉细度

有些管理者为了避免煤粉水分烘干的风险，就企图通过降低煤粉细度，补偿水分对燃烧速度的不利，将烟煤都控制在 $80\mu m$ 筛余 5%。这显然是以牺牲磨机产量、增加电耗为代价，实际上却根本无助于煤粉燃烧。正如前述，煤粉燃烧的次序是挥发分在先，而它的速度与煤粉细度无关。接着才是固定碳利用挥发分燃烧放出的热开始燃烧，所以，煤粉燃烧速度与挥发分含量有关。这些管理者以为煤粉变细可以增加固定碳与氧的接触机会，实际上这种机会早就被较多的水蒸气所阻拦。水蒸气在 100℃ 就已形成，固定碳的燃烧要在 500℃。因此，水分已抢走了本该固定碳享有的挥发分燃烧热，而受热变成的水蒸气反倒阻止了固定碳与氧的接触。所以，煤粉磨细只有益于水分受热蒸发，固定碳反而变得难以燃烧。含水量越高的煤粉在窑内燃烧的黑火头越长，就是这个道理。国际上公认，煤粉细度指标要取决于煤粉中的挥发分含量，也是这个依据。

还需要强调，过细煤粉易燃易爆，增加了煤粉输送与储存中爆炸的危险性，尤其是烟煤。

5.2.2.6 煤粉的储存条件

煤粉仓的制作质量直接影响煤粉从仓内卸出的均匀性，进而影响煤粉秤的计量准确。

（1）煤粉仓内表面要求

为避免煤粉粘挂在煤粉仓内壁上，仓锥体部分内衬材质要使用 2mm 以上厚度的冷轧不锈钢板，表面光洁度应符合国家标准 8K（镜面），表面有可揭去的保护膜。为防止煤粉在仓的圆柱体与锥体相交部位黏结，建议不锈钢内衬延伸圆滑过渡至圆柱体下方 5mm 左右截止，而不应在锥体与柱体的相交部位终止。

要重视贴衬加工的每一个细节：在制作扇形内衬时，按尺寸切割后，辊压成型，保留最后一块根据现场剩余空间测量后加工（图 5-2）；将衬板依次固定在锥体钢板内表面上，找平和缝，确保衬板与内表面密实贴合，嵌入到位并保持适当压力；除去衬板焊接区域保护膜，牢固将每块衬板焊接在仓板上，焊条应与衬板材质一致，焊接时如果衬板热膨胀形成鼓包要返工；用粒度 $\phi 220mm$，$B = 40\sim 50mm$ 的磨光机沿着垂直方向将焊缝打磨光滑，然后再打磨横缝，最后完全揭去保护膜；对打磨后的焊缝进行酸洗钝化，并清洗干净。

（2）仓下锥的大角度确保大流量下料流畅

为达到最佳卸煤效果，必须保证料流形成聚集流（参见文献［1］3.16 节），即物料与小仓钢板间的摩擦力要小，不但仓钢板的光洁度高，而且下锥角度要陡。当用 8K 镜面的仓钢板时，小仓下锥角度应为 15°；如果仓钢板为普通低碳钢，该角度只能为 10°。如独立的煤粉出口直径 3m 的小仓，可有如下两种方案：一种是出口直径为 1m；另一种是出口直径为 400mm，内嵌入一个新的角度为 15°的小仓（图 5-3）。

（3）仓板厚度与保温

仓板厚度应能承受压力释放装置（防爆阀等）工作时所释放的冲击力，>3bar（1bar＝10^5 Pa）。

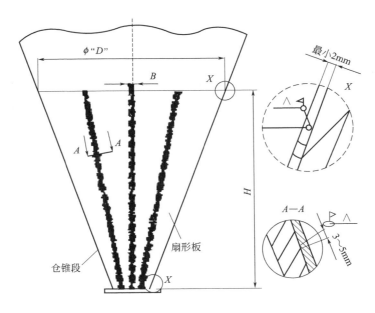

图 5-2　仓锥体扇形内衬切割制作

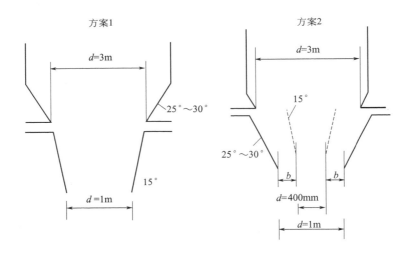

图 5-3　煤粉仓锥角度

　　当煤粉含水量大于 1％，或褐煤、石油焦或混合燃料超过 50％时，煤粉流动性差，需要用电热带将小仓整体、下料管保温，避免结露。如果流动性稍好些，只要对仓上部保温即可。

　　（4）秤与小仓锥体的接口法兰制作

　　建议按德国标准 DIN2632 制作（图 5-4）。

　　（5）关于煤粉仓对煤粉的助流

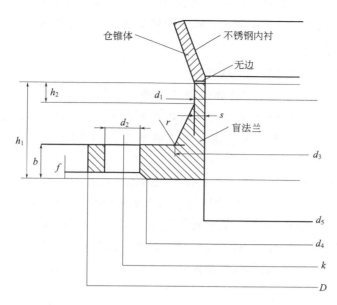

图 5-4　秤与小仓锥体接口法兰制作

单位：mm

直径	d_1	D	b	k	h_1	d_3	s	r	h_2	d_4	f	z	d_2	d_5
DN300	323.9	445	26	400	68	344	7.1	12	16	370	4	12	22	min309
DN350	355.5	505	26	460	68	385	7.1	12	16	370	4	12	22	min341
DN700	711	895	30	840	80	745	8	12	18	800	5	24	30	min695
DN800	813	1015	32	950	90	850	8	12	18	905	5	24	33	min797
DN1000	1016	1230	34	1180	95	1052	10	16	20	1110	5	28	36	min996

很多设计为有利于煤粉出仓而设计了压缩空气的脉冲助流系统，实际上，只要按照以上要求设计与制作煤粉仓，无须助流。因为助流也会有反作用：需要锁住此风只能向上排出，不干扰计量；空气有助煤粉自燃；助流风内含水分时，煤粉反而易结块，下煤量难以稳定。

在失重秤或校验仓中一般要用助流系统。而使用助流风时，压力不能超过 0.2MPa，否则橡皮帽会脱落，煤粉倒灌影响电磁阀；严格控制助流风源含水量，储气罐要定时放水；当系统发出 CO 报警时，必须切断压缩空气气源。

（6）关于煤粉仓的收尘处理

在煤粉仓的顶部大多设计有排气管道，将废气接至收尘器。工艺处理上一般有两种方式：一种是直接在顶部安装一台小型袋收尘；另一种是将管道接至磨机的系统风机管路上。两种选择都不应过于草率，否则会对仓内煤粉压力波动造成不可忽略的影响，尤其是第二种方式，会造成仓内煤粉压力随磨机开停明显变化，当仓内煤粉存储量较低时，会较大改变煤粉卸出动力，造成下煤量不稳。即便改为第一种方式，若阀门处理不当，两台风机会同时作用一个煤粉仓，也会造成争风，为煤粉滞留于某处管道创造了可能，成为燃烧爆炸的诱因。

因此，对该收尘应该有两点要求：设置小型收尘器为煤粉仓专用，不要与磨机系统风机兼职，两者通用；确保该收尘器卸料、密封等性能良好，工作正常。

5.2.2.7　煤粉的输送条件

（1）煤粉输送管道的布置与管径选择

在大型预分解窑生产线上，不论如何布置煤磨，煤粉输送管道一般都有数十米长，而且在现代水泥企业中，至今仍保持风动输送物料的工艺。因此，在充分考虑煤粉输送的气料比（1∶3）之后，布置煤粉输送管道既要考虑减小阻力，又要确保煤粉输送稳定。

① 煤粉输送管道不宜斜上布置　水平管道气力输送煤粉时，按照管道断面上的浓度差异，会有稀相输送、双相输送、脉冲输送、塞流输送四种形态（图 5-5）。前两者为稳定输送，以双相输送节能最为理想；后两种不仅无法保证稳定输送，而且随着气体阻力大幅度增加，输送会出现较大振荡，损坏煤粉计量设施和控制系统。如果存在斜通管道，煤粉会在管道内下滑，局部很容易形成不稳定输送，因此只有加大输送风量，使更长距离为稀相输送，浪费能量。

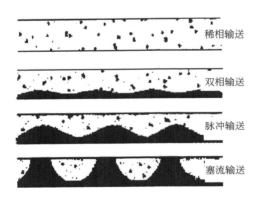

图 5-5　粉状物料水平管道气力输送的四种形态

② 恰当选择煤粉管径　煤粉输送管径既不能过大，也不能过小。过大需要输送风量大，浪费能量，风量不足就会导致管道内沉积煤粉，送煤不畅，喂煤量不稳；过小则风速过高，输送阻力过大，浪费能量。合理风速应为 25m/s。这也是选择风动输送设备动力的依据。

③ 管道布置应简捷顺畅　尽量减少弯头，且弯头的曲率半径要大，降低阻力损失。有些分解炉在改造喷煤装置或进煤点时，常常保存原有管道，无条件增设诸多阀门。这种方式势必增加送煤管道阻力，较大影响入炉煤粉速度。

（2）煤粉输送的气料比与煤粉秤

不同计量原理的煤粉秤，不仅计量精度有所差异，直接影响喂煤量的准确控制，而且输送煤粉所需空气量也不相同，从而直接影响一次风的需用量，间接影响窑头煤耗的高低。因此，选择性能优良的煤粉秤，并认真予以维护，不仅能准确控制喂煤量，也能确保降低热耗（详见文献［4］10.1.4 节）。

先进的燃煤燃烧器已经将煤粉输送用空气（简称"煤风"）与一次风机入窑空气分开（简称"净风"），煤风只负责煤粉入窑，净风才是为煤粉挥发分燃烧提供的氧气，并提供足够形成强力火焰的动力。"煤风""净风"总和就是窑所用一次风的总量，对它严格控制，有利于更多二次风入窑。为了方便有限的净风提高风速，形成再循环火焰（详见5.5.1 节及文献［1］5.2 节），需要尽量减少煤风，即减少煤粉输送的气料比。这不仅与正确操作有关，更与煤粉计量装置的性能有关。

申克公司新开发的煤粉秤可以用较少的空气输送煤粉。之所以具有此优势，是因为它的混煤和送煤位于煤粉计量秤之后，而不像其他秤，风与煤混合位于秤体内部，从而避免了气流对秤体内部的冲刷。申克公司煤粉秤的气与料之比例允许高达 $4.0 \sim 4.5 \text{kg/m}^3$，而其他品牌计量秤，此值只能达到 $2.0 \sim 2.5 \text{kg/m}^3$。这种优势表现出的效益是：

① 在燃料为无烟煤时，因一次风需量极低，多用煤风的秤就一定要增加一次风总量，挤掉二次风用量，从而增加窑的热耗。如果按照用风小的秤，单位熟料可节热 10kcal/kg，对于日产五千吨生产线，原煤以 500 元/吨计，折算年效益为 150 万元左右。

② 在使用烟煤燃料时，因为需用一次风相对多些，当因秤需要多用煤风时，只是让净风的调节范围变窄，只要燃烧器能保持火焰的力度与刚度，并没有影响煤耗。

③ 申克煤粉输送系统所配的罗茨风机电机规格可以小 20%，每台年省电约 140 万千瓦时。

（3）罗茨风机的选择及使用

送煤的沿程阻力损失决定了罗茨风机的风压，在窑、炉用煤的两条输送管道中，备用风机要考虑最大阻力消耗的那条，而风量则要考虑上述煤粉秤的气料比需要。为使风压、风量有选择最佳参数的调节余地，包括备用的三个风机要采用变频传动，而不应再选取放风办法调节。当发现风机轴承温度偏高时，也不应以放风求得设备安全，因为它会造成送煤量波动。

5.2.2.8　煤粉入炉位置的确定

对于大型预分解窑的分解炉，设计有多个下料点、进煤点、三次风进风口及相应调节阀门。它们是操作调整的措施，既增加了分解炉的适应性，同时也为选择改进提供了可能。

（1）调节位置的目的

① 降低氮氧化物排放浓度。在调节中能使分解炉下部三次风入口与中部三次风入口之间形成还原气氛，降低 NO_x 生成量；继而在中部加入三次风，再在三次风管以上区域形成氧化气氛，以保证 CO 及剩余燃料的完全燃烧。

② 适应煤质变化。如果煤质的挥发分含量低，使燃烧速度变慢，则下料点与进煤点的位置距离应当大一点，为煤粉的充分燃烧留够空间；反之，则应缩短该空间，以防煤粉燃烧后的热量过分集中，容易结皮及烧坏炉衬。

③ 适应窑内较长时间的不正常现象。如当入炉的三次风温度偏低时，就会造成分解

炉温度降低，此时需要增加燃料的喂入量，就需要相应增大煤粉的燃烧空间及用风量。

④ 改变有害元素的结皮位置。通过改变下料与给煤的分布，可能改变上升烟道与分解炉的局部温度分布，降低易结皮处的温度而减少结皮，如果将有害元素的富集移至窑内，就会大幅缓解在缩口的结皮。

（2）燃烧器的安装位置

分解炉燃烧器入炉位置将关系到煤在炉中的燃烧效率，应该符合如下要求：

① 喷嘴伸入炉内最多不要超过200mm。伸进过多，相当于减小火焰传热空间，而且会对喷嘴对面的炉壁衬料形成威胁。

② 分解炉煤粉喂入点应位于下料点下方，并离下料点有一定的垂直距离。距离取决于煤粉的燃烧速度：距离过大，煤粉燃烧放出的热不能被生料及时吸收，造成炉内局部高温，易导致结皮；距离过小，由于生料干扰，会减缓煤粉燃烧速度。

③ 喷煤管进入分解炉的角度要合理，既不能对炉衬直接吹扫，还要促进煤粉与空气的混合。最好是略向下放缓倾斜，以扩大燃烧空间，并切向进入炉锥体，以增强生料、燃煤、空气之间的混合效率。

④ 与生料、三次风入炉点的配合也要讲究：生料均应被进炉的风吹散扬起，保证煤粉与三次风混合均匀燃烧完全；三次风为逆时针（由炉顶俯视）、切线倾斜向下进入分解炉，有利于形成良好的边壁旋流效应，降低内衬表面温度。

（3）对调整效果验证

验证燃烧器的配置与位置合理的标准是：分解炉出口温度应低于炉中温度，尤其管道式分解炉最为明显，说明炉内煤粉燃烧速度是满意的。

还可在现场通过清灰孔，观察分解炉内确实为无焰燃烧，且温度分布均匀。

5.2.2.9 使用在线废气分析仪的作用

既然废气成分能较快捷、清晰地反映用煤量与其他自变量的关系，指导正确调节，并判断调节效果，就应当利用现代仪表及时检测它的变化。在线废气分析仪是最理想的仪表（详见6.4节），它既可以防止窑内或分解炉内出现还原气氛（CO含量过高），从而避免熟料质量不高、热耗升高、硫的循环量增高；还可以防止用风量过剩（O_2含量过高），从而避免热耗、电耗同时升高。

该仪表长期面临高温、高粉尘环境对检测取样的严重干扰，目前已有了满意排除方法：德国安诺泰克（ANOTEC）公司的产品利用机械强制清堵，保证取样顺利，已在国外广泛使用，国内也有了用它指导用煤量调整节煤的成功案例。

5.2.3 调节喂煤量的原则

（1）确保煤粉的完全燃烧

操作人员都应清楚，只有让煤粉在系统指定位置完全燃烧，才会有节煤效果。因此，操作者要善于尽快发现未按要求位置完全燃烧的现象，并分析可能的原因，采取对策。

① 判断不完全燃烧现象（或燃烧速度慢）的方法　通过仪表监测显示：

a. 从窑尾、分解炉的废气成分分析仪看 CO 与 O_2 的相对关系（详见 5.2.2.9 节）。

b. 比较炉中温度与出口温度，当后者高于前者时，表明炉内煤粉燃烧速度慢，发展下去甚至会出现五级预热器出口温度过高的温度倒置现象，说明煤粉在五级预热器内仍有燃烧，严重者还会使窑尾温度升高、结皮、结圈。与此同时，还会有偏细煤粉飞逸至四级以上预热器，导致一级出口温度过高。

c. 窑尾温度变化，不论是窑头或分解炉用煤过量都会造成此处温度升高。同时，不应在窑尾烟室观察到火星。窑尾烟室有火星说明窑、炉的煤粉没有在应有位置完全燃烧，而在此遇到漏风后重新点燃。此时首先应减少加煤量，再分析原因对症处理。

现场观察：

a. 窑头火焰的黑火头过长表明煤粉燃烧速度慢，至少是部分煤粉未完全在高温带燃烧；对于分解炉的无焰燃烧，可以在分解炉或五级设置的捅灰孔处观察，有无明亮火星存在，火星越多，越印证炉内煤粉存在不完全燃烧。

b. 发现有黑烟向外喷冒时，说明不完全燃烧极为严重。在窑点火升温阶段或系统异常状态时，最易出现，应当警戒。

c. 进篦冷机熟料发黏甚至结块时，要考虑窑头加煤过量或燃烧器方向与位置不当。

② 影响煤粉不完全燃烧的原因

a. 空气量对煤粉的供应比例不足，即系统的用风量不够，或用煤量过大（详见5.3 节）。

b. 空气与煤粉的拌和不充分，涉及很多细节，如燃烧器的调节（详见 5.5 节），分解炉下煤点、进风点、下料点的设置等。

c. 温度与气氛等不适于燃烧的环境。比如，刚点火时温度偏低，煤粉未达到燃点；又如，分解炉内 CO_2 含量过高，形成了还原气氛等。

d. 煤粉秤发生"冲煤"现象，特别是秤盘磨损后或重新调整间隙后。计量人员应当随时将秤的运行工况与操作员沟通。

（2）尽量降低空气过剩系数

煤粉不仅在应该位置要完全燃烧，而且还应尽量少用空气，这才是节煤要求。相比这两方面要求，前者相对容易做到，后者却常被疏忽。以一级预热器出口风量为例，国际先进指标是每千克熟料 $1.24 m^3$（标准状况），但我国大多在 $1.6 m^3$（标准状况）以上。由于空气过剩系数大，加热这些空气就要多耗燃料，使得熟料热耗居高不下。这与最初系统结构设计优劣有关，但操作员的操作水平也脱离不了干系，即与用风量调节（5.3 节）、三次风阀开度（5.4 节）、燃烧器调节（5.5 节）、篦冷机调节（5.6 节）等自变量的控制有关。

（3）重视窑、炉用煤的比例

在煅烧熟料时的风、煤、料准确配合中，预分解窑喂煤量的操作难度要高很多：

理论上，要求窑与分解炉各司其职，其用煤量比例应当是 60：40，以分别满足石灰石分解及生料煅烧所需热量。影响此比例的唯一合理因素，就是配料中碳酸钙的含量。

如果窑头用煤量过多，就会造成窑尾温度升高，窑后部会形成厚结皮，窑尾漏料，其至将不完全燃烧因素带入分解炉；即使分解炉用煤比例过大，也不可能入窑去煅烧熟料，而是未燃烧煤粉随料带入窑尾，同样造成上述负面影响。

保持窑、炉用煤比例恰当，需要以下条件：窑头与分解炉的煤粉都应不存在燃烧不完全现象，以及能够灵活准确调节的三次风阀（详见 5.4 节）。

在预分解窑使用无烟煤初期，常将分解炉用煤与窑用煤使用不同的细度指标。有的将细煤粉（$80\mu m$ 筛余 2% 以下）用在分解炉，较粗煤粉（$80\mu m$ 筛余 4%）用于窑。而有的则反其道而行之。实践证明，这种分配区分是画蛇添足，如为加快煤粉燃烧速度，只要改进燃烧器性能就可以实现。

保证窑、炉用煤比例合理的条件就是，在分解炉出口与窑尾烟室同时配置高温废气分析仪，监测窑、炉都能实现最佳风煤配合，CO 与 O_2 含量同时都低。与此同时，三次风阀还必须能灵活可靠调整（详见 5.4 节）。

（4）环境保护对 NO_x 排放的要求

窑炉中煤粉的高温煅烧是形成污染环境的 NO_x 的重要来源，为降低其排放量，不能只依靠氨水、尿素等脱硝剂，要从降低它的生成量出发，即要在煤粉的初期燃烧阶段在还原气氛中进行，再迅速补充氧气的二次燃烧。

这就对分解炉用煤量提出更高要求。当今众多技术开发中，以加大分解炉燃烧空间，改进燃烧器，合理确定风、煤、料的入炉位置为目标。最好的效果不应该多消耗脱硝剂，也不能增加热耗，相反，只有那种既少用甚至不用脱硝剂，而且还能大量减少分解炉用煤的技术，才能符合环保的最高要求。

（5）正常运行追求最佳喂煤量的操作

当系统喂料量已经找出最佳值之后，就应该摸索对应的最佳喂煤量，此时的任务就是逐渐减少喂煤量：根据窑、炉的废气分析数据，只要其中氧含量在减少，而 CO 量不增加，还能保持已调出的最佳喂料量，就证明这种调节趋势有效。

当发现窑尾废气中 NO_x 量过高时，就表明烧成带温度过高，此时也要适当减少用煤量。

与此同时，还可配合其他自变量的调节手段，如减少用风量，降低系统排风机负压，看其 CO 与 O_2 的变化趋势合理，则用煤量还能继续下调；又如窑炉阻力对其风煤的配合不够匹配时，可适当调节三次风闸板位置。当然，调节燃烧器，加快窑内煤粉燃烧速度，降低窑尾温度，调节篦冷机，提高入窑、炉的二、三次风温等都是可以精细调节的内容。

（6）系统波动中喂煤量的调整

① 当生料、原煤料量与成分为随机波动时，温度不会有异常波动，不必调整喂煤量。

② 由于生料或燃料的料量或成分发生波动时，应首先调整喂料量，不必调整喂煤量，如非要调整，就要配之用风量的调节及窑炉用煤量的平衡。

③ 当系统压力分布有变化时，说明系统阻力分布有变化，风量变化改变了用煤量的基准，此时应重新确定能适应氧气完全燃烧的用煤量，并以较小的幅度摸索调整。

④ 当发生突然塌料或大量窑皮垮塌时，系统压力会有急剧变化，此时必须立即配合大幅度减料［详见 5.1.4 节（4）］，及时减煤，其幅度为避免有不完全燃烧煤粉出现在窑系

统内；当异常料量通过后，应先恢复喂煤量，再分次增加喂料量，两个操作要同步。

⑤ 当喂煤系统故障，表现堵煤、串煤时，属喂煤失控，此时也应立即止料、止煤。

5.2.4　调节喂煤量的操作手法

（1）判断并保持喂煤量稳定的方法

① 判断喂煤量稳定　当煤粉秤显示喂入煤粉量的数字稳定，电流也稳定时；当输送煤粉的罗茨风机出风压力稳定，电机电流也稳定时；还可借助若干在线仪表判断喂煤量的稳定程度。如用窑尾温度判断火焰燃烧速度与稳定性；用窑、炉废气分析仪的 CO 与 O_2 的相对含量判断风煤的配合情况；用高温成像监测仪，观察火焰温度绝对值与分布等（详见 5.5.4 节）。

② 造成喂煤不稳的操作因素　前面已讨论了影响喂煤量的众多客观因素，但其他环节主观操作的不当，同样会造成喂煤量波动：

a. 煤粉生产不稳定就会导致煤粉水分、细度变化。

b. 煤粉仓内储存煤量有范围要求，应低于仓内有效容积的 40％，也不要忽满忽空。保持煤粉堆积性能不变，计量系统受到的物料压力恒定；防止物料离析；保证卸料装置的密封效果，防止反向窜风。还应同时对窑、炉两个煤粉仓进煤。

c. 在保证煤粉输送稳定的前提下，煤粉输送的用风量应以少为宜，但如果此用风波动，同样影响喂煤量稳定，如罗茨风机效率的变化，输送管道的磨损变化，相关风阀位置改变或磨损，进风口过滤网的灰尘阻力变化等。

上述参数的状态不仅可以从显示在中控屏幕上的数字观察，还可从趋势图判断、印证。

d. 与现场巡检人员沟通煤粉仓锥体温度的变化，如有煤粉黏结仓壁，温度就会变低；有煤粉自燃，温度就会升高。这些极端现象，都会影响喂煤量稳定。

（2）窑头用煤量的调节

判断窑头用煤量需要调节的依据是：窑尾温度过高、窑尾废气分析中 CO 含量过高时，都需要减少用煤，或增加窑内用风。

影响窑头用煤量的自变量，主要是燃烧器（详见 5.5 节）、一次风机的调节及篦冷机调节后的二次风温。

调节喂煤量后，一定要观察窑内火焰形状是否顺畅、有力，若发现火焰向外伤害窑皮，应重新调整燃烧器及一次风压的配合。

（3）分解炉用煤量的调节

应利用停窑机会，及时修正与检查风、煤、料的入炉位置及相互关系，这是降低运行中用煤量的重要环节。

当分解炉出口温度高于炉中温度，或与五级预热器出口温度倒置时，需要调节分解炉用煤量，且此时绝不能"单打一"，只调节用煤量。

影响分解炉用煤量调节的其他自变量，除喂料量以外，主要是三次风阀位置及总排风量及箅冷机调节后的三次风温。

修正及调整后的炉内应是均匀的橙色无焰燃烧，而不能呈现料流、煤粉流及众多火星。

每次调整窑或炉喂煤量时，都要综合考虑对方状态，再考虑用风量等自变量的调整。

5.2.5 调节喂煤量的不当操作

（1）只要温度低就加煤

每当发现窑内温度变低时，很多操作员都习惯加煤，而不分析导致温度低的原因，这是最大的误区。其实在众多降温的原因中，只有煤质变差，加煤才正确，但也不应只加煤，而应先调整配料方案，再调节用风量及燃烧器。而其他降温原因，如料量增加或生料成分变高，都不应靠加煤解决。否则，虽然能顶住生料，但会形成"逼火"，成为短焰急烧，造成更多的恶性循环。

因为某处的温度显示，只是燃烧结果的主要表征，绝不是燃烧状态改变的全部原因。比如，当煤热值降低时，窑或分解炉温度会降低，但更要考虑煤粉的燃烧速度是否减慢，如果确实燃烧速度过低，而气流下游的某处温度反而升高，此时再加煤就只能加重负面效应，甚至引起结皮或堵塞。

同时，当温度低或氧气不足使煤粉未完全燃烧时，煤粉放热少，甚至还要吸热，越加煤温度越降，未燃烧的煤粉积存的结果就是爆燃，甚至爆炸。

因此，必须要克制温度低就加煤的习惯，要学会观察燃料燃烧状态的变化，从而有预见地判断相关参数发展趋势，再确定加减煤量。

（2）调节窑头用煤量的不当操作

① 只根据窑电流变化，频繁加、减用煤量，而不调节用风量。这种操作尽管有风量不易调节这一客观原因，但至少说明了操作的粗糙：加煤不加风，如果煤粉仍能完全燃烧，表明原来用风量偏大；而减煤不减风，如果风量并不显大，表明原来用风不足、已有不完全燃烧。唯有风煤同步调节，用分析仪指导，才可能让风煤配比始终恰当维持。

② 通过箅冷机高温段熟料的颜色，指导用煤量加减，以防形成"雪人"。其实这是箅冷机性能所决定的，熟料进来的温度再高，熟料发白，也不应有"雪人"出现。更何况，熟料进箅冷机的温度，更多取决于燃烧器相对于窑口的位置。显然，此控制经验是滞后了。

③ 依据熟料饱和比高低，判断生料易烧性，调节用煤量。这种应付原燃料成分波动的操作习惯，也相当滞后，利用它改变煤料配比，只能使系统越发不稳定，喂煤量永远追不上料的变化，窑内温度不能稳定，熟料质量无法变好。稳定配料成分才是最根本途径。

④ 窑头用煤过量，使窑尾温度过高、窑尾缩口结皮。

（3）调节分解炉用煤量的不当操作

① 分解炉加煤量过多 在不少操作员看来，分解炉多加煤粉似乎比窑头加煤更加安全，至少不会伤窑皮，还可以减少窑内用风量，有利于形成还原气氛，减少 NO_x 产生。

因此，设计分解炉容积较大，炉用煤比例可高达 70％，也能完全燃烧。但多加入的煤所发出的热量，在完成分解任务之后，还能干什么？这不仅不利于窑内熟料煅烧，而且五级出口温度倒挂、缩口结皮、后窑口结圈，甚至后窑口倒料，都是这种用煤比例不当所造成的。

有人以为减少分解炉用煤，就无法维持窑内温度，这也确有可能，但绝非增加用煤量这么简单。如果炉内风、煤混合不佳，或三次风阀开得过大，影响窑头煤粉的不完全燃烧；或由于窑头燃烧器火焰无力，使窑头用煤未发出足够热量，都会影响煅烧。

② 用五级下料管物料温度控制分解炉用煤量　有的人操作体会是，五级下料管的物料温度一般要保持在 900℃左右，如果此温度偏低，窑的主电机电流下滑，窑内烧成温度就难以维持。因此，此温度一旦下降，操作者就立刻增加分解炉用煤量。与其说这种操作是误区，不如说该烧成系统已存在痼疾，过分提高了分解炉用煤比例，烧成温度居然是靠分解炉用煤。凡是有此体会的窑都会有分解炉出口温度与五级出口温度倒置，窑尾温度居高在 1150℃以上，缩口、后窑口等处严重结皮。

③ 因为煤质变差而提高分解炉温度　当煤质从烟煤变为无烟煤时，煤粉燃烧速度大大变慢，为提高燃烧速度，只能改善燃烧条件，如磨细煤粉，强化风、煤、料混合，而不应随意提高分解炉温度，或增加三次风的供应量。因为固定碳在 850℃时就能燃烧，石灰石分解也能进行。提高温度不仅达不到目的，还要提高分解炉用煤比例，破坏窑、炉间的风、煤平衡。

5.3　用风量

调节用风量面临的主要矛盾是，为煤粉充分燃烧提供足够风量，以实现理想最高烧成温度，但用风量又不能过剩，否则会为此付出更多的热耗与电耗。预分解窑中的风还要满足物料在预热器中悬浮的需要及煤粉燃烧速度的需要（详见 5.5 节）等。而且，由于预分解窑系统为多个风源共同作用，每台风机都是一个自变量，且各台风机之间的影响错综复杂，使用风量的精准调节难度更高，而正确调节用风量的节能潜力也更大。

5.3.1　用风量调节的作用

（1）风的基本概念

① 系统内风的定义　系统内的风是指空气在系统内做定向运动的气流。直向的气流是由高压向低压运动，旋转的气流即为旋风，由外向内呈涡流运动，如旋风筒内物料与气体的分离就靠这种风。

② 系统内风的来源　使空气定向运动需要动力，其来源在水泥生产中可归结为五种。

a. 由风机形成动力。无论是鼓风机鼓入，还是排风机排出，使系统具有正压或负压，都需要消耗大量电能换取所需要的风压与风量。

b. 烟囱高度形成的静压差。烟囱的直径与高度决定了风量与风压，它不需要消耗任何动力，只需要一次性投资修建烟囱。窑点火初期或止料后慢速冷窑，用风量较小时，可以利用这种负压形成的风，以节约电能。

c. 温度差会引起气体流动。温度高会引起气体体积膨胀，密度变小而升向高空，低温大密度气体会向高温小密度的方向流动，这种气流的动力就是大自然季风形成的原理。温度差越大，风压与风量越大。这种风力在水泥烧成与粉磨中，低温向高温的流动有助于风机工作，但高温气体向低温区流动会增加风机的能耗。

d. 作为压缩空气引入。由于鼓入的压力较高，均为强制进入系统，用其高压作为动力，但同时也引入了低温的风量。

e. 化学反应中产生气体。在分解炉中，石灰石的分解会产生大量的 CO_2 气体，这种气体的产生会使分解炉内产生正压，在分解炉出口处应该有足够的负压将气体排出。

③ 风的质量 为衡量风的品质，规定了若干指标，水泥工艺中一般有如下三项要求：

a. 风压 表明风所具备的动力，它是风在克服各种阻力后的运动速度及所具备的静压的总和。经常用风速表示对其调整控制的效果。风压不仅要受风速影响，还与气体密度及它所携带的粉尘量有关。风压有静压与动压之分，两者不容混淆：静压值由现场风压表显示，它是表述容器内气体压力对容器壁的压强，而不能表述管道内气流的风速；而动压则是表述气流风速的概念，它要用毕托管进行测定（详见文献 [1] 9.1 节）。动压一般可能与静压成正相关，这正是容易让人容易混淆的原因。只有相对静止在压力容器中的气体，静压才是压力的全部，因为此时风速为零，动压亦为零。

b. 风量 表明移动空气形成的气流体积大小，它既是风温与风压的载体，又受温度与压力的影响。

对于由风机形成的风，风压、风量也是风机性能的重要参数。

c. 风温 表明风所具有的热焓，它的高低不仅影响燃料燃烧的速度及化学反应的快慢，而且根据理想气体方程对风的体积及所具有的压力有很大影响。

另外，对压缩空气，还要有含尘量、含水量、含油量等指标要求。

上述质量指标之间的相互影响较为复杂，需要操作人员掌握较高的分析能力。

④ 风的作用 风在预分解窑中大致有如下几项作用。不同作用对风的各项品质要求会有不同侧重：

a. 提供燃料燃烧所需空气，如窑、炉内的用风。此时衡量风的质量重点是风量与风温，风量取决于燃烧所需要的氧气量，风温表示空气能提供燃烧的热量，以影响用煤量（详见文献 [1] 5.1 节）。

b. 保证物料能悬浮在窑尾的上升烟道及预热器内。此时需要有与容器断面相适应的一定风量，并具有一定的风压，使物料拥有最低风速（详见文献 [1] 5.1 节）。

c. 在分解炉、预热器、篦冷机等处承担传热媒介作用。此时需要的是合理风温，而不是风量，如风量过大会增加自身耗热（详见文献 [1] 5.3 节）。

d. 能分离粗、细粉的选粉作用，如各级预热器内。要求足够风压，风量不一定大。

e. 煤与空气的搅拌动力，如多风道燃烧器出口及分解炉内，靠多个风源的风压差完成混合与助燃作用（详见文献 [1] 5.2 节）。

f. 作为高压空气承担清扫、冷却、排障等各项任务。常用于空气炮及为维护各种仪表的正常运行。

g. 作为输送粉状物料的动力。能耗较高，已不多采用，唯有煤粉输送还是风动。

由此可知，风在系统内可满足不同的使用要求。当它身兼多职时，对它的调整就要全面考虑。更何况，预分解窑中多个风源作用于一处的情况，彼此之间无时不在相互干扰，成为操作不容忽略的重要内容。

（2）用风量与其他自变量的关系

调整预分解窑的用风量，对煤粉完全燃烧有直接关系，故在喂煤量调整之后，要求用风量予以适应。

窑与炉用风的匹配，将直接受三次风阀开度控制（详见 5.4 节）。这只有在安装了在线废气分析仪之后，从废气分析 O_2、CO 的比例中，才能反映用风的过量或不足，也才能准确调节三次风阀开度。往往调节它，只需改变某一用风量，就会有效，不用再调整用煤量。

用煤量与燃烧器的调节，彼此相互促进与约束，一次风机的风压与风量控制，将直接改变火焰的形状与刚性（详见 5.5 节）。

在用风量的调节中，面对烧成系统多达十余台的风机，相互之间的影响并不单纯，调整任一台风机的风压与风量，都要顾及对相关风机的影响。比如篦冷机调节中，数台鼓风机与窑头、窑尾排风机的相互影响，对篦冷机冷却效率至关重要（详见 5.6 节）。

在所有自变量的关系中，用风量只有与窑速的关系不大。

（3）用风量与因变量的关系

用风量将直接改变系统某一处的风压与风量；由于冷风的进入，也会对某些地方温度产生直接影响；改变燃烧状态，不仅对风温有间接影响，还直接影响窑尾与分解炉出口的废气成分组成；风压的改变，可以改变物料的流速与悬浮状态，影响各旋风筒对物料与气体的分离效率；也间接影响物料与燃料在窑炉内的化学反应、物理变化与冷却速度。

5.3.2　影响用风量调节的因素

（1）喂料量与用煤量

喂入多少料，就要用多少煤去煅烧；喂入多少煤，就需要提供多少空气，即用风量。所以，影响用风量的根本要素是生料与煤粉的喂入量。在追求最佳喂料量及喂煤量的稳定操作中，一定要考虑用风量的调节（详见 5.1 及 5.2 节）。

（2）风温

随着风温的提高，风量会增加，但空气密度变小，相应导致风压变低。同时，根据离心风机工作特性曲线，风压也要随风量增加而减少。在操作过程中，凡是改变风温以满足下游设备要求时，都要考虑它对风压的这种双重影响，它会改变风机的工作状态，直接改变系统内的风压或风速。

比如，增湿塔是为了满足后续收尘要求的装备，当其增湿效果不稳定时，出增湿塔的废气温度会直接影响废气量，导致系统的负压改变，从而影响窑、炉内的燃烧状态及温度分布，尤其当增湿塔布置在高温风机上游时（如管道增湿），增湿效果会更为显著地改变高温风机工作点。所以，当收尘温度符合要求后应该保持增湿塔稳定，尤其保证增湿喷头未磨损，增湿水压、水泵、水源都要稳定，并通过设定出增湿塔废气温度，让它在±10℃范围内，实现喷水量的自动连锁控制，保证风量不受风温影响。如果对增湿塔管理不严，缺少自控系统，尽管尚未发生"湿底"，但温度变化已经干扰了系统稳定。当增湿塔位于风机下游时，若余热发电停车，这种温度波动同样影响窑内用风调节。

（3）气流含尘量

凡当气流携带有物料运动时，气流的流速将十分关键，即气流要具备一定的动力，表现出足够的动压，尤其气流方向自下而上时，这种动压必须能克服物料的重力；与此同时，还要有足够的风量，即含尘浓度不宜过高。

如果处理不好风量、风压与含尘量的关系，系统内就会发生塌料。比如，早期设计的预热器中常见塌料，就是因为预热器连接的水平管道风速过低而沉降，至今的管道分解炉在倒 U 形顶部也会有积料，包括三次风管内。这种沉积不可能稳定，沉积使管道断面变小而导致风速提高，风速到达一定程度，沉积粉尘就会被集中冲下，而出现阵发性塌料。三次风入口处塌料，正是影响熟料在篦冷机中稳定的因素之一。又如，某些低温余热发电的 SP 炉排灰不够畅通时，随着锅炉管壁积灰量增多后的塌下，必然使风机电流瞬间成倍增加，转速大幅下降，进风口负压减小千余帕，并严重伤害风机寿命。随之带来的影响是高温风机负压大幅波动，预热器塌料，窑头正压，生料磨振动跳停。

为消除上述各种危害，应该重视管道连接角度，提高锅炉排管清灰频次，降低粉尘含水量，增加物料流动性及悬浮性，以保证气流含尘量的稳定。

（4）风机性能

① 离心风机特性曲线　当风由风机形成时，由于离心风机属于软特性风机，其风量与风压的变化要相互制约与影响，制约关系由风机制造厂交付的风机特性曲线描述。所以，风量的选取，首先要受风机特性曲线规定的风压约束；与此同时，它还要受管道特性曲线变化的影响，只有两个特性曲线的交点才是风机实际工作点的风量与风压。

操作风机用风量，就是选择风机工作点（参见文献［1］5.1.2 节），即改变管道特性曲线。以往的调节控制就是控制阀门，并随时考虑管道阻力的被动变化。但随着电机变频技术的应用，使得风机工作点的改变，能通过调节电机转速完成，减小了管道阻力，既符合节能要求，又利于准确微调用风量。

② 罗茨风机特性　工艺中减少风量、提高风压时，更多选用罗茨风机，如窑头一次风机、输送煤粉等处。但罗茨风机为硬特性，即风压不会随风量改变。当需要减少风量时，或风机启动时，常要打开放风风门，这种做法，会使风压大幅衰减［详见 5.5.2 节(5)］。同样，使用变频电机后，调整用风量不仅有了可能，而且更合理。

（5）管道阻力

改变管道阻力就会改变风机的工作点。而影响管道阻力变化的因素很多，如管道断面磨损、衬料脱落或物料沉积均可改变管道截面，管道磨损还改变管道表面粗糙程度，阀门损坏等。更何况，操作阀门本身就是通过调节系统阻力，改变风机工作点，变化风压与风量。所以，系统运转一段时间后，或刚检修完的系统，一定要考虑容器及管道断面的变化对风量、风压可能产生的影响。

在设计与安装中，往往忽略非标管道的接通方式、位置及距离。但它们对风机工况的影响非同小可。不能认为只要管路接通，气体能通过就可以。不当的安装会导致气流在管道中形成涡流，或大幅增加管道阻力，从一开始就改变了风机的工作点，严重影响了风机的工作特性。很多连接方式不仅对风压有较大损失，而且加剧了气流中夹带的粉尘对管道的冲刷。如余热锅炉管道连接中就常见三通管道的错误接法〔图 5-6（a）、图 5-6（b）〕；又如窑尾废气与磨机的循环风管的连接，常因空间不够，勉强连接上〔图 5-6（c）〕，出现下游风机风量比上游风机还小的怪现象；再如篦冷机各种废气利用的管道存在死角，使熟料细粉积存，就会造成塌料，破坏篦冷机稳定。可以这样认为：凡生产中出现的不稳定状态，有相当比例是因为管道连接的不合理。

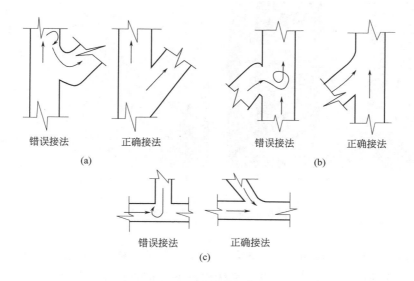

图 5-6　几种管道连接方式对比

总之，各类工艺风管必须流畅连接，尽量减小阻力。还要尽量避免管道大变径及死角。减少弯头数量，增加弯头曲率半径（图 5-7）。

软连接管道不能随意应付，破损也不应随意包扎，否则同样影响风量（图 5-8）。

管道壁及通风容器的钢板应当有足够刚度，不能忽视风压的力量。现场常见到为省料而被负压抽瘪的管道，这直接增大了通风阻力。且因高空不易更换，反而浪费时间与资金。

（6）管道漏风

系统漏风是改变管道特性的另一种形式，对风压、风量及风温等参数的影响不可回避。而杜绝系统漏风要比设备防范漏油、漏电、漏水、漏气更难，是管理到位的最高境界。

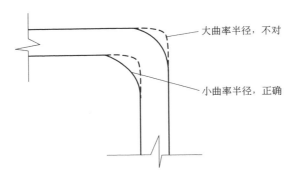

图 5-7 曲率半径对弯头阻力的影响

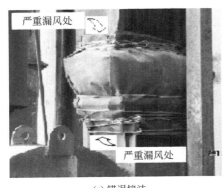

(a) 错误接法

(b) 正确接法

图 5-8 管道软连接的连接方法

漏风分内漏风与外漏风两类：系统与外界空气之间的漏风，称为外漏风，它严重增加系统的电耗与热耗，但它容易被发现；系统内设备之间的漏风，称为内漏风，它不容易被发现，但危害性不亚于外漏风。管道漏风常见的有各级预热器旋风筒与下料管之间，由于翻板阀不灵活的漏风；篦冷机各气室间的漏风；收尘器回转锁风阀的漏风等。它们不仅影响消耗水平，而且对设备的先进性能起着降低甚至是破坏作用。

漏风的位置及程度不同，对运行效果的影响也不一样。如在烧成系统的火点下游（如前窑口）漏风，就要增加用煤量，继而增加用风量；但漏风点在火点上游（如后窑口），则是浪费风机电能，还要影响煤粉燃烧所需空气量。有些漏风还会改变物料的运动轨迹，导致旋流或产生堆积（如某些捅堵孔）。故凡对存在的漏风不做处理，都会导致生产能耗增加（详见文献［1］2.2 节）。

（7）阀门类型与控制

为实现用风量调节的灵敏度与有效性，在惯用阀门调节风机工作风压与风量时，要重视阀门类型的适用，既不能增加阻力，更不能存在漏风。在高、低压变频技术发展之后，通过改变电机工作频率，为风机调节提供了最为节电而又平稳的手段。

① 阀门的类型与控制

a. 阀门类型的选择。用于调节风机风压、风量的阀门类型较多，其优缺点如下：

百叶阀——这是用于调节风量的阀门之一。调节所消耗的动力最小，调节后风压与风量的改变比较稳定、柔和。但缺点是因叶片较多，每块叶片动作不易一致；而且即便全开，也平白增加管道内阻力，全关时又有 3%～5% 漏风量，无法关严，故不适于在三通处做截止阀。

单板阀——结构简单，制作成本相对较低，使用寿命相对较长。但它对风量与风压的调节效果在风道内不够均衡，尤其接近全开或全关位置时，常失去调节的灵敏性；而且调节时所需扭矩较大，故常在小直径管道内使用。

截止阀——这类阀门结构并不复杂，全开时管道内阻力最小，全关时关闭最严，非常适合切断风道。但它的活动范围会伸出管道外部，使伸出部位很难密封，如三次风阀。

切换阀——它在三通管路中，能快速彻底切换通路，不用在各自管路分别设置截止阀，分别操作，而且切换后的阀片就是另一管路的管壁，不会增加管道阻力。但是切换中需要较高扭矩。生料入窑与回库的切换、余热发电的废气管路的切换，都应选用此类阀门。

b. 阀门的安装位置。各类阀门的安装位置均应设在进风口管道，尤其应避免鼓风机阀门安装在出风口管道上，它使风机从一出风就受到阀门的高阻力，不仅降低风机的动压，还会缩短风机轴承寿命。

无论何种阀门，都要求控制灵活。尤其风机启动时，都要求关风门、不带负荷。因此，设计为自动操作，并有报警功能，是最为理想的。

② 执行机构的可靠性　执行机构是中控室远程调控风机的必要设施。一旦该机构不可靠，就要人工现场操作，使用风量无法准确调节，且效果很难满足控制需要（详见文献 [4] 5.1.3 节）。

③ 液力耦合器的质量与调节　现在大型风机常将阀门全开，再用液力耦合器调节风机转速，从而改变风压与风量。它虽比阀门调节提高了准确度，但与变频器相比仍显落后。

（8）同一系统多风机影响

① 工艺设备内各风源直接相互干扰　在预分解窑工艺中，常见多台风机共同作用于同一系统，有的是排风机，有的是鼓风机；排风方向有的一致，有的则相反；鼓风方向有的与排风方向一致，有的则逆着排风方向。如果设计或操作中没有考虑风机的相互作用，小则增加能耗，大则出现工艺故障，导致系统无法正常用风，更无法运行（详见文献 [1] 5.4 节）。

在双风机相互作用分析的基础上，对多台风机间的作用就应有更准确的理解。然而，这往往被设计者忽略，导致生产中出现问题。烧成系统的箅冷机及立磨，均是多个风机集中作用的部位。搞清这些部位风的作用关系是正确调节用风量的前提（详见 5.3.3 节及 6.3.3 节）。

② 每个风机应单独向系统一个位置供风 既然系统内多风机可能发生复杂的相互干扰，作为设计者，既不能为减少风机数量，让一台风机同时向两处以上位置供风，也要避免两台及以上风机作用于系统同一位置。因为每台风机工作参数的彼此干扰，相互成为对方的管道，使准确调节此位置的用风量变得困难。

比如，某公司篦冷机技改时，更换高温段鼓风机，将新增风机与原风机共用一个风道，由于篦板及熟料的高阻力，造成两台风机不仅不能共同鼓入冷风，还使能力小的风机反转；又如，同一风室内两侧同时鼓入冷风时，两风机的风压就要相互抵消，理应在风室内中部设置挡板予以隔断；再如，一台风机同时向空气梁、风室鼓风〔详见5.6.2节(4)〕等。这类设计皆是不可取的，却在生产中常见。

避免的办法是：设计时要考虑可能相互作用的风，用挡墙隔断；风机选型不能随意过大，超过作用范围；操作调节中更要重视彼此关系。

5.3.3　调节用风量的原则

（1）降低系统总用风量

根据风在系统内的作用，首先要满足窑与分解炉内燃烧的最低空气需要量，它取决于用煤量及所用煤质。其次，为了满足各处风压要求，各处的断面积或管道内径都要与之适应。操作中为了提高风速，既可增加风量，也可缩小通风断面，而不是一味加大用风量。但断面减小意味着要增加阻力，需要提高风压克服。究竟是增加风量合适，还是提高风压合理，两者的选择与平衡，正是技术管理者要认真斟酌的。

预分解窑合理用风量的标志应该是：

① 判断合理的空气过剩系数。热工标定结果，如果能实现每千克熟料所用风量在1.5m³（标准状况）以内，就应该是国内较先进水平，事实上，现在系统用风总量大都在每千克熟料2.0m³（标准状况）左右，国际上先进水平是每千克熟料1.24m³（标准状况）。

② 运行中不能存在塌料，哪怕出现轻微的正压反风；一级出口负压正常，窑头保持来自窑尾高温风机的微负压。

③ 用高温废气分析仪，测定窑、炉废气中CO与O_2含量相对合理（详见5.2.2.9节）。

系统总排风用量过大、过小都有不同程度危害（详见文献〔1〕5.1节）。一般操作时因为担心塌料，都会尽量加大排风量，提高空气过剩系数，这种操作造成的热耗会增高。同时，大风量也不意味着窑内局部不出现还原气氛。

（2）同系统不同风机间的合理配合

当系统内有两台反向风机作用于同一位置时，即风机在系统中发生争风，彼此的相互干扰程度，存在三种可能，可以用零压面位置予以分析判断（详见文献〔1〕5.4.1节）。

① 风机能力不足，形成零压区。如果两台风机能力都不足以作用此处时，就会有一段管道或容器出现零压，即零压面发展成零压区。在此区，风中所夹带的物料就不可能悬浮而发生沉降，导致系统堵塞。如果有煤粉沉降，长期滞留就会自燃，发生燃爆。

② 两台风机能力平衡，恰好形成零压面。但还需要在正确的位置，如果位置改变，就会出现意想不到的用风错误，如篦冷机中本该入窑炉的高温风，就可能被拉到锅炉发电，还可能让低温风混入窑炉。所有情况都直接影响二、三次风温高低，也直接影响熟料冷却及质量。

③ 两台风机能力过剩，相互争风就要彼此抵消能力，不但缩短风机寿命，而且若风向为同轴向，则白白增加动力消耗；若轴向有偏时，就形成涡流，不仅多耗能，而且使系统流场紊乱，改变气流所带热量的利用效果。

实际操作中恰好形成零压面并不容易，既要减少风机的过剩能力，又要防止风机能力过小出现零压区。稳妥的办法是在理想的零压面设置挡墙，明确风机各自的作用范围［详见 5.6.2 节(5)］。

（3）合理控制风压

系统内几个主要风机的压力确定原则是：

① 高温风机风压——不但要接受来自燃烧器的一次风，还要接受篦冷机高温段的全部热风，作为进入窑、炉的二、三次风，包括各处漏风。为此，该风压要克服这些气流经过窑、三次风管、分解炉、预热器，直至风机进口的全部沿程阻力，以及所携带粉料从窑尾至一级预热器出口的重力。

② 窑头排风机风压——用于接收来自篦冷机中、低温段的冷却用风量，包括漏风。该风压要克服这些风量通过收尘等管道的沿程阻力，还要克服余热发电系统的锅炉阻力，以及夹带熟料细粉的重力。

③ 篦冷机鼓风机风压——要能克服篦板与料层阻力之和，包括自动控制阀阻力。

④ 一次风机风压——要保证需用的一次风量在克服多风道燃烧器的管壁阻力后，出口风速达到 250m/s 以上。

落实上述各风机所要控制的风压，就意味着预分解窑烧成系统内的零压面应该位于篦冷机高温段与中温段的分界面，而且此时窑门罩处为微负压＜−50Pa。

（4）风速要求

在操作预分解窑的很多情况中，风速是重要指标。比如，要完成物料悬浮、选粉的任务时，或燃烧器形成优良的火焰时，都对相关风速提出明确要求。但风速不仅与风量有关，更与风欲通过管道或容器的断面积有关。只是任何管道或容器在运行一段时间后，会因磨损、粘挂、堵塞而改变断面，此时风速已有变化，如果操作者不能清醒认识并判断，工艺参数就会在不知不觉中改变，直至造成各类故障。

（5）风温的控制

影响风温的因素有两方面：一方面是燃料燃烧释放热量、熟料煅烧吸收热量以及传热效率；另一方面则是系统的散热及漏入冷风的量与位置。在燃烧效率、反应速率、传热效率理想的情况下，预分解窑烧成系统的几个重要位置的风温应该符合要求（详见 6.2 节）。

5.3.4　调节用风量的操作手法

（1）判断用风量合理的手段

合理准确判断系统用风量，是正确操作用风量的前提。

① 从系统的正负压判断。全烧成系统都应以负压状态运行，凡有位置出现正压，即由系统向外喷风，均属异常。这种情况更多发生在窑头、窑尾等易向外逸灰的位置。

② 从系统风压分布及变化趋势判断。全系统几个重要位置，如大风机的机前负压、分解炉的出口负压、窑尾负压、窑头负压等处压力变化趋势是操作重点。如果风机并未调整，负压就发生变化，说明系统存在某些改变阻力的因素；如果是风机调整后负压按照预定的方向改变，证明操作正确。

③ 从系统风温分布及变化趋势判断。在系统相对稳定时，应当重点观察入窑二次风温度、一级预热器出口温度、窑头排风机进口温度、熟料出系统温度等。它们将标志系统热耗的高低（详见7.1节），如果能排除传热效率、煅烧工况、冷却效率的改变，并确保原燃料成分、用量基本不变的条件下，这些温度的升高或降低，就能一定程度反映用风量的改变是否正确。

④ 用高温废气分析仪判断用煤量与用风量的相配合理性（详见5.2.2.9节）。

⑤ 从物料的运动方式判断。操作员如果能看到系统内的物料运动状态，便有了更充实的操作依据。随着摄像头技术的普及，通过在箅冷机的正确安装，操作员便可看到熟料在高温段箅床上的运动状态，成为调节与检查箅下用风的重要依据［详见5.6.3节(2)］。

（2）增加用风量的稳定性

保证风机特性曲线与管道特性曲线的稳定性，就是保证用风量稳定的前提。上述在分析影响用风量的因素中，可以随时从中找到影响稳定的因素。比如，含尘量对用风量的影响因素中，当预热器出现某种程度的塌料，说明某处风量或风速不足，该处会有存料，当存料大到一定量时，就会塌料。因此，利用停窑机会检查存料的原因，并予以排除，就能增加系统用风量的稳定性。而操作中不要随意变动用煤量、用风量，才能从主观上创造稳定的条件。

（3）用试探法调整用风量

合理配给用煤量；不只要求用煤合理，更要求配置的用风合理。这不只是风、煤间的配比，更是窑、炉之间的配比，即三次风阀的开度调节到位（详见5.4节）。换句话说，只要调整某处的用煤量，就应该考虑彼处的用风量；只要改变一处的用风量，则会带动另一处用煤量的不匹配。这种调整就是牵一发而动全身。

为了进一步找出系统最佳用风量，可以用"试探法"调整某个风机的风门或转速，并在10min或更长时间内观察调整前后某处温度的变化趋势，是否遵循"一高三低"的原则（详见5.3节）。只要变化趋势向符合降低热耗的方向发展，就说明调整正确；否则，就应该朝反方向调整，重新观察。用试探性调整需要耐心，每次只改变一个参数，静观变化。当然，为了减少调整次数，要写出实施方案，并弄清道理。当试探结果与原设想方案不一致时，也要找出原因。如此往复，不仅能很快改善用风效果，更能清晰自己的操作思路。

并不是所有系统都能用试探法调整，需要满足如下条件：

① 系统必须稳定。除了风机的调整外，其他所有自变量参数都不能改变；还要与巡

检人员紧密联系，要求在试探过程中，现场不能随意改变漏风等状态。

② 系统仪表配备可靠，主要温度、压力等参数均能准确地反映在显示屏上。

③ 风门或变频调节等执行机构都能准确实施。

现仅举其一简例说明试探法的操作：为了判断窑头负压是来自窑尾风机还是窑头风机，可以先降低窑头风机开度，如果窑头负压降低、二次风温升高，说明窑头风机确实参与了对高温风的争夺，就应继续减小窑头风机开度；如果此时窑头负压升高、二次风温降低，则说明窑头负压没有与窑尾高温风机争风，就应恢复，甚至加大窑头风机原开度，以平衡由中低温段风机加大的鼓入量。这种试探可以持续下去，直至获取最高二次风温为止，并用窑头废气温度及熟料出口温度降低验证。

这种试探法表明操作员有了明确操作思路，有希望获取最佳参数。

5.3.5　调节用风量的不当操作

① 用风量宁大勿小。很多管理者与操作者认为，系统用风量以大为宜。因为保障燃料完全燃烧是第一原则，且能避免塌料；而风量一旦不足，不但燃烧不完全，还会塌料，操作者难辞其咎；再加之风量不能从仪表中直接显示，只要看到风压足够高，系统就能保险运行。而这种用风量宁大勿小的操作理念一旦形成，烧成系统能耗就一定居高不下。

② 改变喂料量及用煤量时，不考虑用风量的调节与配合［详见 5.2.5 节(2)①］。

③ 不能用人为漏风方式调节用风量，也不建议仍使用阀门调节风量，凡需要调节风量的风机，都以采用变频技术为宜。

④ 混淆风压中静压与动压的概念［详见 4.2.1 节(1)①c］，以为静压高就是风速高。

⑤ 保持冷风阀开启或漏风。每个工艺系统都设计有诸多冷风阀，如进收尘器前的风管、进风机前的风管等处，只有某特定情况风温较高时，才应该尽快开启它们，以保证后续设备安全。但这种开启会造成相关风压、风量的负面影响，纯属迫不得已的人为漏风。因此，冷风阀开启不应作为用风量的正常调节手段，更不应该常开不关。如果被迫开启而不宜关闭，都应该查找原因，即便运行中无法纠正，停车后也要找出纠正办法。

⑥ 忽视同系统多风机间的相互干扰［见 5.3.3 节(2)］。

5.4　三次风阀开度

当总排风不变时，调节三次风阀可平衡窑、炉用风，与各自用煤量相适应，既能减少系统总用煤量，又能完成生料分解与熟料煅烧。

5.4.1　三次风阀开度调节的作用

（1）三次风阀的作用

对来自篦冷机高温新鲜空气，三次风阀负责分配窑、炉的使用比例，不仅为窑、炉提供充足的氧，满足各自煤粉完全燃烧；而且关系到能提供合理温度的热量，以节约各自用煤量；还应巧妙利用三次风入炉方向，加大空气与煤粉的混合力度，加快燃烧速度。

决定三次风的风速和风量，首先是窑尾高温风机的总能力，其次才是三次风阀的控制，确定窑炉用风的平衡。在窑、炉用煤量比例调节过程中，一定要调节三次风阀，与窑、炉用煤量相配，为窑、炉用煤完全燃烧创造条件。如果窑内用风过大，炉内用风不足，会使窑内温度后移，而炉内煤粉燃烧不完全，使分解炉与五级预热器出口温度倒挂；如果三次风过量，窑风不足，熟料煅烧呈还原气氛，一级出口温度升高。无论何种情况，都会提高熟料煤耗。

（2）调节三次风用量与其他自变量的关系

在窑、炉用煤量的比例调整适宜之后，通过分析窑与炉废气中 CO、O_2 的比例，就可以迅速调节出三次风阀应有的位置。该自变量与燃烧器、篦冷机调节之间没有直接关系，但燃烧器调节可以改变窑内火焰温度；篦冷机调节可以改变二、三次风温度。由于温度变化就会影响风量，因此，燃烧器与篦冷机的调节，会间接影响三次风阀的位置。调节窑速与三次风阀的调节没有关系。

当前操作中正是因为大多闸阀不易操作，才导致窑、炉用煤比例比较随意，使得窑、炉用风比例难以控制，不仅窑、炉煤粉不完全燃烧难以避免，温度分布也不会合理。

一旦窑、炉的风、煤配合到位，窑尾及炉出口 CO 含量都会较低，此时就不应轻易单独调整窑或炉的用煤量。因此，三次风阀的准确调节，是降低窑、炉煤耗的基础。

（3）调节三次风阀对因变量的影响

随着三次风阀位置的调整，它能改变窑尾温度及分解炉出口温度，也影响窑尾负压与分解炉进、出口负压。但前者改变不只是后者的影响，更有煤粉燃烧状态的变化，这可从窑尾与分解炉出口的废气组成变化中反映出来。所有这些因变量的变化不仅提出了对三次风阀调整的要求，而且也最终反映三次风阀调整的合理程度。

5.4.2 影响三次风阀开度调节的因素

（1）窑、炉用煤比例的变化

调节用煤量时，强调窑与炉的用煤量要符合正确比例，不只是为了同时满足熟料煅烧与石灰石分解的要求，而且也从根本上决定了三次风阀的调节。换言之，在未准确确定窑、炉用煤量之前，三次风阀就不可能有正确调节。然而，当今不少企业检测窑内烧成温度与炉内温度的手段并不先进，不足以掌握窑、炉内燃料的燃烧状态［详见 5.2.3 节（1）～（3）］，故还需要结合现场观察经验，才能判断窑、炉用煤量比例是否适宜。

（2）窑、炉用风量的稳定程度

正如 5.2 节所述，调节窑、炉用煤量时，不仅要考虑所需热量的匹配，还要考虑两处用风量的匹配。比如炉或窑用煤过量时，也可以认为其用风量不足。因此，当总风量不变时，调节三次风阀，就是处理窑炉间煤粉燃烧的相互牵制和平衡。这里，用煤合理与用风合理俨然是一对"孪生兄弟"。这就是说，对操作还可以这样要求：如果原窑炉用风比例已经合理，一旦要改变用煤比例，就该调节三次风阀，以修正用风比例。

　　然而，事物还有另外一面，尽管系统总排风不变，即便三次风阀也不动，仍然会因为一些因素造成窑、炉内阻力的重新分配，打破它们的用风平衡。事实上，窑内与三次风管内的风阻永远不是恒定值，只要其中一方阻力变化，就会引起另一方用风的随之波动。运转越不稳定的窑系统，这种波动会越大。

　　有如下因素可以影响窑、炉用风阻力：

　　影响窑内通风阻力的因素有：窑皮、结圈状态；后窑口的结皮；窑内物料填充率；前、后窑口漏风情况；窑砖的存留厚度。这些导致窑内阻力增加的因素，就是造成窑内通风量减少的因素，换句话说，它就可能增加分解炉用风的比例。

　　影响三次风管阻力的因素有：三次风管内沉积料层；闸板位置及损坏情况；闸板处漏风量；三次风管内衬料磨损，特别是进入分解炉的弯头磨损等。它们对窑、炉用风平衡的影响与上相反。对内径偏大的三次风管，沉积料层的变化是不利窑、炉用风平衡的重要因素。

　　调节三次风阀需要随时观察、适应这些阻力的变化，实现窑与炉用风平衡的合理性。

　　(3) 窑尾缩口结构与阻力

　　窑尾缩口部位包括分解炉底部缩口、烟室、斜坡及进料托板（俗称"舌头"）等，是连接窑、分解炉及预热器的咽喉。它的作用在于：

　　① 决定入窑生料与出窑废气的阻力损失　窑内的废气要经过窑尾烟室进入分解炉，同时，分解后的生料需要经五级预热器通过烟室斜坡入窑。废气走上部空间，料流则顺斜坡走空间下部，应当清楚分流。但如果斜坡与拱顶间断面过小，或斜坡角度不足或改变，就会造成料流与气流不畅。如果下料管出台，势必使部分生料被废气扬起，并携带返回分解炉，不仅降低系统热效率，而且增加窑内阻力、增大窑尾负压。

　　因此，应严格控制斜坡和拱顶耐火材料衬厚，尽可能扩大通风断面；整体浇灌斜坡及其进料舌头的浇注料，保证表面光滑；尽可能增大拱顶到斜坡垂直距离，让约一米长斜坡分为 2~3 个倾角（从 55°~30°）平缓过渡；拱顶与烟室上沿间为 50° 倒角，与下部斜坡平行。

　　② 窑尾缩口断面影响三次风阀的调整幅度　本来，窑尾缩口断面和尺寸与三次风阀分别遥相呼应地控制窑炉阻力。缩口截面积的三项取定依据是：按窑的设计能力 110% 左右为产能基准，实际风速 ≥25m/s，核算窑尾工况气体流量；当三次风阀全开时，窑路通风阻力将大于炉路，即窑内风量不足，说明风阀可有调小的余地；直到关至 50% 以下时，炉内用风会显不足。只有如此，才能保证三次风阀在 50%~100% 之间调节有效，起到窑炉用风平衡的作用。

　　如果对缩口的结构及尺寸稍不注意，就会影响窑、炉用风量的平衡；或增加窑的飞灰循环；或加大窑尾阻力和缩口结皮等。

　　③ 负责窑与烟室的良好衔接　回转窑是转动设备，烟室则为静止装置，两者连接部位既要不漏料，又要考虑窑体的上下自由窜动，并为变形摆动留有空间。因此，进料托板与窑筒体间必须有动态间隙，不能大于 50~100mm，也不能忽大忽小，否则，会有部分生料随窑转动从间隙漏出。还要适宜控制进料托板端头伸入窑内的长度：伸入过多，窑尾

产生堆料；伸入过少，生料就会从密封圈溢出。当窑位于下限时，要求窑尾筒体端面与斜坡端面保持平齐。

（4）不同三次风取风口位置的影响

为了避免耐火材料寿命过短出现的小窑门罩设计，将三次风取风口改在箅冷机高温段上方，使三次风温降低约100℃以上，相当于要增加分解炉用煤量及用风量；相反，也有既保留窑门罩抽取三次风，又取高温段热风的设计，使三次风温提高100℃左右，与二次风温接近，这样可以让分解炉用煤比例减少至57%，窑用煤量为43%。对比这两种设计，说明三次风的取风位置将直接影响窑、炉用煤比例，也左右用风比例，最后甚至影响三次风温应比二次风温低200℃左右的合理关系。

实践证明，窑门罩还是保留窑径向空间，缩小轴向空间，保持从窑门罩抽取三次风为宜。

（5）三次风管的直径与斜度

很多三次风管内都积存有大量细粉，成为三次风入炉阻力变化的又一原因，导致窑、炉用风平衡成为动态。只要三次风管直径过大，携带的熟料细粉就会因风速过低而沉降，直到沉降使断面减小一定程度后，管内风速得到提升而不再沉降，这也是动态平衡过程。

有的三次风管因斜度较大，使出、入风口的标高相差过大，就会发生管内积存的熟料粉阵发性下窜入箅冷机的现象，进而对箅冷机稳定运行形成威胁。

（6）三次风阀自身的使用寿命及调节灵活程度

自预分解窑工艺问世以来，三次风阀的类型几度变迁改型，但始终未得到满意的解决效果，尤其是随着窑规格的大型化，三次风阀使用寿命都不足半年，而且调节笨重困难，中控室根本无法准确调节三次风阀。

有些生产线被迫通过三次风管人孔门，向管内投入或取出废砖头，调节通风面积。还有人推荐在三次风管内砌筑缩口，取消可调节的阀门，并封住闸口，再利用废砖做少量调节。所有这些无奈之举，等于自动放弃三次风阀的自变量调节。

制作三次风阀的材质要求既能耐高温磨损，还要减轻自重。可选用高温陶瓷代替笨重的耐火浇注料，以满足灵活调节窑、炉用风的要求，而且试用已初见成效，但是也应该注意到高温陶瓷导热性差的缺陷，风管内可以用它，而在管外可用耐热钢等材料与它连接。而且原浇注料闸阀过长，远多于调节三次风的需要，完全可以缩短。

（7）三次风管自身质量与布置

① 三次风管直径要确保风速与阻力稳定。恰当的三次风管内径应当与窑路阻力匹配，正常运行中不会有熟料细粉沉积，且保证三次风入炉的阻力不能过大。

有些生产线的分解炉设计，使进入炉的风道变得复杂，由总管分支为两条。本想让入炉的三次风更为匀称，并接近煤粉，但因分支间阻力难以平衡，管道内熟料细粉的沉降量不均，增加了分支三次风阀的调节难度。

② 原三次风管进入分解炉前是大弯头设计，实践证明它的外侧面受风内细粉磨损异常严重，运行时间不长便千疮百孔，难以修复。只有设计成小角度弯头入炉，才能根治。

③ 对三次风管的质量要求：提高内保温效果，减少散热损失；不能漏风，不仅取消

弯头与磨损，还要重视三次风阀上方闸口的密封，选用与原窑尾石墨密封的结构（图5-9）。该结构是用石墨块贴在可移动的闸阀侧板上，另一侧再借助弹簧顶在闸口上。

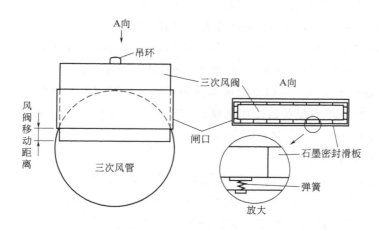

图 5-9　三次风阀的密封结构

与此同时，还要对窑尾采用有效密封装置（详见文献［1］4.5.3节、文献［4］3.1.5节）。

5.4.3　调节三次风阀开度的原则

① 确保窑、炉用煤同时完全燃烧，且过剩空气量不大。当高温风机总风量不变时，如果要增加窑的用煤量比例，三次风阀就应当略有降低，以保证窑内用风量适当增加，但这要以分解炉用煤完全燃烧为前提，或以分解炉可以减煤为前提。换句话说，在增加窑用煤量之前，应该判断，窑与分解炉的煤粉燃烧是否有过剩空气。如果欲增加分解炉用煤比例，同样要看窑内煤粉燃烧状况。如果窑内、炉内都存在过剩空气，就不必、也不能对三次风阀进行调节，此时调节高温风机总排风即可。只有当窑炉用煤比例合理时，才能考虑用三次风阀调节用风平衡。

② 减少硫在窑内的挥发量。硫在熟料中残存量和挥发量的平衡与窑内煅烧气氛、烧成温度及物料在窑内的停留时间有关。其窑内的气氛在总风量不变的前提下，显然受三次风阀的调节影响，所以，它是防止窑尾结皮的操作要求之一（详见7.4节）。

③ 三次风阀的调节频率无须过于频繁。系统稳定的窑，窑、炉用煤量的比例不需要频繁改变，因此三次风阀也不需要频繁操作。

④ 对于三次风阀不易调节的生产线，应当尽快进行改造。

5.4.4　调节三次风阀开度的操作手法

（1）正确判断窑、炉用风是否平衡的方法

调节三次风阀的前提窑、炉用煤合理，这样才能保证窑、炉用风的合理性。

① 判断窑、炉用煤比例合理的标志

a. 分解率应在 $90\%\sim95\%$。

b. 窑尾温度最低时的状况，说明窑、炉用煤比例合理，因为不论是窑头，还是分解炉，只要一处有煤粉不完全燃烧，都会导致窑尾温度升高。

c. 分解炉内如有煤粉不完全燃烧，其出口温度就会与五级预热器出口温度倒置，窑尾结皮严重，窑内后窑口也易有结圈与结皮，一级出口温度过高。

② 在用煤量合理条件下，检查用风量是否正确　在窑尾及分解炉的出口同时设置废气分析仪是检查窑、炉的煤和风配比正确的重要手段（详见 5.2.2.9 节）。有了该仪表，正确调节三次风阀就有了可靠依据。

（2）正常运行的操作

正常运行中，发现窑尾负压及三次风管负压不平衡时，或窑内温度与分解炉温度需要改变用煤比例时，应该适时调节三次风阀。每次的调节幅度一般以 10mm 为宜。调整后应观察窑尾负压及温度的变化情况，以及分解炉的燃烧情况与温度变化是否符合要求。

（3）开、停窑时的操作

在开、停窑过程中，要关注三次风阀位置，以调整窑内的负压大小及升温与冷窑速度。在分解炉喂煤点火时，三次风阀应当位于高位开启；在投料入窑前，应适当关小三次风阀，以提升物料在上升烟道的风速；当分解炉止煤后，可以降低三次风阀开度，让更多风走窑路。所有这些调节还要配合高温风机总排风的要求。

（4）重视三次风管中的积料

对于内径偏大的三次风管，应利用检修期间增加保温层厚度的方式，减小管道有效直径。未改造之前，如果确实对系统稳定运行有重大威胁，可通过数天一次瞬时大幅调整三次风阀解决。通过大幅改变风速，让管道内的积粉重新被带起，减小厚度，也避免三次风阀与墙壁产生黏结。为了不影响炉与窑的平衡，每次起落时间要控制在 $1\sim2min$ 之内。当然，这仍要以三次风阀的灵活调节为前提。

5.4.5　调节三次风阀开度的不当操作

（1）窑、炉用风比例调节不妥

当系统总风量合理，且窑、炉用煤量合理时，如果三次风阀未根据窑炉阻力变化及时调整，窑内或炉内就会产生一方不完全燃烧，另一方空气过剩的可能。两种情况都会导致热耗居高不下，需要根据情况调整三次风阀予以适应。

（2）固定三次风阀位置并不一定是稳定操作

且不说窑、炉内阻力不可能在运行中长期不变，单是长期不动三次风阀，让熟料粉沉落积聚在闸阀及沿途管道内，特别在转弯和断面改变处，就会发生高温黏结。这时再调节闸阀，就会变得愈加困难，致使三次风量、风速越发变小，甚至会出现三次风管进风口处被熟料粉堵塞的故障。

（3）三次风用量过大

当分解炉用煤量过大时，必然引起三次风用量过大。此时窑内用风减小，导致窑烟道风速严重不足，四级预热器来料无法被全部托住带到分解炉，使部分生料落入窑内，而形成夹心熟料［详见 7.2.5 节(6)］。

总之，上述操作不当的要害并不在于三次风阀操作频次，而是在于不知道应该在什么条件下调整三次风阀，以及如何调节。

5.5　燃烧器调节

调节燃烧器是为了形成优质火焰，在窑内恰当位置获取最高烧成温度。因此，设计与使用燃烧器首先要面对的是，既要减少一次风量又要提高一次风速的主要矛盾。

优秀燃烧器所拥有的调节手段绝非一个，它是一组多自变量，具体有：一次风机风量与风压、输送煤粉用风的风量与风压、燃烧器出口风速、轴流风与旋流风比例、燃烧器喷嘴口相对窑的位置等。调节燃烧器就是充分利用这诸多自变量，完成对火焰的控制。

5.5.1　燃烧器调节的作用

（1）窑、炉内煤粉燃烧的机理

根据燃烧热力学的研究，煤粉在水泥窑中的有焰燃烧都需要遵循这样一个过程：首先是让煤粉中燃点低的挥发分燃烧，继而将这些热量传递给燃点高的固定碳，让煤粉彻底燃烧。这两步都需要提供足够的氧，但来源却不一样。第一步挥发分用的氧要由一次风提供，因为它要快速，而无须高温，故可以与煤粉同时入窑；而第二步固定碳用的氧，因为需要高热焓，应该由二次风提供，且二次风越多，燃烧速度越快，越能节省煤粉。但要让二次风与火焰内部的固定碳接触，快速燃烧，就是燃烧器制造与调整需要追求的目标及效果。由于烟煤的挥发分含量高，烟煤就容易着火，也是以前回转窑难用无烟煤的原因，是燃烧器制造水平提高了，才使其有了可能。

为降低燃烧废气 NO_x 排放量，首先应降低它的形成量。因此要设计让煤粉先在还原气氛中燃烧，即让固定碳燃烧先在缺氧条件下进行，然后再补供氧气完全燃烧，使燃烧过程多出一个环节。虽还离不开氨水、尿素脱硝，但已降低需求量，减轻了对环境的污染。

分解炉中的煤粉燃烧以无焰形式完成，原过程仍与窑内大同小异。但现在也进一步衍生成另一种模式：让煤粉喷入成为迅速高度分散的状态，在氧气供不应求时开始燃烧。即最初为还原气氛，再与后续氧气结合实现完全燃烧。事实证明，开发出能使煤粉以这种状态入炉的燃烧器，NO_x 生成量大幅降低，并节约了煤粉用量，从而实现了环保与节能的高度统一。

（2）形成高推力火焰的条件（详见文献［1］5.2.4 节）

煅烧熟料的核心技术就是，窑内要形成刚劲有力的火焰。因此，必须判断、选择、更换性能更适宜的燃烧器，并学会调整燃烧器，调节到最佳状态与位置。

优良火焰需要加快煤粉喷入窑内后的燃烧速度。它有两条基本要素：一是降低一次风量到适当比例，多用高热熔的二次风；二是提高一次风的轴向流速，尽快将进来的二次风卷吸进火焰内部，加速内部煤粉固定碳的燃烧。这就是卷吸性火焰，它能解决两个要素之间的矛盾：高流速风量不能大。就一定要靠燃烧器设计与制造的核心技术进步。

（3）燃烧器调节与其他自变量的关系

它与喂煤量及窑头用风量的关系最为密切，只要喂煤量改变，就理应调节相应的一次风量；另外煤质变化，一旦改变了挥发分含量，一次风用量也要相应调整，甚至要更换燃烧器。

它与三次风阀的调节有间接关系，当降低三次风阀开度时，窑内用风量偏大，火焰长度会被拉长，虚火焰变长，高温区不够集中，窑尾温度升高，显然会降低燃烧器对火焰的控制效果。反之，如果三次风阀开度加大，二次风进入窑内减少，当煤粉不能完全燃烧时，火焰更不好，在窑尾、缩口漏风时，温度也会提高。因此，调节燃烧器之前，三次风阀应先调节到位；若燃烧器调整后，窑头用煤量减少、窑尾温度降低，窑内所需风量就应减少，则三次风阀又需适当升高阀位，予以对应；如果此时分解炉并不需增加用风，则窑尾高温风机就应降低转速，并重新调节三次风阀分配窑、炉用风。

如果因生料易烧性改善，或煤粉热值提高，应增加喂料量时，并不需要调节喂煤量，此时也无须调节燃烧器；但只要增加喂煤量，就应增加一次风量，就需要调节燃烧器。

箅冷机调节改变二、三次风温，就会改变窑、炉用煤量，此时燃烧器应改变一次风用量。反之，当燃烧器调节能让火焰断面温度均衡时，熟料结粒就会均匀，从根本上为箅冷机创造更为理想的调节条件。

需要指出的是，燃烧器调节基本不受窑速影响。

（4）燃烧器调节可改变的因变量

在可改变的因变量中，首先是窑尾废气成分，而且只有当向着 CO 与 O_2 同时减少、CO_2 增加的方向变化时，才表明是有利于改善燃烧条件的调节效果。

随着火焰燃烧速度改变，窑的最高烧成温度与位置也会改变，窑电流也要随之改变。火焰调节效果越好，熟料越能尽快吸收煤粉燃烧释放的热量，因此窑尾温度降低。

燃烧器中一次风的调节会对系统负压，包括窑尾负压等因变量有影响，但总影响不大。

5.5.2　影响燃烧器调节的因素

（1）煤质与稳定程度

由于好的燃烧器性能是根据煤质设计的，因此，只有煤质已符合要求（详见5.2.2.2），并充分稳定后，操作员方可根据煤粉的热值，确定用煤量，并根据煤质中挥发分的含量，对燃烧器及一次风机进行调整。当进厂原煤品种多而杂时，必须设置一级堆场按煤质分别堆放，在进二级均化堆场的同时，配稳煤的成分。煤质不稳定，燃烧速度就不稳定，不仅燃烧器无从调起，而且也无法判断燃烧器的制作适合何种煤质。

（2）窑内的工艺状态

当窑系统工艺不稳定时，就会出现各种异常状态：窑皮长短与厚薄不等；窑内前后结圈；形成大球、耐火材料易烧损等；从熟料外观上可发现，结粒粗细不均、常夹杂脱落窑皮等。面对这些异常，人们考虑更多的是如何调整燃烧器，消除这些异常。如通过改变一次风速可以改变火焰长短，避免虚火头过长导致后结圈；或改变燃烧器相对窑口的位置，使高温带控制在正确位置上，避免前结圈等。通过一系列的调整，进而能理解到，或许正是燃烧器的不当调整，才导致这些异常出现。

（3）生料的易烧性

预分解窑工艺本身已经对生料易烧性有较高适应性，但在调节燃烧器时，除了考虑配料的成分影响外，仍应考虑生料细度与粒径组成、原料的矿物结构，或含有的微量元素、矿化剂，或工业废渣等对煅烧温度的影响（详见 5.2.2.1 节）。

（4）燃烧器的自身性能

国内市场销售的燃烧器，即便是同一制造商，在不同生产线中使用效果也可能截然不同，有的生产线相当满意，有的却被搁置不用。这固然有使用操作不当的原因，如经常变换煤质及操作条件等，但更多是制造商没有吃透用户的使用条件及不同煤质的燃烧特性。

① 燃烧器出口风速及调节性能　这是燃烧器的关键性能。性能优异的燃烧器应当既能调节火焰推力速度，又能调节火焰形状，还能控制火焰位置。简单来说，就是要有较高而稳定的出口风速，且一次风量较少。这种燃烧器风道数量并不一定多、风道不一定窄。为了增加不同煤质对一次风量不同要求的适应性，还能保持较高出口风速，一次风的净风道断面就应该拥有调节手段。凡为简化制造程序而缺乏此调节功能的燃烧器，实际是漠视了煤粉燃烧机理的基本要求（详见文献［4］3.1.7 节）。

现有的燃烧器，在轴流风与旋流风（内、外风）比例的调节上，花样繁多：或由一个风机同时供应轴流、旋流风，增加这个，就会削弱那个；或由两个风机分别提供轴流、旋流风，让它们能分别调整；最简单方法是让轴、旋风同走一条风道，前端有旋流器，代替轴流、旋流控制。显然这是合理少用风、还能高风速的方案，是两风道燃烧器问世的依据。另外，还要提高风道管壁的加工精度，尽量减小管道阻力。

不论何种结构，概念必须清晰：风道断面将决定出口风速，决定火焰的推力；而轴流与旋流风比例，只是改变火焰形状：旋流风是增加火焰宽度，轴流风是增加火焰长度。但调节火焰的关键内容是提高推力，而不只是改变形状。

② 燃烧器所用煤质　不同煤质的挥发分含量不同，所要求的一次风量就应当不一样，所以任何燃烧器不可能以最佳状态适应所有煤质，比如烟煤比无烟煤要用较多一次风量。如果所用煤质成分跨度越大，燃烧器风道断面的调整就越难。

因此，用户在选购燃烧器时，一定要确定所用煤质，并在向制造商提供煤样时，绝不应提供较差煤质，以考验燃烧器，因为适应煤质差的燃烧器，优质煤不一定能烧。如同买鞋一样，不是鞋越大，穿得越舒服。如果用户的煤质确实变化很大，又不能搭配均匀，则应定购一套（至少两个）不同规格的燃烧器，以适应不同煤质。

③ 燃烧器耐磨部位的寿命 燃烧器的喷嘴、煤粉进管道入口等部位是寿命薄弱环节，用不上数月就得更换，有的企业燃烧器品牌杂乱，难以调整稳定窑况。

另外，燃烧器浇注料保护套的寿命也决定了它的使用周期，这不仅与浇注料质量有关，也与现场浇灌质量有关，因喷煤管有数米长，施工要求较高，应以立式浇灌为宜，自下而上、分段进行，要严格控制施工搅拌用水在7%以内。值得注意的是，它的寿命还和三次风管相对窑的位置有关，直接影响熟料细粉对浇注料的冲刷程度（详见文献［1］5.2.2节）。这在设计最初方案时很少顾及，错的概率约占50%。

当然，燃烧器的耐磨程度与煤的磨蚀性、煤粉细度有关，无烟煤及细煤粉的磨蚀性要强；也与输送煤粉风速有关，管道断面越窄，速度越高，磨损越快。其磨损程度可以从一次风压及火焰形状变化观察。

（5）一次风机的性能

一次风机的风量、风压直接影响燃烧器性能的发挥。更换燃烧器时，必须确认原有的风机性能是否适应。因为不可能所有风机都能适应新燃烧器的要求。

现代燃烧器要求的一次风机，要高风压、小风量，因此应选用罗茨风机。还应使用电机变频技术，通过改变供电频率，调节风机转速，改变风量，起到平滑调节的效果，并节约电能。另外，风机与燃烧器间的输送管道不应过长，应尽量减少弯头，否则会增加送风阻力，影响一次风机的出口风速。优质罗茨风机不需要备用，有利于简化管道、减小阻力损失。

还要注意不能忽略风机自身对一次风的影响因素，如风机入口处的滤网设置、出口处的止回阀状态以及沿途风管阻力的变化等，这些阻力变化，都会改变一次风的风压与风量。

（6）煤粉计量秤类型

煤粉计量秤以进口原装的菲斯特或申克煤粉秤相对可靠，如果随意购置计量秤，就无法保证稳定准确的送煤，也不会得到稳定有力的火焰；一旦发生冲煤或断煤，生产也难以进行。另外不应轻易省去秤上方的中间仓，以保持对秤体均衡喂煤。

窑头一次风量由一次风净风与送煤的煤风组成，因此不仅要考虑净用风量，还要重视送煤罗茨风机所需风量占有一次风用量的份额。该风量只取决于煤粉计量秤的类型［详见5.2.2.7节(2)］，因此选用计量秤时要考虑需要风量，以减少煤风量。罗茨风机的风压取决于输送管道的阻力大小。

（7）配置先进仪表监测燃烧器调节效果

不只是窑尾温度，窑尾高温废气分析仪与高温成像仪，都能指导燃烧器的调节。

5.5.3 燃烧器调节的原则

（1）燃烧器的四项调节内容

合理控制一次风量，以适应煤质变化；调节稳定而高的一次风速，形成优质火焰；调节火焰形状与高温区位置；调节燃烧器相对窑的位置、角度。

（2）调节原则

① 调节前必须熟悉该燃烧器特性及调节方法，制造商编制的说明书首先应该表明它所适应的煤质种类范围。凡说明书中未出具有此内容，或者简单复制他人的说明书，均表明制造商不称职，或不敢负责。

② 调节前的煤质应该相对稳定，并掌握煤质成分变换的方向与特点。

③ 对不同煤质成分的适应趋势，总体上挥发分含量越低的煤质，要求一次风量越小，而出口风速还要越高，因此燃烧器的制作难度越大。

④ 燃烧器与窑口的相对位置（详见文献［1］6.2 节）及入分解炉的相对位置均要合理［详见 5.2.2.8 节（2）］。

⑤ 当煤质成分变化需要调整窑头燃烧器时，也应同时关注分解炉煤粉燃烧效果。

⑥ 当窑内出现各种异常状态时，对燃烧器调节需要特殊处理［见 5.5.2 节（2）］。

⑦ 运行中，风道内不能混有杂物，风道出口更不能被结皮堵塞、烧损或磨损。它的风翅旋向应当与窑的旋转方向一致，不仅不伤窑皮，而且不受物料转向的抵消。

5.5.4 燃烧器调节的操作手法

（1）如何衡量燃烧器调节效果

① 直接观察火焰形状。在窑门罩一旁观察窑内火焰形状及颜色，火焰要完整有力，无发飘、分叉，基本无黑火头，窑内火焰白亮。这里要特别避免短焰急烧，虽然它也能达到较高烧成温度，但形成的高温带较短，火焰分叉，特别易伤害窑皮。形成短焰急烧的情况可以列举如下：

a. 当料量增加或生料成分变高、窑内温度降低时，一味增加用煤量［详见 5.2.5 节（1）］。

b. 由于窑内有后结圈或大球等异常现象，窑内通风不畅时。

c. 燃烧器旋流用风较大，用煤量偏大，一次风本身用量也偏大。

② 观察烧出的熟料，其粒径均齐，不发黏、发散，熟料外观质量好（详见文献［1］4.7 节）。

③ 通过筒体扫描仪观察，燃烧器调整前后窑筒体温度分布没有明显过高、过低区域，窑皮长短适宜，高温带后部没有较厚窑皮。

④ 煤粉燃烧快的重要表现是，在其他情况不变的情况下，窑尾温度应当降低。

⑤ 窑尾废气成分分析能反映窑内煤粉燃烧速度快而充分（详见 6.4.1 节）。

⑥ 利用高温成像测温系统判断火焰调节效果。

国内已应用了高温成像仪对窑烧成带及篦冷机内的高温进行监测。它可同时显示 32 个点的温度，用数字表示火焰燃烧后的温度分布（图 5-10），还可以反映出火焰存在的不良症状（表 5-1），从而快速直观、可靠地为操作提供指导依据，是未来操作智能化的得力工具。

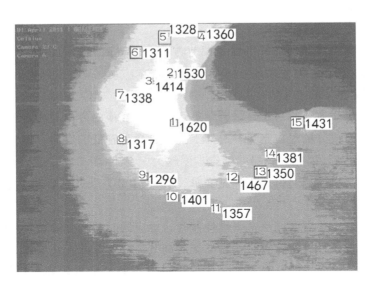

图 5-10 高温成像仪用于监测火焰调整实像

⊡ **表 5-1** 用高温成像仪观测火焰特征

火焰特征	最高温度	温度稳定程度	温度分布均匀	高温区范围
不良征兆	未达到允许最高值	数分钟内变化可在200℃以上	与火焰等径区内相差200℃以上	中心与周边温度相差200℃以上
原因分析	热值不够	煤质不均;燃烧器推力不足	喂煤量不稳,管道变形;燃烧器位置不对	煤粉燃烧速度不够
调整内容	增加煤量	增加燃烧器推力	调整燃烧器正中;修整燃烧器	增加净风风速
调整目标	温度升高	缩小温度变化	缩小温差	缩小温差
说明	不升高就不能增加煤量	加强煤的均化	有必要更换燃烧器	

图 5-10 中点 1～3 显示的为火焰中心温度,所显示温度差较大,可相差 200℃以上;最高温度也不稳定,数分钟内竟有 200℃以上的跳动;火焰周边点 4～15 为火焰等温区,温度分布也不均齐,相差 100℃左右;中心温度与周边温度差也较大,即高温区域不大也不均齐。调整过程中,也许会有更大温差出现,但最终调整后,点 1～3 都接近 1300℃,温差缩小数十摄氏度;周边温度 1150℃左右,高温区在窑断面沿径向递减,较为理想。另外,仪表镜头不洁会影响最高温度,但平均火焰温度应在 1500℃。说明火焰燃烧速度不够,此时火焰并不理想,仍需调整燃烧器。

由此可知,该仪器对操作员有如下参考作用:

a. 可以及时准确判断火焰状态,即判断火焰温度、稳定与均匀程度三大问题,明确指出需要调整的内容及调整效果。

b. 是判断燃烧器性能优劣的理想工具。

c. 是窑尾废气分析仪分析煤粉完全燃烧的助手，可以用来指导用煤量、用风量。

d. 可以很快反映出生料成分、煤粉质量（细度、水分等）的稳定程度。

（2）燃烧器调节的顺序与要求

① 应通过变频调节罗茨风机，从严控制一次风量，包括净风与煤风。

② 调整内、外风的净风管道断面，以提高燃烧器出口风速，使火焰形成足够推力。

如果没有更换新燃烧器，或变化新的煤质，前两项步骤无须进行。

③ 通过调节内、外风的比例与送煤风速：满足煅烧对火焰形状的需要。当需要细长火焰时，轴流风要加大；需要粗长火焰时，就要加大送煤风速；需要短粗火焰时，应加大旋流风；需要短细火焰时，要减小送煤风速。一定要保证火焰不伤窑皮。

④ 调节燃烧器小车（有吊车与推车两种），改变燃烧器与窑口断面轴向与径向的相对位置、燃烧器轴线与窑轴线的角度等，调节火焰高温区位置。燃烧器喷嘴口一般平齐窑口，前后相差不超过 100mm。在处理窑内结圈时可适当向窑内伸入，但每次时间不超过 2h。

凡不能满足上述调节手段或调节后未实现理想效果时，说明设计的燃烧器、一次风机与煤质不相适应，都应及时更换燃烧器。

（3）调节依据

① 调整一次风量的依据是煤质中的挥发分含量及煤粉计量秤类型。

输送煤粉风量的大小取决于煤粉计量秤的结构所要求的料气比［详见 5.2.2.7 节（2）］。调节中还要注意煤粉热值变化，热值降低时，用煤量就需加大，输送煤粉所需用风量要增大，这样就提高了煤风占据比例，不利于压低一次风总量，影响净风的增加，不利于卷入二次风。

② 控制燃烧器净风风道的出口风速，依据煤粉挥发分、灰分及含水量调节管道断面。一般燃烧速度较慢时，要适当提高出口风速，同时增大旋流风量。

③ 调节内、外风配比及送煤风速，依据物料易烧性及窑内温度分布状况，以形成理想火焰形状。无烟煤燃烧速度慢，对管道磨损严重，要降低送煤风速。

④ 改变燃烧器相对窑筒体位置，依据窑的窑皮、结圈、篦冷机高温段等状况，调节火焰位置（详见 7.4 节）。

（4）调节频次及条件

① 更换新燃烧器及变更煤质后，必须按上述原则重新校核火焰，并调节燃烧器。

② 无须对燃烧器频繁调节，在影响因素没有变化时，不应随意调整。但是，只要这些因素发生变化，燃烧器就必须及时调节。

③ 每次调节量不宜太大，且只调节一个参数，调整后要在现场观察火焰形状与温度，并用两个小时左右的运行参数核实效果［详见 5.5.4 节（1）］。

④ 调节燃烧器是操作素质中的关键技术之一。有时火焰调整效果并非一个班就能充分显现，为了保持热工制度的稳定性，三班必须统一调节方案与步骤，不能各行其是，要由专业工程师安排执行，共同实施。

5.5.5 对燃烧器调节的不当操作

① 只会对内、外风调节。很多生产线误以为调节燃烧器只是调节内外风比例，或调节煤管相对窑的位置。这种误区导致相当多燃烧器始终未处于最佳状态，也根本没有形成有力火焰。甚至有的制造商调试指导人员也不知道，还不允许用户自行调试。

② 调节燃烧器之前，应当首先确认燃烧器及一次风机是否正常可调。如发现燃烧器端部外壳已出现空洞，造成风机电流及风压逐渐降低；或部分外风口堵塞使风压上升；或罗茨风机异常［详见 5.3.2 节(4)②］等症状，都无须拖延，应及时更换燃烧器。

③ 正确理解燃烧器管道上的压力表。在调节一次风量时，为了提高风速，要求有较高的风压，这是对的，但千万不能误将燃烧器上压力表的指示当作出口风速的标识，尽管大多数情况两者不太矛盾。因为任何混淆静压与动压概念的操作，都可能酿成大错［详见4.2.1 节(1)②c］。

④ 燃烧器定位不当：或长期在窑内；或中心定位偏料于第四象限（详见文献［1］6.2 节)。

⑤ 采取加大窑尾拉风的办法，使火焰形状变长，甚至认为可以增长烧成带长度。这种操作只能延长火焰的虚火头，提高窑尾温度，反而使窑尾容易结皮。

⑥ 不应将所有烧成问题都归结于燃烧器。燃烧器调节不好，固然是影响燃料燃烧、传热效率的关键因素，也会造成结圈等某些故障，但不是窑的所有运行故障都是由燃烧器调节不当引起的。比如，熟料中夹有生料，尽管燃烧器可能需要调节，但更可能是生料入分解炉时有短路发生；又如筒体温度过高时，尽管火焰不好会烧损窑皮，但原燃料成分波动、来料不稳等因素，更可能是结皮或伤窑皮的祸首。只抱怨燃烧器不好，反倒会拖延解决问题的时间。

5.6 篦冷机调节

篦冷机旨在提高出窑熟料与鼓入冷风间的热交换效率，绝不是只为冷却熟料。它所要面对的主要矛盾是：篦板下冷却风量、风压与料层阻力的合理匹配，以最少的风获取最多的热；在此基础上处理篦板上方热风入窑与废气排出的分配。即概括为篦板下用风与篦板上用风两件事。解决此矛盾的标志是入窑，炉的二、三次风温，为最少用煤形成最高烧成温度创造条件。

篦冷机调节也是多自变量调节，其可调节变量有：各段篦速、每台鼓风机的风量与风压，并配合窑头排风机、煤磨风机、窑尾排风机调节。因此需要格外认真操作，才能获取最佳参数。

5.6.1 篦冷机调节的作用

（1）熟料需要急冷的原因

熟料的冷却速度是降低熟料热耗、提高熟料质量的关键。熟料和空气的热交换效率与熟料冷却速率并不完全是一回事：关注热交换效率，就要重点提高热交换后的空气即将入窑、炉的温度，熟料冷却只是其必然结果。如果只关注提高冷却速率，则完全可以采取其他办法，如开足所有冷却风机，或在低温段喷水，或打开冷风阀等，这些操作只是为后续设备能低温运行而已，但能耗却无情增加。因此，完成煅烧的熟料，进入篦冷机后必须急冷，其效果是：

① 提高熟料质量　熟料的主要矿物组成 C_3S 在高温下并不稳定，唯有急冷，才有助于保持硅酸盐矿物的高温相，防止晶型转变，保持熟料的水化活性。

如果熟料冷却的速度慢，原高温熟料中唯一的 $\alpha\text{-}C_2S$，会发生一系列晶型转变，最后变为 $\gamma\text{-}C_2S$。在由 $\beta\text{-}C_2S$ 转化为 $\gamma\text{-}C_2S$ 时，密度减小，体积增加约 10%，熟料结粒因体积膨胀而粉化，且 $\gamma\text{-}C_2S$ 几乎没有水硬性，降低了熟料强度。

② 降低熟料热耗　提高出窑熟料热量在篦冷机高温带被回收的量，大幅降低单位熟料生产能耗，还能使水泥熟料矿物内部产生应力，改善熟料易磨性。

（2）为何篦冷机的冷却效率高

篦式冷却机之所以比单筒、行星冷却机效率高，其原因有三：

① 冷空气与热熟料之间热交换时有最大的接触面积与时间。其中决定时间长短的要素是料层厚度，篦冷机对熟料的驱动使得其能通过篦速控制料层厚度。

② 所用冷风量能按熟料粒径区分控制。

由于熟料落入篦冷机后按粒径产生了离析现象：窑的旋转使熟料受到的离心力大于重力，大粒径熟料被甩至靠近篦冷机侧墙位置；细粉熟料则落在靠中央位置；离心力甩不动的更大块熟料，如窑皮、"大球"只能靠重力落在另一侧。窑与篦冷机落差越大，窑速越高，这种离析越严重。它们集中按横断面的不同区域分布，其中料层阻力大的细熟料，本该需要更多冷却风，却很少得到冷风；而不需要太多冷却风的粗粒料层，却被大量冷风吹透（图 5-11）。克服这种自然形成的不合理用风，是提高篦冷机热交换效率的关键。

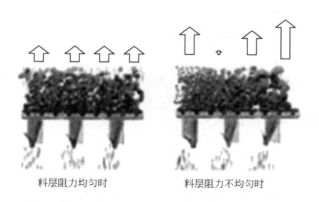

料层阻力均匀时　　　　　料层阻力不均匀时

图 5-11　篦板上方的熟料层与阻力

现代篦冷机是采取隔墙、空气梁及自动控制阀等精准方式，让风尽其用，少用冷风量。

③ 因熟料冷却用风比窑、炉燃烧所需风量大很多，故对被熟料加热的空气应按高、中、低三个温度段应用，且通过不同排风系统，只让高温风进入窑炉。

让高温空气全部进窑炉，防止中低温空气混入窑炉，是提高二、三次风温，提高系统热效率的两条途径。准确控制高温风入窑、炉，既要足量，又不过量，是其中的关键；而多余废气才可用于煤磨烘干、发电，并经收尘从窑头方向排入大气。

（3）箅冷机调节与其他自变量的关系

① 它直接受窑的喂料量影响，随时改变箅冷机的料层厚度，影响箅冷机调节的所有内容。因此，不仅稳定喂料量，而且要稳定各项工艺制度，包括稳定窑速，才能确保进入箅冷机的料量恒定，这是调整好箅冷机的首要条件。否则箅冷机很难在最佳热交换状态下运行。

它还受系统各风机之间的配合效果控制。鼓入冷风量过大，交换出的热风温度降低，增加废气量；冷风量过小，熟料会高温排出，带走大量热。两者都不可能有高的热交换效率。而窑尾高温风机与窑头排风机的工作范围，将直接改变进窑炉的热风使用量。

② 箅冷机的调节效果，将直接影响喂料量。箅冷机的热交换效率越高，系统喂料量才可能增加。在大多数生产线中，与所有其他自变量相比，箅冷机效率常是决定喂料量的瓶颈，因为预热器、分解炉与窑内，提高热交换效率的潜力，都比箅冷机富裕。

同时，提高箅冷机的热交换效率，窑、炉的用煤量可以减少，实现节能。当然，窑内用煤量减少后，也要影响燃烧器的调节。

它的调节效果继而决定用风量，不仅要让鼓入的冷风与冷却所需要的空气平衡，还要让进窑、炉的热风与排出的废气平衡。

它还影响三次风闸阀的调节，通过改变进窑、炉的热风温度差，决定下落与上提。一般相差200℃左右，相差越大，三次风阀越需要下落。

不受箅冷机调节效果直接影响的自变量只有窑速。

（4）箅冷机调节对因变量的影响

箅冷机调节影响的因变量很多，最主要是影响二、三次风温度，其次是窑尾废气温度、煤磨与锅炉用风温度。

同时，它还将改变箅冷机内的零压面位置，从而影响以窑头负压为主的压力分布。

5.6.2 影响箅冷机调节的因素

（1）箅冷机结构类型

空气梁结构的往复推动式箅冷机（第三代）与自动控制风阀结构的行进式箅冷机（第四代）是当代箅冷机的主流，它们对冷风的控制与熟料输送方式不尽相同，故操作也要区别。

第三代箅冷机是靠活动箅板在固定箅板上往复运动，推动熟料前进，但这种方式难以避免上层的高温熟料与下层接触箅板的低温熟料混合，降低了冷却效率，也影响箅板寿命。它主要控制篦速，调整熟料料层厚度，改变冷空气与热熟料热交换的时间。高温段要增加料层厚度（800mm 左右），也需要更高的冷却风压；而中温区段可以减薄料层（500mm），该段交换出的热量用于余热利用。

第四代篦板下具有单块自控阀，它能自动调节篦板阻力，实现料层与篦板阻力总和不变，全室用风均匀，并可用低阻力篦板，消除熟料因粒径不同产生的离析，精准使用冷却风。但与此同时，因自控阀占据了篦板下的空间，迫使输送熟料不能沿用前后排篦板推动的方式，而改为液压单传动控制纵向分列回抽，或在篦板上凭借棍棒推动熟料前进。前者全程料层厚度不变，虽能避免冷、热熟料混合，但却没有了高、中温段料层厚度的差异，也没有用风压力的区分，无法满足不同温度段对热交换的不同需求，难以获得较高二、三次风温；而后者篦板完全静止的形式，靠棍棒更难控制料层厚度，也没有高、中温段对篦速的不同要求。

在篦冷机中部设置辊式破碎机，能及早破碎大块异型熟料，既能避免锤式破碎后出现的红料，还能降低电耗。

无论何种篦冷机类型，都应该以热交换效率高为最高目标，实现最高的二、三次风温度。从表 5-2 可知，二次风温度代表了篦冷机的热交换水平。当然，二次风温度绝不是只靠篦板下冷空气的合理分配，更要靠篦板上热空气的分配操作得当。

▣ 表 5-2　二次风温与对应的篦冷机热效率

实际二次风温度/℃	篦冷机热效率/%
900	58
1100	75
1200	78

（2）所配离心风机性能

离心风机负责向篦冷机鼓入冷风，其规格与性能是关键因素。在设计第三代篦冷机的料层厚度时，高温段一般选用 8000～10000Pa 的高压离心风机，而风量应等于二、三次风的风量。如果风机性能不好，势必降低热回收效果及熟料急冷效果。中低温段选取的风压可以逐渐降低，2000～5000Pa 即可。而第四代篦冷机的整机料层厚度相同，高、中低温段所用风机风压，就没有理由存在较大差异。

篦冷机所用风机虽小，但直接影响篦冷机的冷却效率，故应购置高性能风机（参见文献 [4] 5.1 节）。在众多风机中，其中至少有一台风量要偏大选定，不仅要留有调节余地，而且应改用变频风机，调整风量方便准确，又不增加能耗。

（3）熟料量与粒径均匀的稳定程度

篦板上的熟料料层阻力是随其粒径大小而改变的，粒径越大，阻力越小。由于出窑熟料的离析现象，使篦冷机内同一横断面上的料层阻力并不一致，第三代篦冷机的空气梁技术无法区分用风。为解决风压与料层阻力的对应关系，圣达翰公司特意在高温段篦板下方纵向隔断为数个小风室，以分别控制风压，大大提高了精准用风的水平。第四代篦冷机在每块篦板下设自控阀为调整单元，更应提高这种水平。

　　每当窑内掉出窑皮或大球时，必将破坏系统稳定。尽管可以及时改变篦速，但还是应调节好火焰，防止它们出现，这才是彻底提高稳定运行的途径（详见7.4节）。

　　除了窑内熟料量不稳定的因素外，还应充分重视三次风从窑头罩抽取的位置，及篦冷机高温端砌筑浇注料的形状。如窑头罩进三次风一侧的浇注挡墙，应保持足够的同一斜度（图5-12），不让落下的粉料存积（图5-13），否则就会引起积存细粉阵发生塌料，改变篦冷机的入料量与粒径分布，发生周期性紊乱。

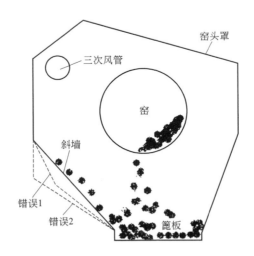

图 5-12　斜墙应该具备一定斜度

图 5-13　某企业刚施工完的斜墙实摄

　　（4）篦板下气室的密封程度

　　为了保证高压风能从高阻力篦板与料层间穿透，气室密封要对漏风设置更大阻力。现场常见的漏风类型有：

①　从锁风阀向外泄漏高压风　目前气室内设置有自动开关指示料位，保证熟料既不被卸空，起料封作用，也不过满，避免篦下熟料充满顶翻篦板。但料位计的可靠性不高，这使得阀门类型成为关键。弧形阀、双板阀定会严重漏风；若使用按照欧洲标准制作的气动双重锁风阀，可以做到绝对锁风，只需定时开启即可，且四年之内免维护（详见文献〔4〕3.2.1 节）。

②　气室之间漏风　高、低压气室之间的隔板常采用石棉板或耐温橡胶等材料，密封无法严密。如高压风机先启动，低压风机再启动，电流升高，就证明有高压风向低压气室泄漏，降低了高温段的风压及冷却效果，且不易被察觉。即此处应采用先进的密封材料（详见文献〔4〕3.2.1 节）。

③　同一风机向多点供风　很多设计为节省风机数量，让一个风机向两个以上位置供风（图 5-14），尽管风道上有阀门控制，但它违反了风机出口管道安装阀门的大忌，而且两个受风点阻力不同时，风量总是向阻力小的位置流动，中控室很难保证两处用风同时满意。而且风量永远是从高压吹向低压，两个风道的串联实质为风机间干扰、漏风提供了可能。应该避免这种设计。

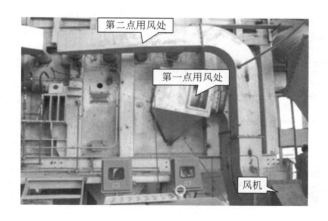

图 5-14　某篦冷机高温风机的风管布置

④　篦板漏风　如果篦板漏料，就意味着高压冷风可以走短路向上漏风。现很多篦冷机宣传篦板不漏料，设计者特别强调可以取消篦板下的漏料仓，获得降低设备高度的效益。如果是靠消耗更多高压风，顶住熟料细粉进入篦缝的不漏料，还会有增加电耗的弊端。

一旦出现上述各种漏风，尽管风机风量开足，熟料仍无法得到充足冷却，尤其对高温段的高压用风影响最大。

（5）在篦上高、中温风间设置分隔装置

为了确保高温热风全部作为二、三次风使用，避免被中、低温风干扰，在篦冷机应有的零压面位置应该设置挡墙装置。国外早就开发有液压挡墙。但这种隔断作用很难彻底，因为它还要允许大体积熟料通过，不可能贴近熟料床。因此，挡墙材质不仅要能耐高温耐磨，而且还要有可移动性。目前，国内浇注料挡墙最多是自顶部向下悬吊 1.5m 高度，如果能用耐磨钢板制作悬摆式挡板，不仅提高隔断效果，还不会影响熟料通过。

（6）观察熟料冷却状态的能力

位于中控室的操作员只有观察到熟料在篦冷机中的运动状态，才可能正确操作，因此，现场要安装摄像头。如果想要摄像头能清晰观察熟料粒径与风压的匹配状态，了解熟料表层温度分布，及时辨别"红河"，就要正确的安装。实践证明，摄像头安装在侧墙比装在顶部好观察、好维护（图 5-15）。

除此之外，高温成像仪也能监测系统篦板上方全熟料表面的温度分布；还可选用窄的视野镜头，获得高质量图像，监视冷却后的熟料粒径和温度（详见文献［4］10.2.4 节）。

（7）二、三次风温的准确测定

测量二、三次风温是衡量篦冷机调节效果的重要手段，故它的热电偶测点位置选择十分关键。热电偶均应由顶部向下垂直，并避免火焰直接辐射（图 5-16）。当热电偶数据失真时，应及时清理结皮或更换。

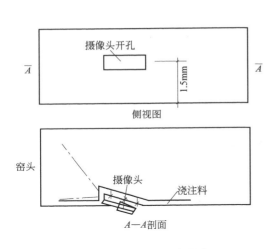

图 5-15　篦冷机摄像头安装位置

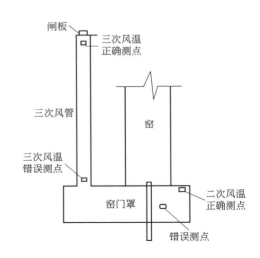

图 5-16　热电偶测点选择位置

5.6.3　篦冷机调节的原则

篦冷机是烧成系统中受窑尾、窑头两台排风机共同作用的唯一设备（图 5-17）。为了提高它的最高热交换效率，高温段的热风必须作为二、三次风全部进入窑、炉；中温段的热风只能用于发电或其他烘干热源，而不能入窑、炉；低温段的热风用于发电或排出。这是正确使用篦冷机三个温度段热风的原则。

衡量篦冷机热交换效率高的标准应该是：入窑、炉二次风、炉三次风温度高，出篦冷机熟料温度与窑头废气排出温度低。

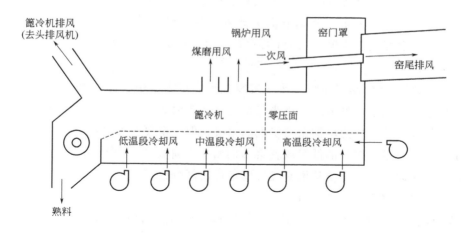

图 5-17 篦冷机各部位用风的影响

篦冷机要获取高效率，首先要调节篦速，控制料层合理厚度；再按照料层阻力，正确分配冷却用风；最后按照窑炉用风，控制高温风量。

（1）篦速调节的原则

调节篦速的目的是控制熟料层厚度与篦下压力的对应关系，从而影响熟料的输送速度。篦速直接影响熟料的热交换效果。在供应冷风量匹配的条件下，篦速除了适应出窑熟料量的变化外，还要与熟料粒径的变化相适应。

调整料层厚度，先要考虑出窑熟料量的变化，它不只与窑的喂料量有关，还要受窑内各种因素影响（详见 5.1.2 节），而且通过摄像头才能正确掌握出窑的实际熟料量，正确操作篦速。熟料量越多，料层就会越厚，就越要提高冷却风压。

熟料粒径组成会受到物料配料成分、窑内煅烧制度、火焰形状的影响，而且在出窑时受到离心力作用产生离析，使得熟料粒径不仅变化，而且还在机内同一横断面分布不均。操作者责任就是让料层厚度能与篦板下气室压力相适应。一般熟料粒径越粗时，料层应该增厚；粒径变细时，料层应减薄；遇有异型熟料时，篦速应该调慢。

（2）对鼓入冷风（即篦板下用风）的调节原则

① 高温段用风　高温段风机的风压取决于篦板阻力及料层厚度，不同类型篦冷机的篦板阻力不同、允许的料层厚度不同，因此，风压会有差异。鼓入总风量（即二、三次风用量）则是窑尾高温风机的排风量与一次风用量的差值。

② 平衡风机的确定　当高温段或中温段风量、风压发生变化，气室间密封效果不好时，会发生窜风。为保证高温段的风压足够，应该调整平衡风机的风量、风压，抵消这种窜风。

③ 中、低温段用风　中、低温段的鼓入风量应当随高温段熟料冷却状态的变化而调整。风压则应随料量改变或调节中温段篦速造成的料层变化而调整。

（3）对排风（即篦板上用风）的调节原则

① 二、三次风温度都要高 篦冷机的高温热风应当全部作为二、三次风进入窑、炉，而不能挪作他用，这就要求正确调节窑头排风机与窑尾高温风机的平衡［详见 5.3.3 节(2)］。且二次风温要比三次风温高 200℃ 左右。温差过大、过小都不利于窑、炉平衡［详见 5.4.2 节(4)］。

② 篦冷机废气量的确定原则 篦冷机废气量应该等于中、低温段的鼓入风量减去煤粉生产用风量。利用余热发电时，该废气量就是余热锅炉所用风量。如果废气量过大，就会拉走更多热风，这常成为增加余热发电的手段，但一定要增加熟料热耗；如果废气量过小，还小于鼓入风量，多余的低温风就会挤向窑头，降低二、三次风温，窑头出现正压；如果锅炉反映来风过大，需要从原有废气管道排出部分废气，说明此时或中、低温段鼓入的风量过多，或有高温风用于发电。

③ 煤粉烘干用风的确定 当煤磨不与窑同步运行而停机时，会减少篦冷机中、低温段的余风使用量，此时或加大发电锅炉用风，或增加余风排量，或减少向篦冷机鼓入冷风。否则这部分余风不但会降低入窑、炉二次风、炉三次风温，还要使窑头形成正压。

④ 余热发电用风的确定原则 在利用余热发电的系统中，它对篦冷机的实际热效率影响很大，不仅在设计取风口位置时要关注细节［详见 7.1.2 节(5)］，更要在风门的操作上符合以下几点：

a. 让所有中、低温段用风在满足煤粉烘干后全部进锅炉，不应轻易开启为发电设计备用、原篦冷机排风用的短路阀门；

b. 不能让锅炉拉风与入窑、炉的二、三次风相争，不应为增加发电降低二、三次风温；

c. 篦冷机鼓入的冷却用风总量应该等于二、三次风用量及锅炉、煤粉烘干用风量的总和。过大会形成窑头正压，过小会降低系统热效率。

因此，余热发电三通处所设风门应该使用切换阀，而不是百叶阀，因为它的功能是选择风道，而不是完成调节功能，允许有漏风存在。

⑤ 正确使用冷风阀 正常时应当关闭所有冷风阀，这样有利于篦冷机正确使用风量（详见 5.3.5 节⑤）。

上述各项用风原则，也是篦冷机内控制零压面正确位置的原则。

无论是为降低废气温度，还是降低熟料温度，都不应随意采用喷水冷却，这不仅浪费水源及水泵用电，更有违背用风原则之处，增加系统热耗。

5.6.4 篦冷机调节的操作手法

对于第三代篦冷机，有"篦床速度控制、冷却风量控制、废气排放控制"的三元自动控制系统之说，但现实中很少能够实施。一方面是系统既不具备稳定程度，也没有足够的信息提供；另一方面此三元并未分出主次顺序，也未充分考虑彼此的相互影响。

（1）判断熟料在篦冷机内的状态

① 准确判断熟料料层厚度 管理到位的篦冷机，应该装有料层厚度监测仪，通过监

控画面能看到料层上方。篦冷机高温段侧壁上，固定有耐高温耐磨板制成的顶针，作为料层厚度标记，指导料层厚度的调节。

如果没有用顶针监测，就只能通过篦下各室压力、篦冷机主电流及液压缸油压、影响熟料量变动的因素，综合分析判断料层厚度，但很难判断准确。

② 准确了解熟料粒径变化 通过窑头摄像头观测出窑熟料粒径大致情况，有利于篦速的主动调节。如果配料成分及火焰形状能够稳定，就能减少塌料与窑皮的脱落，熟料粒径也不会有大的变化。

③ 用篦冷机摄像头观察高温段的熟料运动状态 篦板上熟料层受篦下冷却风压吹动后，运动状态大致分为三类：如同放烟花似的气流穿透，表明此处料层过薄、阻力过小；熟料表面看不见风量穿过，说明料层过厚、阻力过大；料床表面如水沸腾般地前行，此时相对于料层厚度的冷却用风适宜。

显然，为了获取第三类运动状态，先检查篦下漏风程度，再调整篦下用风风压，在料量没有变化时，最好不要调整已经调好的料层厚度。

（2）篦冷机调节的顺序

① 首先平衡篦冷机的进、出风量。这是篦冷机调节中最重要的环节，因为影响进、出风量的风机较多，这也是最难做好的环节。建议按如下步骤操作：

确定窑、炉燃烧所需的二、三次风量，这要根据喂料量、喂煤量及窑尾高温风机调整，保证窑头负压为－50Pa。按上述用风量确定高温风段所需的冷却风量，调节相应风机的阀门开度或变频转数。

② 确定煤磨所用热风，根据煤磨性能、热风温度、原煤含水量的烘干需要调整。

③ 调节窑头排风（或锅炉用风量），根据中、低温段熟料冷却需要，并不能与窑尾风机争风，确保篦冷机内零压面位置。

④ 确定中、低温段的冷却用风，与高温段用风的调节相同。由此可知，篦冷机调节应在窑、煤磨、生料磨等系统基本稳定之后进行。换言之，当磨机频繁开停时，因用风量的波动，篦冷机或随之调节，或只能在非最佳状态运行。

⑤ 篦速调节。在篦冷机系统用风合理后，通过调节篦速调整料层厚度，以适应恒定的气室压力。调节的方法是，料层过厚时提高篦速，料层过薄时降低篦速，每次调节幅度不能过大，调节十分钟后观察效果，因为篦速对料层的改变，会有一定滞后。如果料层是随机波动，则不必频繁调节篦速。第四代篦冷机的篦速调节只分几挡，灵敏度降低，工作量也减小。

（3）对异常状况的及时判断与处理

① 出现大块窑皮及大球 当发现窑尾负压有较大波动，窑电流也波动较大，且现场窑转动中带有异响，则表明窑内有脱落的大块窑皮，或出现大球。此时应迅速减料；退出喷煤管；大幅降低窑速，减轻它们对窑皮、窑砖的冲撞；降低篦冷机高温段篦速，增加料层厚度，减缓它们落入篦冷机后对篦板的冲击（详见文献［1］7.4节）。

当这些异型熟料出窑后，篦冷机就可逐渐恢复正常参数运行。如果未安装辊式破碎机，此时需要关注它们出机前的运动，避免压住破碎机锤头（详见文献［1］12.4.4.4

规程）。

② 篦下压力异常　造成篦下压力异常的原因有三种：

a. 篦床上熟料料层过厚，甚至出现"雪人"堆积；

b. 篦板下的气室存有大量漏料，甚至堵满气室，并顶住篦板；

c. 空气梁被磨漏，熟料粉填入堵塞，无法吹入冷却空气。

尽管这些原因很少发生，但这种故障的危害性极大，会破坏熟料的冷却制度。

如果发现冷却风机鼓入的冷风不易吹入，篦下压力接近额定值，甚至现场气室向外返风，都应尽快减料为原有喂料量的1/3，窑转速降至1r/min以下，检查上述原因所造成的严重程度，如能及时处理缓解，可采用高压风管通入篦板上方吹动熟料，或尽快排出气室内的熟料粉等措施；如果现场判断该状态已甚严重，需要较长时间处理，就应立即止料停窑，以防高温区形成更大体积"雪人"，或造成篦板及大梁长时间过热变形，酿成重大事故。

5.6.5　对篦冷机调节的不当操作

（1）只依据篦板下风压调节篦速

虽篦板下风压可以反映料层阻力大小，但干扰篦板下风压的因素很多，比如篦板运动缝隙、气室之间、卸料弧形阀、引风活动风管等各处的漏风，及风压测点周围气流扰动，甚至风机自身存在故障等。所以过去按风压波动进行操作，甚至用自控回路调节，往往会误操作，事实也证明，这种自控设计很难投入。

（2）高温段用风宁大勿小

很多操作员认为，篦冷机的高温段风机直接影响窑内用风，尤其是料层过厚时，容易让窑内产生还原气氛；更有甚者，在点火升温时，篦冷机并无熟料，也要早早开启高温段冷却风机，以确保窑内燃烧空气充足。实际上，窑内的用风量，除了一次风机强制鼓入的量以外，完全取决于窑尾高温风机负压及预热器系统的漏风程度，只要负压足够，篦冷机篦板上方及窑门罩都能吸入大量空气；反之，如果窑内负压不足，高温段鼓风再大也无济于事。

（3）余热发电与二、三次风争热源

为提高余热发电量，二、三次风热源常被锅炉抢走。实际上，虽能提高发电量，但因二、三次风温降低，多用的煤量不可相抵，这正是非余热发电的悲剧［详见7.1.2节（5）］。

（4）提高鼓入风量的温度

有的企业为了提高余热发电用废气温度，利用篦冷机的废气返回作为鼓入篦冷机冷却用风，这种做法可以提高废气中的热焓，但增加了窑头风机排风的阻力，且不利于熟料冷却速率，不利于降低出篦冷机的熟料温度。到底是得多失少，还是失多得少，应该计算比较。

（5）用篦速调节窑头负压

当窑头负压变小时，将篦冷机的高温段篦速打慢，以增加料层阻力。这种操作尽管能暂时增加负压值，但它不仅是以降低熟料的冷却速率为代价，直接降低二、三次风温，而且还说明，此时的窑头负压很可能并非为窑尾高温风机形成，这种负压更没有积极意义。如果操作员一心只为窑头负压，而不知窑头负压的重要作用，就等于没有树立以提高二、三次风温为中心的操作理念。

（6）篦冷机的冷却用风与排风不匹配

由于同时作用于篦冷机的风机很多，未准确掌握每台风机的分工，不能正确平衡它们的风量，导致篦冷机效率低下 {详见 5.6.3 节（2）、（3）；文献 [1] 2.3、2.4 节}。

5.7　窑速

窑速调节所要解决的主要矛盾是，为获得熟料的高质量与低能耗，在高温带达到理想最高煅烧温度后，物料在窑内停留时间与受热均匀程度之间的平衡。

在预分解窑系统的所有自变量中，窑速从开始下料到止料前，可以始终保持不变。它是最少需要调节的自变量。

5.7.1　窑速调节的作用

（1）窑速调节在窑运行中的作用

① 窑系统稳定运行期间，应通过微调窑速，确定最合理的高窑速，降低烧成能耗。预分解窑实现了预热、分解的高效率，为窑提高转速创造了空前有利的条件，有利于增加窑的有效容量、提高传热效率、增加窑断面温度分布的均匀程度、延长窑皮与衬砖寿命。但窑速增加过快，导致物料与火焰、窑皮、衬砖之间热传导所需要的最低传热时间不足时，传热效率将不高反低；且过快窑速还会带来窑体振动、过多耗电等一系列副作用。故窑速应控制在 3～4r/min 的范围内，通过实际摸索，确定并稳定住窑尾温度最低的最佳窑速。

② 在烧成制度不稳定时，尤其窑内发生生料窜料，或有窑皮大幅垮落、大球与结圈时，首先要对窑速立即做大幅调整，并同时调节喂料量、用风量、喂煤量等自变量，使窑能尽快恢复到稳定状态。

（2）与其他自变量的关系

在喂料量恒定的情况下，如果窑速变化，势必影响窑内断面物料的填充负荷率及物料在窑内的停留时间，这都会影响传热效率。

窑速的改变会影响进篦冷机的熟料量，使料床厚度波动，势必影响篦冷机的调节。

相反，以喂料量为首的其他自变量的微调，都不会影响窑速的稳定，即无须调整窑速。

（3）对因变量的影响

严格说，加快窑速会导致物料翻滚过程的细粉扬尘，增加气体中的含尘量，会增加系统阻力，影响负压变化。窑速快也有利于物料与热气流、热窑衬的热交换，降低窑尾温度。但微调窑速时，很难看到这种影响。由于窑速不会改变煤粉的燃烧状态，就不会影响窑尾废气成分的变化。因为预分解窑未设置喂料量与窑速的同步连锁，窑内温度分布主要是煤、料粉燃烧速度及燃烧器位置与窑内负压的配合，而与窑速无关。所以，不大幅度调整窑速，不大幅改变料在窑内的停留时间，就不会改变烧成带温度与窑尾负压。

改变窑速会影响窑的负荷率，窑主机电流会随之改变。对于仅凭借窑电流判断烧成温度变化的窑，就会以为降低窑速，窑温就能立即升高，而误导操作。

5.7.2 影响窑速调节的因素

（1）生料喂料量

传统回转窑中，生料喂料量与窑的转速通过伺服直流电机保持同步，以保证窑内物料填充率不变，有利于熟料煅烧制度的均衡。但是预分解窑中，生料入窑时已经过预热、分解，无论喂料量多大，一般均可按高窑速控制，以增加物料的翻转次数，提高热交换效率。

当喂料量过大，超过窑的热负荷能力时，无论将窑速调到多慢，也无法阻止温度降低，而且越慢越增加窑断面的填充率，传热效果越差，熟料质量越低，因为决定煅烧条件的是窑内最高温度，而不是物料在窑内停留时间（详见7.1.1节）。

因此，喂料量在小范围调整，以克服温度的小范围变化时，窑速无须调整。

（2）原燃料的喂入量与成分的稳定程度

如果生料或煤粉喂入量难以控制，入窑量或大或小，就会使窑内煅烧温度严重波动，此时，即便要求稳定窑速的操作者，也无法确定此种工况的最佳窑速。

生料或煤粉的成分变动，必然要影响窑内烧成温度，窑速很难稳定。但成分变动不大时，不一定要调整窑速，更好的方法往往是调节喂料量（详见5.1.4节）。

只有提高了上述各因素的稳定程度，才有可能获取最节能的稳定高窑速。

（3）工艺状态是否异常

当窑内形成结圈、脱落窑皮，或熟料结成大球，或预热器塌料，或篦冷机结雪人时，窑速必须予以对应调整。其中，脱落大量窑皮、塌料，在大幅度减料的同时，将窑速降至1r/min以内。这是让系统迅速摆脱异常的最快捷方法。

（4）窑机械运行的允许程度

窑的机械元件中，托轮、轮带、挡轮、大小传动齿圈都会随着窑速的提高，增加受力变化的频次，因此需要提高其抗疲劳强度。但是，随着转速的提高，平整的窑皮、填充率的降低都有利于受力变化的幅度减小。有的设计者将窑速最高上限提高到4.5r/min以上，并选用变频电机调速，这种设计理念，为操作留下更大提高窑速、摸索最佳窑速的空间。

不言而喻，窑的转速大小与窑的斜度有关，斜度大的窑，提高窑速的空间就小。如果从物料在窑内受热均匀，有利于熟料煅烧的角度考虑，窑的斜度应当取低值，窑的转速则应取高值。这样选取斜度与窑速，有利于窑挡轮的受力及窑上下窜动的调整。

托轮的轴瓦曾是窑机械元件中最易出故障的，经过新型材质锌基合金瓦的多年普及，使用寿命大大提高，制造厂商许诺：不会拉丝、不抱轴、不翻瓦（详见文献［4］3.1.4节）。近年来，国内旋窑的轮带、托轮、大齿圈等部件恶性故障频出的原因，是不顾质量的廉价化所为，并非是稳定高窑速的结果。恰恰相反，正是频繁调整窑速、频繁改变齿轮上的作用应力，才是导致传动装置受伤的真正原因。

5.7.3　调节窑速的原则

（1）保持高窑速

这里的高窑速，是指 3.5r/min 左右的窑速。高窑速的必要性及优点补充总结如下（详见文献［1］5.12节）：

① 有利于提高熟料质量（详见 7.1 节、7.2 节）。

② 有利于提高台产。同样产量条件下，高窑速能减少窑内物料填充率，加快物料与热气流间的热交换，俗称"薄料快转"。如果填充率不变，适当加快窑速，窑的容积就不会成为系统提产的瓶颈。

③ 有利于保护窑衬。窑速提高后，缩短了窑每转所用时间，从 1r/min 的 60s，减少为 3r/min 的 20s、4r/min 的 15s，作为物料受热媒介的窑皮、窑衬，面临热气流，整圈的温差变小（图 5-18），A_1/B_1 为高窑速、A_2/B_2 为低窑速的两种不同填充率的料面，窑慢转时窑皮在热气流下暴露受热的时间，明显长于窑的快转，向物料传热的时间也明显变长。图中 A_1 比 A_2 温度要低，B_1 温度比 B_2 要高，即 $A_1-B_1<A_2-B_2$，窑皮与窑衬受热负荷变小。这就是窑内形成的窑皮要平整得多，能延长窑内衬砖寿命的原因。

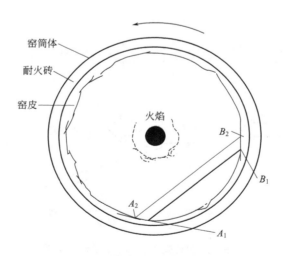

图 5-18　窑皮温度变化示意图

（2）要选择最佳窑速

高窑速并不是毫无限制，越高越好。因为不同原料烧制熟料所需最短时间毕竟不同，也与窑的直径有关，操作者的责任就是要摸索出每条窑的合理窑速。这种合理是指窑速能高度稳定，其他自变量调节时它无须调整，而且物料与窑皮、窑衬接触的时间恰好与它们热传导所需时间一致，这时的用煤量最低；不能让窑体在运行中因高速而振动；更要防止在窑温控制偏高时，过快的窑速可能让物料受到离心力，贴在窑皮上随窑旋转。以目前的经验，最佳窑速应在 $3\sim4r/min$。

有人担心高速会让物料在窑内停留时间过短，降低熟料质量。但是，超短窑的成功运行已印证这种担心实属多余，尽管它比普通窑的长度短了 1/4，物料在窑中的停留时间也少了，但理论与实践已证明，分解出碳酸盐的生料并不宜在过渡带停留过长时间，否则，新生成的 CaO、SiO_2 结晶过大，失去活性，反而为形成 C_3S 提高煅烧温度，加之超短窑筒体比长窑的散热量要少，所以，超短窑不仅提高熟料质量，还能降低能耗。更何况，生料粉在未进入烧成带之前，其运动类似流体，不一定窑的转速高，生料停留时间就短。

（3）稳定窑速是稳定操作的前提

能让窑稳定在高窑速下运转，保持数班、乃至数日不变，并不是每条生产线都能实现。不少人习惯微调窑速，以控制烧成温度稳定，尤其发现窑电流降低或游离氧化钙过高时，首先的操作就是降低窑速，即便从 3.8r/min 调整为 3.6r/min，也认为有助于延长物料在窑内的停留时间，能提高煅烧质量。然而，实际情况恰恰相反，这种操作反而导致整个系统都难以稳定（图 5-19）：加大了窑填充率，窑电流增加，且窑内温度因熟料的传热条件变差；并立即使出窑熟料量变动，继而改变篦冷机的调节与二、三次风温，影响煤粉燃烧速度，使烧成温度变化，所有这些都会导致窑的台产波动，对熟料质量及热耗都是百害而无一利。因此，在获得最佳窑速后，应当规定，当窑内无异常状态时，不能轻易调整窑速。

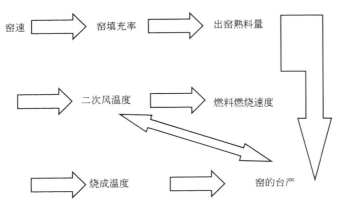

图 5-19 窑速变化引起系统波动示意图

5.7.4 调节窑速的操作手法

（1）正常运转寻求最佳窑速

寻求最佳窑速的途径是，稳定其他变动因素后，只调整窑速，并稳定 1h 以上，记录窑尾温度、窑头用煤量与电耗。然后在原窑速基础上，每增减 0.1r/min，再稳定 1h，再重复上述项目的记录。通过做出若干组对比数据，找出窑尾温度最低时对应的窑速，此时窑内的热交换充分，窑头煤耗定会降低，从而确定出最佳窑速。

正常运行中维持高窑速不变，不仅是必要的，也是可行的。而且要明确，熟料没烧好，一定是火焰热力不足，未满足煅烧需要，并不是物料在窑内停留时间不够。

（2）异常状态时的窑速操作

如前所述，结圈、脱落窑皮、窑内有大球，或预热器塌料，或箅冷机结雪人都需要酌情调整窑速，具体的调整手法如下：

① 窑内后圈严重时，物料在圈后部集聚较多，会承受更多时间的低温预烧，一旦进入烧成带，生料很易烧成；此时火焰由于结圈而不畅，只能长火焰顺烧；虽然这种煅烧制度已不理想，但此时的操作应该以处理后圈为中心，窑速无须调整减慢。

② 窑内有圈掉落时，或有严重塌料时，应迅速大幅度减料之后，立刻大幅度降低窑速，且一步到位调至 1r/min 左右［详见 5.1.4 节(4)］。

③ 窑内已有大球时，应该在减料的同时调慢窑速，避免对窑皮与窑衬的冲击。与此同时，窑速调整可以配合喂料量调节，加剧窑皮后面的料量有大的改变，即减小料量时，加快窑速；加大料量时，减慢窑速。这种变动，会促使小球爬上窑皮，减少大球的形成。

④ 处理箅冷机雪人时，需要减小喂料量，方便现场操作，一般无须减慢窑速，但需要较长处理时间，只是料量减得较多时，才需要适当减慢窑速。

5.7.5　对调节窑速的不当操作

（1）频繁调节窑速

至今在很多技术文章中，仍介绍窑速是调节窑内温度的重要操作手段，以应对游离钙不合格，稳定窑内温度，根本不认同"预分解窑少动窑速"的操作原则。

用窑速调节烧成温度之所以是普遍存在的操作误区，主要是受传统的干、湿法窑操作习惯影响。但那时的窑，一是设计将窑速直流电机与生料喂料铰刀转速伺服同步，降低窑速的同时就在减料，窑的填充率没有增加；二是生料没有分解入窑，窑的热负荷适应性低，不降低窑速，生料就可能窜出。当今预分解窑很少有、也不必设计成喂料量与窑的转速保持同步，因此，沿袭这种操作没有道理。

总之，窑速是最不应该频繁调整的自变量，否则，很难实现窑的稳定运行。

（2）以为减慢窑速可以稳定操作

过分担心窑速快会引发生料窜出，而不敢维持高窑速下的运转，特别是投料、挂窑皮阶段，不敢在高窑速下进行。殊不知火焰温度足够和高窑速才是挂牢窑皮、保障熟料质量的关键。由于不会调节燃烧器，原燃料又无法稳定，似乎打慢窑速、延长物料在窑内的停留时间是最为稳妥的操作。

（3）误用窑速改变篦冷机料量

当篦冷机料量较高时，降低窑速，以减缓篦冷机压力。这种操作不但破坏窑内原有填充率，使煅烧条件波动，也不符合篦冷机调节的原则［详见5.6.3节(1)］，根本不可能提高冷却效率。显然是只顾一点、不计其余的操作。

第 6 章

>>>>>>

对窑系统因变量的分析与控制

在讨论每项自变量操作时，都会涉及它们与相关因变量的关系。操作员所要调节的因变量会有上百个，它们并不只受某个自变量控制，且因变量间的内在联系使这种控制变得愈加复杂。因此，非常有必要理清思路（详见 4.3.2 节），确定核心因变量，以它作为思路的起点，把每个自变量要解决的主要矛盾作为思路过程，从而达到获取最佳效益的思路终点。

6.1　烧成系统的操作思路

烧成系统中控电脑画面上的因变量种类很多，主要有气体与物料的温度、气体压力（压差、负压）、废气成分等（图 6-1）。每类因变量各自都有一组数据，它们不只受自变量调节控制，彼此还相互关联，甚至相互干扰，操作时都应充分考虑。

画面上的另一类因变量，诸如主要设备电机的电流、电频与功率、轴承温度、振动（频率与振幅）等，它们描述的是设备的运行状态，与工艺变化虽有关联，操作员也应该关注，但毕竟不属于工艺范畴的知识，故其影响关系，本处不再深入讨论。

操作烧成系统应当建立正确的思路［详见 4.3.2 节(2)］。

6.1.1　明确烧成系统的核心参数

在烧成系统的众多因变量中，窑内最高烧成温度应该是核心参数，是煅烧熟料思路的出发点。该参数曾经很难直接获取，最好的办法是靠窑尾废气分析的 NO_x 含量反映，但现在国内已有高温成像仪直接检测（详见文献［4］10.2.4 节），为建立正确思路提供了更方便的条件。

根据核心参数的条件，可以分析如下：

（1）最高烧成温度直接影响熟料产质量与消耗水平

每当最高烧成温度偏离正常范围时，运行效益就会下降：过高会使游离钙含量很

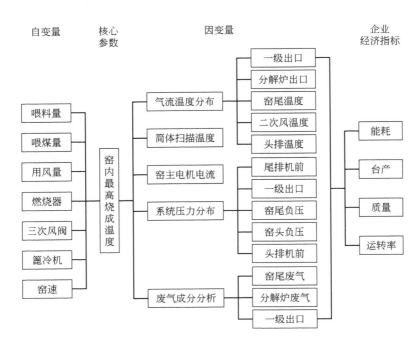

图 6-1 预分解窑的自变量与因变量关系

低，但熟料易死烧；过低则使熟料欠烧。两种熟料都不会有高标号，且前者多用煤，后者产量低。因此，合理的最高烧成温度，才会有理想的熟料产量、质量、煤耗及运转率。

（2）系统的各项自变量都能直接控制最高烧成温度

以喂料量为例，喂料多少既能改变烧成温度，也取决于烧成温度高低；喂煤量的增减更是为了烧成温度，窑头用煤需要调节燃烧器并与用风量相配，分解炉用煤可改变入窑分解率，是烧成温度稳定的必要条件；控制三次风阀开度是窑、炉用风分配合理的重要控制手段，对控制窑、炉温度会立竿见影；篦冷机调节直接影响进窑、炉的二、三次风温度，也要受烧成温度制约；窑速不论如何调节，也必将是围绕烧成温度服务。

还可以反证，看是否其他自变量能取代最高烧成温度的核心参数地位。比如喂料量，它会影响喂煤量及用风量，甚至决定篦冷机及窑速的操作，但绝不能要求喂料量跟随喂煤量与用风量去改变；燃烧器与三次风阀的调节是否恰当，喂料量并不能直接判断，不仅要靠最高烧成温度高低判断，而且还要靠它成为增减喂料量的依据；如果用熟料质量代替最高烧成温度，这种判断必将严重滞后。实践证明，若将喂料量作为核心参数，就会形成拼命增加喂料量的操作习惯，也必然衍生出很多不当操作（详见 5.1.5 节）。

照此推理还可继续分析其他因变量，仍找不出能代替最高烧成温度核心地位的参数。而且分析的结论只能是：凡不能实现理想最高烧成温度的操作，都为不合格操作。

（3）最高烧成温度能验证系统各因变量被调节的合理程度

可以逐项分析每个因变量：窑主电机电流当然受烧成温度影响，并验证它的合理范围，正因如此，当其他检测仪表缺位时，常常凭它指导操作；如果烧成温度偏离要求，则系统所有温度与压力分布都会出现异常；废气成分分析更能反映煤粉的燃烧程度及最高烧成温度，尤其是其中 NO_x 含量，更能准确反映烧成温度；筒体扫描温度尽管反应较为迟钝，但也是窑内烧成温度变化的直接反映。

只要这一系列因变量都符合要求，就可以确认生产线合理控制了最高烧成温度。

6.1.2　明确烧成系统要解决的主要矛盾

窑操作员应当明确，它的每项操作都是在解决窑系统运行中的若干矛盾，其中主要矛盾是用最少的燃料，通过燃烧释放出的热量，使生料完成形成矿物组成的化学反应，获取更多的优质熟料。这个矛盾解决的程度，将取决于对各自变量的调节，实现最高烧成温度控制的综合效果。比如：当最高烧成温度降低了，此时是增加用煤，还是减少喂料。两种措施虽能实现同一目的，但得到的是两种效果。根据主要矛盾，如果加煤，就一定要得到更多的熟料才合理；如果要减料，也一定是减少更多用煤才正确。这时需要对其他因变量变化趋势分析：当发现废气中 CO 含量增加，说明煤粉燃烧不完全，即此时不能靠简单加煤就能升高烧成温度，还需要增加通风让煤燃烧完全；但如果 O_2 含量也高，说明煤粉的燃烧条件仍待改进，此时唯有减煤才会扭转降温，从而达到少用煤、提高烧成温度、多得优质熟料的目标。

6.1.3　明确操作烧成系统的最终目标

最终目标应该是最大程度降低熟料热耗。它不仅能带动产量、质量、运转率、成本、安全生产各项指标的进步，而且是减排环保的必要条件（详见 1.1 节）。千万不能将目标只停留在获取最高产量、最强标号上，也不能停留在没有故障的运行上，而是要放在降低单位能耗上，这样才可能获取最佳经济效果。

6.2　对烧成系统温度分布的控制

6.2.1　预分解窑系统温度的分布

预分解窑的温度分布是以窑头与分解炉两个加煤点为中心向四周逐渐降低。可燃物与氧燃烧反应转变为 CO_2 或 CO，并释放出热量，获得此处的最高温度，然后向四周散热，逐渐降低温度。

系统中离热源距离越近的位置，它的温度越高，越远则温度越低。如果温度有倒置现象，说明燃料未充分燃烧；如果温度陡然降低，则要考虑是否有严重漏风存在。否则就是温度检测的仪表出了故障。

（1）主系统的气体温度

从生料进入一级预热器开始，直到熟料从篦冷机排出，有一系列温度需要检测，由高到低分布如下：

气体温度有：一至五级预热器出口温度、三次风温度、分解炉出口温度、上升烟道温度、窑尾温度、烧成带温度、二次风温度、煤磨用热风温度、进余热锅炉热风温度、窑头进收尘前的废气温度、废气排出温度等（图 6-1）。

（2）辅助系统的气体温度

① 离开一级预热器的废气，还要经历若干设备才能排出系统，又需要检测如下温度：进增湿塔前的废气温度，进高温风机的废气温度，进窑尾收尘器前、后的温度，进生料磨的热风温度，进窑尾排风机的温度。

② 离开篦冷机的废气会有多个出路，有的经过煤磨烘干、煤磨收尘，经煤磨排风机排至大气；也有的经余热锅炉完成发电用热，再去窑头收尘；或直接至窑头排风机排出系统。无论是何出路，各处都会有温度显示。

这些温度都应该有上限要求，在保证相关设备安全的同时，也是降低热耗的必要条件。

（3）物料与设备的温度

熟料烧成系统显示的物料温度有：五级下料管温度、熟料出篦冷机温度、窑筒体表面温度等。它们都在反映工艺变化。

至于物理现象引起的温度变化与规律，如轴承温度等，虽也是操作员应当关心的参数，但因属于设备维护范畴，这里将不做讨论。

（4）窑系统温度分布的总体要求

系统主要温度符合如下要求时，表明系统是以低能耗水平运行：

窑头废气温度＜250℃（不掺加冷风及喷水的温度）；二次风温度＞1150℃；三次风温度≈850℃；窑尾温度＜1050℃；分解炉出口温度＜870℃；五级预热器出口温度＜850℃；一级预热器出口温度＜300℃；高温风机进口温度＜150℃；五级下料管温度＜900℃；熟料出篦冷机温度＜100℃；筒体表面最高温度＜350℃。

这是对无余热发电、五级预热器系统的要求。有余热发电时，窑头废气温度就变为进锅炉废气温度，它与一级预热器出口温度都不应提高，否则发电就不是纯余热。获取这些数值时，要注意温度测点的代表性。当实际温度与上述要求发生偏离，生产并非不能运行，只是会增加热耗；更何况，即便在此范围，还应该继续追求最低能耗的最佳参数。

（5）热耗低的预分解窑系统温度分布特点是"一高三低"

凡追求低热耗的系统，从现场几个关键温度的分布，便可略知概况，它们要符合"一高三低"要求。即入窑、炉的二、三次风温要高，与此同时，一级预热器出口温度要低、分解炉出口温度要低、窑尾温度要低。它直接反映了系统的四个热交换阶段的热效率都很高，故热耗才会低。如果相反，无论怎样解释与计算，系统热耗都不可能降下来。

需要强调的是，只有同时实现这四个温度要求，才能有最低能耗，只要有一项不理想，就等于系统降低热耗尚有潜力。比如，三次风温不高，尽管分解炉出口温度低，此时炉内用煤量还不能减少；又如，二次风温虽然高，但窑尾温度却不低，说明燃烧器可能还未调节到位。

这四个温度的共同特点是：它们"只有更好，没有最好"。它们离极限值越近，越能反映对应部位的热交换能力在提高，操作越合理。比如二次风温的上限肯定受烧成温度制约，但它在 1250℃ 时绝对比在 1240℃ 时要节煤；同理，要求"三低"的温度，相同散热与漏风条件时，只要越低，就一定表明热耗在降低，290℃ 的一级预热器出口温度一定比 300℃ 废气所带出的热量少。这四个温度不像烧成温度或分解温度，必须在适宜范围内，不能走极端。

有人担心一高三低的温度分布会有副作用。如提高二、三次风温会降低窑门罩寿命，但如果能提高窑门罩窑衬材质，增加的投资一定会小于降低热耗的收益；又如怕减小余热发电量，但获得更高效益的企业，一定是遵循用纯余热去发电的原则［详见 7.1.2 节(5)］。

6.2.2　系统各温度间的相互关系

根据对运行的影响，可将系统中数十个温度分为重点温度、关键温度与一般温度三类。

（1）抓住两个重点温度

在众多温度中，有两个温度是由自变量直接控制的重点温度，即烧成带温度与分解炉温度。它们是靠煤粉燃烧发出的热，通过热传导、对流等方式，提高气体温度及窑衬、窑皮温度，间接加热物料或用热辐射直接加热物料。因此，这两个温度直接表示了系统两个热源煤粉燃烧后的效果，如果它们不够高，则表明系统缺乏热动力。其中烧成带温度表示的是能完成熟料烧成任务的能力，是整个温度的核心；分解炉燃烧则是控制预热与分解程度的能力。它们能最快暴露系统热效率低下的问题。

（2）关注四个关键温度

还有四个温度，除受这两个温度的间接影响外，还受系统四个热交换阶段的效率所左右。如一级预热器出口温度能表述预热器系统的传热效率；分解炉出口温度将表明炉内的传热效率与分解效率的高低；窑尾温度则表明窑内煤粉燃烧效率与传热效率；而二、三次风温度就是衡量篦冷机的热交换效率。所以，这四个温度就是象征系统某部位热交换能力的关键温度，相对其他温度更显重要。它们能判断哪个部位是系统增产、降耗的瓶颈。

（3）不能忽视一般温度

系统其他温度都为一般温度，它们完全取决于上述两类温度，更多反映局部所受的影响，起到验证上述温度的辅助作用。如二至五级预热器的出口温度，它们能反映各级预热器内物料与气流的热交换程度及漏风等现象的影响，但它们无论如何不能超出上述重点温度与关键温度所限制的范畴，否则不是仪表误差过大，就是工艺流程出现异常。比如五级预热器出口温度高于分解炉出口温度，肯定是分解炉有煤粉不完全燃烧，使其或 CO 进入五级预热器后又继续燃烧所致。又如，进增湿塔、收尘器、煤磨、余热锅炉、生料磨等废气温度，不仅同样受到关键温度的束缚，也在控制为相关设备安全运行所创造的条件。所以，掌握温度分布的相互影响规律，非常有助于判断局部与整体间的关系与矛盾，有针对性地确定解决这些矛盾的措施。

6.2.3 系统中能调节温度的自变量

按照自变量调节的分工，能改变温度变化趋势的自变量表述如下。

引起重点温度变化的自变量是喂料量、喂煤量、用风量及它们之间的配合。

而引起关键温度变化的自变量分别是：三次风阀开度可调节窑尾温度与分解炉出口温度，从而影响一级预热器出口温度；燃烧器调节可以使窑尾温度变化，间接影响分解炉及一级预热器出口温度；而篦冷机调节在改变二、三次风温的同时，还改变了废气与熟料排出温度。

自变量调节及它们对重点温度与关键温度的控制条件、方式与效果都在第5章各节中充分讨论过，其中的难点在于要调节所有温度都处于最佳值，才能得到能耗最低的运行效果。

在所有自变量中，唯独窑速对系统温度调节有其独特规律：在系统为正常状态时，它对温度分布影响最小，即越少变动越好；但在异常状态时，它将发挥重要的调节作用，靠它与其他自变量的配合，才能迅速扭转异常、恢复正常运行。

一般温度的变化，都会随重点温度与关键温度的变化而变化。在为满足窑辅助设备运行时，可随时调节这些设备的自变量，控制其变动范围。如进入煤磨与生料磨的废气温度，不应过高，也不能太低，它们可分别通过相应风门对风量进行控制，重点满足生产煤粉及生料含水量的要求。

6.3 对烧成系统负压的控制

6.3.1 压力的来源与作用

大自然中，各区域大气的压力会因温度差异，而产生气压，迫使气体流动而形成风。但在生产系统内，要让气体流动就要靠风机产生风压或靠烟囱高度形成压差，当然其中也有温度差的因素。气流运动的快慢即流速，取决于风压大小及它所流经容器的阻力。风压是物料在系统中运动的动力之一，尤其在预分解窑系统中，只有存在一定的风压，物料才可能以悬浮状态预热与分解，火焰才可能在窑炉内燃烧，很多热交换才得以进行，包括熟料冷却过程。总之，风在预分解窑的生产中，作用越来越大，对这些作用不能充分理解，就难免导致操作失误。

正常运行的预分解窑系统，都处于负压状态，但也会有局部位置因风机鼓风呈正压状态，如一次风机从窑头鼓入燃烧用空气就是正压；篦冷机冷却熟料所需要的冷风，也是靠若干鼓风机吹入，在篦板上方形成正压。如此正压与负压区域的交接，即为系统内压力分布。

　　同时，即使排风机为系统形成负压，但如果有两台风向相反的风机，各自所营造的负压区域也会交叉、重叠、甚至抵消。如预热器后的窑尾高温风机与篦冷机后的窑头风机，功率都很大，若操作不当，就会直接改变窑系统的压力分布［详见 6.3.2 节（3）］。

　　然而，风压大小并不能只凭压力表测定［详见 4.2.1 节（1）②c］。因为它们只能测定某处的静压，虽然大多数情况也能反映风机的动力大小，但更准确地说，它是表示克服系统某处的阻力，即压降大小。比如，在系统某阻力点上游测定压力，当此点阻力增加时，此负压值就要变小；如果是正压，此值就要变大；若在它下游测定压力，变化则相反。当有漏风存在时，也相当于给风机增加阻力，压力值会有突降变化。任何情况都不会违背该规律，否则，要检查测点及仪表是否异常。

　　除了气体压力之外，水泥生产中还会遇到压缩空气压力、润滑油压力等概念，但它们比气体压力容易理解得多，而且只要压力足够大，就可获得较好效果。

6.3.2　预分解窑系统压力的分布

　　一般讲，离排风机越近的位置负压越大，随着距离延长，负压将逐渐减小，直至降为零压。即在系统内，某台风机并不能作用到任何位置，从形成零压面，发展成零压区，就会造成风所携带的粉尘开始沉降，形成系统的工艺塌料或堵塞。

　　预分解窑主要围绕两个大排风机形成风力分布。

　　（1）主系统的气体压力分布

　　从窑尾高压风机至窑头排风机的负压分布应该是：由预热器的高负压渐变至窑尾的低负压，经窑头到篦冷机高温段与中温段的分界线为零压，然后是窑头排风机形成的负压，再由小变大。为操作需要检测的负压点有：窑尾机前负压；增湿塔进出口负压；一到五级预热器出口负压；分解炉进、出口负压；三次风管进口负压；窑尾负压；窑头负压；去煤磨烘干废气负压；进窑头收尘前、后负压；窑头排风机前负压等。

　　（2）辅助系统的气体压力分布

　　为利用窑废气的余热，生料磨与煤磨都设有排风机在其磨内形成负压，其中对于立磨为了自身用风与窑的废气量平衡，又增设循环风机。尽管如此，它们的负压也会对窑系统用风产生影响，但由于风向一致，彼此干扰不大，还能满足生料磨与煤磨运行需要。

　　压力测点主要有生料磨的磨前、后负压，煤磨的磨前、后负压，窑尾排风机的机前负压，循环风机机前负压，以及煤磨排风机机前负压等。

　　（3）窑系统压力分布的总体要求

　　系统的压力分布能否符合规律，不仅影响熟料热耗，更关系到风机电耗。对它的要求范围将与生产能力有关，以 5000t/d 的五级预热器系统为例，它的主要压力分布应该为：窑头负压，-50Pa；窑尾负压，-350Pa；一级预热器出口负压，-6000Pa；高温风机机前负压，-8000Pa。

6.3.3　各点压力值的作用及相互关系

　　两个不同位置的压力间的差值，就是该区间的压差，它也象征着该区间存在的阻力。

当该区间为某一设备的进、出口时，压差也意味着该设备对气流所拥有的阻力。显然，阻力越小，风机消耗的功率越小，越节能。如每个预热器的压差约 800Pa，此数值减小，就可省电。但有时为换取热耗的降低，反而要增加阻力、增加电耗：如在预热器旋风筒内增设内筒，就是有意牺牲电耗，加大受热后物料与气体的分离程度，减少物料在旋风筒内的循环。但此时仍要考虑内筒的尺寸与形状，尽量减少压差，以最小电耗代价换取最大的热耗降低。

风机的进出口压差，也表明在以相同风压完成相同风量输送的前提下，风机结构设计与制造的水平。若同一系统内布置有多台风机，它们各自的风压根据风机能力及风向，彼此会产生复杂影响［详见 5.3.2 节(8)］：风机功率小，相隔又远时，相互不会干扰；但功率较大的风机，尽管相距很远，同向也会省力，异向就会争风。对同一用风点采取多台风机并联或串联，更难免相互抵消。因此，同一系统多风机的布置一定要慎重，操作更需谨慎。

6.3.4 调节风压的手段

欲控制系统某处的风压，现在多采用变频技术调节某台风机电机的转速，改变风机的功率与用风量；过去则通过调节阀门开度，或增加漏风量，以改变管道阻力，令管道特性曲线随之改变，从而改变风机的工作点，即改变了风量与风压。但这种控制方式既多耗能，又不准确。

在所有窑系统的自变量中，调节喂料量就能改变用风阻力，比如增加喂料量，风压就要相应升高，风机要多耗能；需要处于悬浮状态的物料，喂料量会改变阻力而影响风速，因此要考虑气流通过的容器断面对风速改变有多大的承载能力。

另外，三次风阀开度直接影响窑内与三次风管内的阻力平衡，相关风压也会变化。篦冷机调节中的重要要求之一是平衡用风，因此，调节中更要随时关注多点负压值的变化。

应当明确，作为自变量的燃烧器调节及窑速调节，不会改变全系统的风压分布。

6.4 对烧成系统废气成分的控制

6.4.1 废气成分的来源与分析作用

废气分析是指，对煤粉燃烧后所产生的废气组成进行成分分析，以判断燃烧结果是否完全，燃烧状态是否合理，燃烧温度是否正常。

一般可将燃烧状态分成三个水平：第一种是部分煤粉未完全燃烧，废气成分中 CO 含量超标，这是最不希望的最差燃烧状态，它不仅导致 3/4 的热值无法发挥作用，而且富集的 CO 会对系统安全运行埋藏祸患；第二种虽然燃烧完全，少有 CO 产生，但氧含量却超标，说明供应空气过量，不只浪费风机电能，也为加热过剩空气而消耗热量，由于此时不会有燃爆风险，操作者常选择此种情况；第三种 CO 与 O_2 含量都低，这才是控制风、煤配比的最理想状态，系统运行既安全、又节能，这种状态需要通过废气成分仪在线检测，才能做到有效控制。

废气成分中的 NO_x 含量，要满足废气排放的环保要求。另外由于它与烧成带温度直接相关，因此可以用来判断烧成带燃烧温度，这要比观测窑电流快捷而准确。

预分解窑系统废气总出口有窑头排风与窑尾排风两个位置，但废气成分的测孔可有多个。其中有三个位置测定有指导意义：窑尾烟室、分解炉出口及一级预热器出口。它们检测出的每组数据，都能反映全系统气体成分的瞬时变化，即还原与氧化气氛的分布。表 6-1 给出了各种情况的分析与处理。

⊡ 表 6-1　窑、炉单台分析仪检测分析

检测结果			分析原因	采取对策
NO_x 含量过高	O_2 含量高	CO 含量很低	此时用煤量较大，但用风量更大，虽煤粉能燃烧完全，但熟料热耗很高，且熟料易过烧，质量并不好	应大幅减少用风量，小幅减少用煤量
		CO 含量偏高	说明煤粉过粗或水分过大，或煤、风混合不均，燃烧条件不好，但因用煤量偏多，窑内温度不低	应查煤粉质量，并尽快改善风、煤混合条件，适当减小用煤量
	O_2 含量低	CO 含量很低	说明用风量与用煤量同时高，但匹配尚好，使烧成温度过高，其结果是热耗高，熟料过烧，不利于脱硝	应同步减少用风量与用煤量
		CO 含量很高	说明用煤量偏大，烧成带温度过高，但用风量不足，有煤粉燃烧不完全	此时应立即减少用煤量
NO_x 含量不高	O_2 含量过高	CO 含量不高	此时用风量大，煤粉能完全燃烧。但过量空气致使窑内温度低，热耗高	此时应减少用风量
		CO 含量偏高	说明煤粉过粗或水分过大，或燃烧器的火焰不好，使窑内烧成温度低	应查煤粉质量变化，或调节、检查燃烧器
	O_2 含量不高	CO 含量很低	用风量、用煤量均为理想控制范围，热耗不高，质量好，且有利于脱硝	应继续保持系统稳定，可进一步要求窑电流稳定
		CO 很高	说明此时用风量少，煤粉燃烧不完全，导致熟料煅烧温度偏低	应适当增加用风量，并辅之略微减少用煤量

6.4.2　各测点废气成分的相互关系

窑尾废气与分解炉废气分别表示窑、炉煤粉燃烧后的废气成分，它们之间的检测结果没有直接关系。但是在两者都要达到理想燃烧状态时，需要调节三次风阀平衡，二次风、三次风风量就会相互牵制（表 6-2）。一级预热器出口的废气成分，将受上述两点成分的直接影响，即当窑炉有燃烧不完全时，CO、NO_x 含量变化同样在此处要反映出来。因此，环保检验多在一级预热器出口检查，只不过预热器沿程的漏风会影响含氧量，它们的浓度会变小。

⊡ 表6-2　两台废气分析仪同时监测三点废气

检测结果	分析原因	采取对策
窑、炉废气检测中，一台 O_2 含量过高，另一台 O_2 含量过低	说明窑、炉间的通风阻力已不匹配	应调节三次风阀相应位置，增加 O_2 含量过高一侧的阻力，或减少 CO 含量高一侧的阻力。不必先调节总用风量及相应用煤量
一台 CO 含量过高，另一台 CO 含量过低		
窑炉废气中 O_2 含量增大较快，一级出口废气中 O_2 含量也相应增加	说明检测点之前有严重漏风	相应现场检查漏风点，并堵漏

6.4.3　正常运行时废气成分的合理组成

烧成系统三个废气测点所测得的废气成分，只有在表6-3给出的范围内，才能证明该系统处于煤粉燃烧的最佳状态。

⊡ 表6-3　各位置废气成分的合理组成

项目	窑尾烟室	分解炉出口	一级预热器出口
CO 含量（体积）	$<0.5\times10^{-6}$	$<0.5\times10^{-6}$	$<0.01\times10^{-6}$
O_2 含量（体积）	$<2\%$	$<2\%$	$<3\%$
NO_x 含量	$200mg/m^3$	$200mg/m^3$	$200mg/m^3$

6.4.4　调节废气成分的手段

为了保证煤粉的完全燃烧，关键是要改善风、煤配比量及燃烧方式与环境。

首先要正确调节用风量使其符合用煤量的要求。除了量的配比外，还要重视风煤的混合质量：对于窑内的风煤配比，要重视对燃烧器的调节，改善煤粉与二次风的混合速度；对于分解炉的风煤配比，要重视风、煤入炉的位置与角度。

当总用风量不变时，窑的风煤配比与炉的风煤配比二者会相互影响。若二者不够协调时，必须恰当调整三次风阀开度。只有二者同时表现用风不足或用风过剩，才应调整总排风量。

第 7 章

>>>>>>

熟料四大技术经济指标的改善

　　熟料煅烧系统的运行效果往往用熟料台产、质量、热耗及运转率四大指标衡量。其中，人们更多关心台产及运转率，其次才是质量，最后是热耗。然而，就我国新型干法生产的总体水平而言，与世界先进水平相比，差距较大的恰恰是热耗，尽管台产早已达产超标。这也再一次证明，只有热耗才能准确说明操作水平，也只有抓住热耗，其他经济指标才能进一步改善（详见 1.1 节）。

7.1　如何降低熟料热耗

　　热耗是企业管理水平的关键标志性指标。在所有烧成经济指标中，它是带动企业各项经济指标前进的"牛鼻子"，也最有经济价值。事实上，企业之间管理水平的最明显差异也在热耗，要想消除此差异，就必须要花大代价、下大气力。

7.1.1　实现"一高三低"的操作要求

　　实现"一高三低"要求的操作中，每项温度都有具体的控制措施（参见文献［2］操作 101、238、256、257 题），但它们也有相同的原则要求：

　　（1）必须以能耗为第一考核指标

　　欲将企业单位熟料热耗降下来的首要前提就是，决策人要改变观念，将热耗指标放在所有考核指标的首位（详见 1.1 节、文献［1］），而不再是对单产指标穷追不舍。

　　企业在考核热耗时，关键是如何将能耗指标分解到人，除了要提高煤粉与生料的计量精度外，如果能参照各种热耗降低的标志（详见 7.1.3 节），就可以打开更多思路，比如，统计"一高三低"的实际运行时间，或废气分析的检测结果，或漏风点与漏风量。不论是瞬时值，还是累积值，完全可以比较出各班操作的实际水平，并数据化。

　　通过管理思想的提高，将目标定在追求最适宜的台产、最佳的质量获取最低的能耗。即产量与质量都在围绕能耗降低而施展，才使管理者领导的企业最有竞争力。

（2）提高原料、燃料的均质稳定程度

在生料易烧性与燃烧燃尽率不变的条件下，要想降低能耗，一定不能离开原料、燃料这两个性能的稳定程度（详见 2.1.3 节）。

（3）判断每个环节热交换效率的依据

在两个关键要素解决之后，热交换效率将起着举足轻重的作用。

预分解窑全系统由四个热交换阶段组成：预热器中热废气与冷生料的热交换，其效率主要体现在一级预热器出口温度高低；分解炉中煤粉燃烧热与欲分解生料的热交换，它的效率是看分解炉炉中温度、出口温度、五级预热器出口温度间的逐级降低；回转窑内煤粉燃烧热与预烧成生料的热交换，窑尾温度能反映效率高低；篦冷机内热熟料与冷空气的热交换，其效率主要表现在二、三次风温的高低。只要有其中一个阶段热交换不充分，必将成为全系统提高热效率的"瓶颈"。因此，上面的相关温度是衡量系统热耗的关键温度，但要准确分析和判断各阶段热交换能力，还需要综合以下各种因素判断，才可能有针对性的对策来改善和提高。

① 预热阶段热交换能力的表现　可通过如下现象判断预热器热交换能力是否充分：

a. 每级相邻预热器的出口温度彼此相差超过 80℃ 以上，说明单体预热器的能力足够。

b. 五级预热系列的一级预热器出口温度低于 300℃，说明预热器总体热交换能力理想。

c. 正常运行中，分解炉的温度已经达到分解所要求的 850℃。

如果未全部满足上述条件，除了检查旋风筒的选粉效率、生料的粒径组成范围、有无存在严重漏风及导致散热过高的因素外，还要检查各级预热器的撒料装置、内筒、翻板阀等结构细节的合理性。解决了这些问题之后，系统的热耗可以大幅降低。

② 分解阶段热交换能力的表现　分解能力不强的分解炉，会直接制约窑的熟料煅烧能力，不仅热耗难以降低，甚至会降低熟料质量。下列现象说明分解阶段的热交换效率不高：

a. 入窑分解率不高（五级预热器下料管翻板阀之上取样），仅在 90% 以内。

b. 熟料中混有夹心料 ［详见 7.2.5 节(6)］。

c. 窑不能以高窑速运行，窑速一旦增加，窑内就会窜料。

d. 炉用煤量占总用煤量比例超过 63%，分解炉出口温度高于炉中温度，窑后半部不同程度粘有窑皮，上升烟道结皮严重。

e. 分解炉出口温度高于炉中温度，而低于五级预热器出口温度的倒置现象。

影响分解效率的因素主要是风、煤、料的量与质相配状态，尤其分解炉的三次风入口、进煤点、四级下料点的相对位置与煤粉燃烧速度的匹配将至关重要（详见 5.2.2.8 节）。

③ 煅烧阶段热交换能力的表现　窑内热交换效率不高导致的煅烧能力不足主要表现在：

a. 出窑熟料有黄心料、分级料存在（详见 7.2.6 节）；

b. 没有能力控制熟料游离氧化钙在 1.5% 以下；

c. 窑头火焰燃烧速度过慢，黑火头过长，窑尾温度高于 1100℃以上；

d. 窑内热力不足，火焰无力，颜色发红、发黄而不亮白；

e. 出窑熟料温度不高，二、三次风温上不去。

提高煅烧热交换效率的关键在于燃烧器的性能与调节（详见 5.5.2 节）。

④ 冷却阶段热交换能力的表现　没有足够的冷却能力会有如下表现：

a. 由于无法完成快速冷却，红熟料大量涌出篦冷机，熟料出口温度高达 150℃以上；

b. 熟料质量低下，甚至出厂熟料强度低于出窑熟料强度；

c. 出篦冷机的废气温度高达 300℃以上，收尘器的效率及安全难以保证；

d. 因入窑二次风温低，窑的总用煤量提高。

篦冷机的结构类型及维护操作得当是决定冷却阶段的热交换能力的关键因素（详见 5.6 节）。

（4）提高每个阶段热交换效率的操作要求

为改善热交换的某项能力，除了对装备或结构进行技术改造外，操作上应做如下努力：

① 提高预热器热交换能力的操作

a. 观察各级预热器进出口的负压及其变化，防止"塌料"及堵塞情况的发生。

b. 关注各级预热器进料管中的撒料装置及位置，确保物料在管道内的分撒程度。一般情况下，进料与撒料在同侧对物料的分撒程度要优于彼此在异侧（图 7-1）。

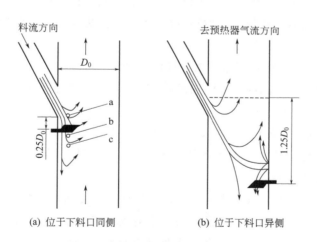

图 7-1　撒料板与下料管相对位置示意

c. 各级预热器的翻板阀摆动灵活且密封性好。

d. 防堵预热器系统各处的漏风。

e. 双列预热器要注意风、料平衡，确认一级预热器出口的四个负压及温度基本一致。

预热器自身的结构及操作的核心宗旨是，为尽量少耗电能而提高料、气分离效率，需要预热器内的风速分布合理。上述 b、c 两项是保证风速稳定的条件，应是现场巡检内容。

② 提高分解炉热交换能力的操作

a. 风煤料的入炉位置将直接影响分解炉热交换效率（详见 5.2.2.8 节）。

b. 控制窑、炉的合理用煤、用风比例［详见 5.2.3 节(3)］。

c. 入分解炉的撒料装置应有利于入炉物料的分撒程度，避免短路［详见 7.2.5 节(6)］。

③ 提高窑热交换能力的操作

a. 改善燃烧器的能力（详见 5.5 节）。

b. 确保稳定的高质量窑皮［详见 7.4.1 节(4)］。

c. 为增加物料在窑内的翻转次数保持高窑速（详见 5.7 节）。

d. 加强并稳定煤粉制备质量，合理控制煤粉水分及细度指标（详见 5.2.2.3 节、5.2.2.5 节）。

④ 提高篦冷机热交换能力的操作（详见 5.6.3 节）。

（5）在最佳工艺参数下运行

最佳工艺参数是指系统能获取最低能耗的参数，除了"一高三低"的温度指标只有更佳、没有最佳外，其他参数都有最佳参数的选择要求与操作［详见 4.3.1 节(2)］。因此，对各自变量的调节，都应各司其职（详见第 5 章），这就是对操作员的最高要求。

7.1.2 降低系统热耗的综合措施

降低系统热耗是一项系统工程，不仅要围绕"一高三低"展开，还需要实施一系列综合措施（文献［3］管理 221 题）。即操作技术上要设法提高各环节的热交换效率，而管理措施上，也必须重视如下内容：

（1）提高窑的完好运转率（详见 7.4 节）

不仅要减少窑的开停车次数，更要减少因设备带病还坚持运行的操作，这是设备维护水平影响热耗高低的两大因素。

（2）追求低热耗又不降低熟料质量的配料

① 除了关注生料配料的易烧性之外，还可使用带有热值的原料（如粉煤灰、炉渣、油页岩等），降低原煤消耗。

② 生产贝利特水泥及铝酸盐水泥，可以降低煅烧温度而节省燃料消耗。

③ 使用其他行业带有热值的废品。各行各业都蕴藏着大量难以利用的热源，如农业上的稻谷壳、汽车用过的旧轮胎、化工行业可燃废料（如废漆渣、树脂渣、有机废溶液等）等，它们均可替代化石燃料作为煅烧熟料的热源；甚至工业垃圾与生活垃圾中的热源，已能在水泥窑燃烧，不但可利用热量，还能协助处理污染，成为生态保护中不可缺少的一环。

（3）让系统稳定运行在最低能耗的喂料量上

详见 5.1.3 节。

（4）依靠技术进步是节能降耗的生命所在

预分解窑技术绝非是已经成熟发展到无须再讨论、没有任何进步余地的技术，相反它仍蕴藏着强大节能降耗的生命力。比如，高固气比的预热器系列；作为短流程烧成的超短窑技术；大型预热器的单系列化等，随着这些技术的成功推广，能耗降低都会有突破性进展。还比如，开发基于分散燃烧理论的燃烧器，不但可以减少 NO_x 的生成量，还可提高火焰温度与亮度，增加火焰对物料的辐射传热效率，提高产量、降低热耗；还有利于增加 CO_2 浓度，有利于对其捕集和封存。

（5）充分利用烧成系统无法使用的余热发电

在充分利用余热发电的概念中，包括两个含义：既不能让废气不经过锅炉短路排走，也不允许为多发电而补充任何燃料。这不仅要在设计时遵守，更要在操作中执行：不能让篦冷机高温段的热风进入锅炉发电，也不能为提高一级预热器出口温度而增加分解炉或窑头用煤量。判断遵守与执行程度的重要标志为：

① 不降低入窑的二、三次风温度 凡是余热发电系统为后来增设的，在 AQC 锅炉发电后的二、三次风温度，都不应低于未投入发电之前的温度。对于新建系统一开始就发电运行时，无法进行比较，但二、三次风温无论如何不应低于 1100℃ 及 900℃，否则就有发电与窑争夺热源之隐患。在篦冷机内增设挡墙［详见 5.6.2 节(5)］，且 AQC 锅炉取风口设在挡墙之后，可以减少它与二、三次风之间的干扰。

② 保持进入锅炉的废气温度，既不能降低，也不能过高 从窑系统对发电系统的供应基本条件看，进锅炉的废气必须为发电提供足够的热量，要求它既要有一定的量，又要具有一定的温度。

废气量取决于各风机风门开度，其中原有熟料破碎机下的收尘管道大多是接到系统收尘器进口，现在应当改为单独处理，因为它约占总排风量的 10% 以上，相当于将可用的余热短路，浪费了能供锅炉发电的余热。

废气温度取决于窑的热工制度及其稳定性，温度值过低势必影响发电量，但温度过高不但发电量不会增加（甚至会排气），而且还会直接威胁锅炉运转安全。

③ 不要谋求变相"补燃发电" 在篦冷机上选定锅炉取风口时，应该符合如下细节：

a. 锅炉取风口不应设在篦冷机高温风段，更不应设在窑门罩上；

b. 不应与煤粉烘干用风共用取风口，减少两者的互相干扰；

c. 不能从三次风管或分解炉抽取热风直接发电。

违背上述要求的任何做法，实际就是补燃炉的翻版，属于小火力发电性质。为了充分说明其不合理性，这里不妨将煤电换算系数做一比较：

根据功率定义：$1W = 1J/s$，即 $1kW = 1kJ/s$，

一度（千瓦·时）电为 $1kW·h = 1kJ/s × 3600s = 3600kJ$；

根据热功当量的换算系数：$1kcal = 4.186kJ$，

所以，$1kW·h = 3600kJ/(4.186kJ/kcal) = 860kcal$；

根据标准煤的定义，1kg 标煤的热值为 7000kcal，

所以，$1kW·h = 860kcal/(7000kcal/kg 标煤) = 0.1229kg 标煤$。

这表明每用一度电就相当于消耗 0.1229kg 标煤的热量。

为了衡量发电厂的用煤量，国家规定每 0.404kg 标煤要发一度电，即用 2828kcal

（0.404kg 标煤×7000kcal/kg 标煤）的热发一度电，这已经比理论的 0.1229kg 标煤放宽了三倍以上。由此可见，实际发电所消耗的热量要比理论用电所能转化的热量大得多，纵使能完全达到国家规定的指标，其效率不过是 0.1229/0.404＝30.4％，更何况水泥企业的低温发电效率更要低得多。

从上述计算可知，任何补燃发电都一定是浪费能量，应该尽早放弃。

上述计算也说明，"只是用了少量的煤，就能激发更多的低温热量用于发电"的说法，根本站不住脚。只因我国的发电成本与价格高，才会产生这类并不合理、也不明智的做法。

④ 正确制定发电量的考核指标　很多企业，一旦投入余热发电之后，由于发电量计量准确，就提出两项硬指标考核：月度发电量与单位熟料发电量；而单位熟料热耗，由于计量与统计的弹性，反而是软指标。这就导致操作者千方百计增加用煤量换取发电量。难怪余热发电总要扮演升高熟料单位热耗的角色。

考核发电量的正确原则是：增加发电量必须以不增加熟料热耗为前提。有的企业摸索用单位熟料煤耗的发电量，代替对单位熟料的发电量进行考核，既可以降低熟料热耗，又有利于发电。这才是水泥行业余热发电的节能希望。

（6）实现智能化操作的潜力

想要进一步提高节能效果，就要采取远高于人工控制的智能化操作，其潜在表现如下：

① 智能化不仅能提高劳动生产率，更能避免人工操作时的因人而异，杜绝各种因感情色彩及思维差异而引起的波动。在上述操作条件不变时，也能收到不足 1％的节能效果。

② 系统相对稳定本是实现自动化的基本条件，因此，加强稳定运行的主客观措施，就能使自动化操作取得的效益比不稳定运行状态的效益翻倍，能耗降低幅度也能达 2％以上。

③ 如果能配备必要的先进在线检测仪表，为电脑云计算提供大量真实可靠的现场数据，就能有助于系统及时判断运行现状，发出指令，并了解控制效果。这与不使用在线仪表控制、仅靠数学模型运算的所谓自动化相比，节能不止 1％～2％。

④ 将节能当作编程的关键目标追求，相对于以其他目标（如超产、提质）编程，能避免各种误操作理念，其能耗水平会有 3％左右的降低空间。

⑤ 将编程思维进一步细化，结合对新型水泥工艺与装备规律的深化认识，紧紧围绕各类系统的主要矛盾，针对主要核心因变量，综合运用各种自变量的控制手段，将大大提高人工选取最佳工艺参数的能力，使操作快速、准确，还可以获得至少 2％的节能效益。

将上述各项潜力叠加，扣除重叠部分，自动化节能总效果将会大于 5％，而当前已投入自动化的生产线，实现此效益者极少。这是由于企业很难同时满足上述要求，不顾条件地上线自动化，又与工艺要求脱离，机械孤立对待自动化。

（7）焚烧工业废料与生活垃圾

预分解窑焚烧废料与垃圾大多是在分解炉添加；也有少数情况是在生料配制中使用

（如粉煤灰等），当然也是从一级预热器随生料入窑；还有磨成细粉从窑头燃烧器随煤粉喷入。这取决于废料与垃圾的性质。如果要从分解炉加入，就要重视对它们的预处理，方便现场添加，而又不能在添加时向系统漏入冷空气。

一般来讲，工业废料或生活垃圾在添入系统时都是室温状态，故它们最初阶段还需要吸热，但如果它们含有热值，就会在燃烧中释放热量。因此，首先要测定这些焚烧物所具有的热值，以确定添加量，尽量减少对原工艺温度分布的影响。

7.1.3　如何确认熟料热耗降低

近年来，企业通过对标管理，开始重视热耗指标，但不少对标中，由于热耗的数据来源与方法并没有彻底解决，故对标的真实性，需要推敲或怀疑，否则对标只是形式化。

① 原、燃料进生产线必须符合均质稳定的要求。如果这点没有优势，就不可能有低于其他生产线的热耗。

② 必须重视计量设施的管理。通过盘库"拍脑袋"平衡生产数据的办法仍在行业内流行，它不利于计量工作进步，也不利于热耗的统计与考核。从当前市场上为生料及原煤所提供的计量设施看，其优秀者的计量精度已能够胜任热耗的统计，完全能将各班的煤粉用量及熟料产量计算清楚。关键是企业对计量设施的投入与管理是否到位，是否已经打破只依赖盘库统计的传统思维。

同时，其他计量仪表，如测温、测压等仪表必须齐备、准确、可靠，这是中控操作员控制系统在最佳工艺参数下运行的基本工具。

③ 系统温度分布要符合"一高三低"的特点［详见 6.2.2 节(5)］。

④ 使用废气分析仪监测。在窑尾、分解炉的出口及一级预热器出口三处分别设置不同温度等级的废气分析仪，是对窑、炉燃烧效果的最好检验（详见 6.4 节）。

⑤ 表面散热与漏风状态。除了"一高三低"要求外，降低表面散热及减少漏风都是降低热耗的重要手段，只是中控操作员无法控制，相关参数很少会在中控画面显示，此项工作应由现场巡检配合并负责，用红外测温仪将筒体主要点的表面温度定时测量记录，用分贝仪测定现场漏风噪声大小，以及排风机功率高低。这些手段都能间接反映表面散热损失及漏风量。

减少筒体表面散热的措施有：

箅冷机、预热器等固定设备的表面积大，是预分解窑散热损失的主要部位，散热损失可高达总热耗的 8%～10%，使用高级隔热材料，从最早的硅酸钙板，到现在正推广的气凝胶制品，都能减少散热量，对于外形不够规整的位置，可用轻质喷涂料直接喷涂，有效降低散热量。

为降低窑筒体散热，在过渡带不应选用导热性强的砖，比如，用硅莫红砖代替镁铝尖晶石砖，可降低表面温度 40℃。有的企业用循环水罩回收散热，满足生活用热，也是一种节能方式，但没有降低熟料热耗。

漏风危害极大，但常未被重视而处理不当〔详见 5.3.2 节(6)、文献［1］7.5 节〕。

联合使用高温废气分析仪，可以检查预热器系统的漏风。

7.2 如何提高熟料质量

关心熟料质量提高时，一定要比较为达到该质量熟料热耗的升降，这种提高才有意义。

7.2.1 优质熟料的全面含义

经窑煅烧的熟料欲有满意质量，首先应明确优质熟料的概念，唯有如此，管理人员与操作人员才会有准确的目标。毫无疑问，全面的质量概念应该为满足水泥粉磨节能及水泥的主要用户——混凝土搅拌站对水泥性能的要求（参见文献［3］管理6题）两方面。

（1）满足企业经济性的熟料质量指标

① 熟料易磨性好，能为水泥粉磨工艺降低电耗创造条件。无论是企业内的粉磨车间，还是独立经营的粉磨站，这是降低生产成本的根本需要。

② 熟料温度不应过高，粉磨前的温度应低于80℃，尤其在夏季。温度过高不仅说明熟料冷却制度不好、煅烧热耗过高，而且易在粉磨过程中造成石膏假凝。

③ 高质量熟料不是高标号的极端，更不能只追求早期强度而抛弃生产经济性，如有意提高配料饱和比及硅率，提高熟料标号，不顾煤耗增加；忽视原燃料成分的稳定控制，造成大量超标号；不问水泥与外加剂的相容性，增加外加剂消耗量。

（2）满足社会效益的熟料质量指标

① 水泥强度并不是现代混凝土对水泥质量的唯一要求，一味追求早强、高强，无非是采用高KH配料，提高水泥比表面积，但它对混凝土综合性能并没有好处。因为混凝土一定要追求高的远龄期（90天、180天、一年）强度，才能保证建筑物的耐久性及体积稳定性。

② 熟料强度应在较高标号下稳定，即降低强度的波动，减少标准偏差。因为标号波动较大的熟料，在添加混合材配比时，只能按最低标号计算，不可能发挥高标号应有的经济效益。所以，用户不会欢迎强度波动大的水泥。

③ 在同样熟料标号下，只有需水量小，才有更高的使用强度，才有利于改善水泥的需水量及泌水性，混凝土施工在满足流动度时，需水量也低。影响需水量的因素很多，烧失量是其中之一，它是水分、CO_2 等挥发失重与低价硫、铁等元素氧化增重的相抵结果。所以，除了煅烧温度以外，煅烧气氛也会影响熟料的烧失量。

④ 为了满足混凝土耐久性能及体积稳定性能，熟料中含碱量低、C_3A 含量要少，因为只有用低碱熟料，才能磨制低碱水泥，对混凝土钢筋腐蚀小，有利于建筑物长寿。

⑤ 用此熟料磨制的水泥，在配制混凝土时，要与外加剂有较高的相容性，减少外加剂使用量，并改善混凝土施工与使用性能，这是混凝土企业必须追求的经济效益。这种熟料需要低碱、C_3A 含量少，要有好的煅烧制度。

当以上熟料的各项质量要求不能全部满足时，需要突出重点要求，全面平衡得失。

7.2.2　提高熟料质量的核心宗旨

提高水泥性能是供给侧结构性改革的重要内容。但不论要提高上述什么性能，都应当从熟料煅烧的核心宗旨出发，才能不忘初衷、找准提高性能的方向。

煅烧工艺的目标就是要让原料经过高温化学反应，获取熟料的理想晶相结构，即有合理的矿物结构与组成比例，有满意的晶相、数量、形状、大小与分布，以实现用最少能耗换取熟料最高活性的目的，这正是生产优质熟料的精髓。然而，长期以来，生产中判断熟料的质量，都是瞬时取样检测立升重及游离钙，用这些熟料的非核心特征，去代替对熟料晶相组成的了解。尽管它们与熟料性能有一定相关性，但不能准确反映熟料强度与易磨性，其检验结果很难指导操作，提高熟料性能。我国从 20 世纪 50 年代起，曾借助反光显微镜做熟料岩相分析，评价煅烧质量，但因检验程序复杂，时间滞后，又是以单个熟料颗粒为样本，缺乏代表性，故对操作指导性也不强，现被大多企业弃之不用。然而，发达国家并未停止对矿物结构的检测，他们改进了岩相的取样与检验方法，采用奥诺粉末制样、X 射线粉末衍射（XRD），将其兼容进 X 荧光分析仪之后，成为 ARL8600S 水泥全分析商用机〔详见文献［1］6.10.4 节(4)〕。它可以从压制粉末样品中，分析硅酸三钙等矿物结构的结晶状态及游离钙的分布，不仅代表性强、精度高，还能通过矿物的尺寸、二次光折射率及颜色，准确反映窑内升温速率、最高煅烧温度、物料在高温带滞留时间及熟料冷却速率等工艺过程，对操作有很强的指导性。相比之下，我国水泥企业对熟料质量核心宗旨的检验过于冷漠，难怪面对熟料性能的改善常常会迷失方向。

为说明矿物组成是质量的核心宗旨，有必要分析检测熟料立升重及游离钙在质量控制方面的局限性。游离钙的局限在于它反映的是生料成分高低（详见文献［1］4.4 节），传统窑的熟料游离钙含量并不高，但比不上预分解窑的熟料质量，道理就在于此。而立升重的检测只能反映熟料的致密程度，但致密程度与强度并不成正比，预分解窑的立升重比传统窑低（1300g/L 与 1500g/L 之差），但标号却远高于传统窑（至少 5MPa），就是证明。立升重毕竟是物理特征，不能表示与熟料强度相关的矿物结构。因此，减少立升重的检测频次，甚至改为抽测，才是明智的。

7.2.3　优质熟料的操作要求

（1）优质熟料的操作原则

可以毫不含糊地说，操作只有遵循以下四项原则，熟料质量才可能优异。

① 优质熟料煅烧的工艺制度应该是"一高三快"　硅酸盐水泥优质熟料，欲满足上述质量要求，就要求其主要矿物 C_3S，不仅含量要高，而且结晶要细小、均齐。因此，在煅烧制度上有两大要求：一是要求烧成带有足够高的煅烧温度；二是要求遵循"三快"原则，即分解后的生料要快速进入烧成带、进入后要快速通过烧成带、通过后要快速冷却。实现"三快"的唯一操作手段就是提高窑内物料单位时间翻转的次数。如果说"一高"与

传统窑煅烧熟料是相同要求，"三快"则是预分解窑所具有的特性，它正是预分解窑熟料优于传统窑的根本原因之一。

"一高三快"的工艺制度与"一高三低"的温度分布规律并不是一回事，前者是创造质量优越的条件，后者是降低消耗的判断标准。但有了前者，才能实现后者；要想达到后者，必须实现前者。两者高度一致。

通过重温熟料的形成机理，会让操作者更加自觉地实施"一高三快"的热工制度：

a. 生料分解之后要快速进入烧成带，这是 CaO、SiO_2 等氧化物尽快进行化学反应的基本条件。同样形成熟料所需要的矿物组成，反应越早、速度越快，才越节约能量。

b. 完成固相反应的熟料应该尽快离开烧成带，这是为了避免形成的 C_3S 结晶发育过大，甚至出现大的 C_2S 结晶。因为这种结晶不仅导致熟料强度发挥不好，而且熟料易磨性更差。

c. 离开高温带的熟料必须快速急冷，否则，C_3S 将向 C_2S 转化，甚至发生 C_2S 的晶型转换，使熟料粉化，强度下降，尤其大的结晶很易粉化成熟料细粉。当熟料中 1mm 以下的粉料含量大于 2% 时，就会加重细粉在篦冷机与窑头之间的循环，促进"雪人"在篦冷机高温端形成，加大窑头收尘负担。

现代熟料烧成理念要求，在足够高的烧成温度下，缩短物料在窑内的停留时间，才能获取优质熟料。

操作上只要实现较高窑速，就可以满足"三快"要求。预分解技术已经为提高窑速提供了可能，通过增加物料翻转次数提高传热效率，使熟料形成的矿物及结粒趋于均质。

预分解窑的熟料质量之所以普遍高于其他窑型，其关键原因正是它的转速可以提高到 3r/min 以上。超短窑（长径比 11～12）将生料在窑内的停留时间又进一步缩短，仍能获得理想的矿物组成及易磨性，再次证明了提高窑速的正确和必要。有人担心超短窑的物料在窑内停留时间太短，会降低熟料质量，甚至跑生料。但事实证明，带预分解的短窑与长窑操作基本一致，如果相同的原燃料及烧成温度在长窑能烧出优质熟料，则短窑更能。

② 正确对待"一高三快"与游离氧化钙的关系　无数事实说明，"一高三快"的操作要求，比游离氧化钙对熟料质量的影响更大，在配料等条件都符合要求时，只要操作实现"一高三快"，不但游离钙合格，熟料的综合性能还更好；反之，即便游离钙合格，只要违背"一高三快"，熟料性能也不一定好。目前大多数企业对游离钙的控制与考核方法（详见文献 [1] 4.4 节），导致操作人员死盯在合格率上，一旦偏高，操作就会与提高质量背道而驰，如降低窑速或降低配料成分等，以应付合格率。

细究起来，对于稳定运行的窑，偶尔的游离钙不合格并不是窑操责任，而是生料或原煤成分不稳，或喂料量、喂煤量不稳所导致的。因此，用游离钙考核配料人员及负责矿石、生料、煤粉稳定的岗位，会更适，能提高他们的责任心，合格率就会随标准偏差小而提高。

③ 彻底消除各类塌料及窑皮频繁脱落　由于塌料，或窑内大量大块窑皮掉落，不仅直接掺入熟料影响质量，而且它恶化了窑的工艺制度，彻底破坏"一高三快"，熟料质量

波动而变差。因此，谁都认为要尽力制止，但并不是谁都能明白具体的塌料种类及防治方法，尤其游离钙无法控制时，必须找到背后的原因［详见 7.4.2 节(3)］。

对于频繁掉落的小量窑皮，不应该认为是正常现象，窑皮不仅不利于熟料质量，还不利于窑内衬砖寿命。应从增强系统稳定程度方向努力［详见 7.4.1 节(4)］。

④ 注意火焰燃烧气氛及高硫组分　这不仅是易形成黄心料的条件（详见文献［1］4.7 节），而且还原气氛易导致烧失量增加（＞0.5%）等不利现象。

（2）贯彻"一高三快"的操作要求

① 实现稳定的高窑速运转　满足"一高"要求的操作确有技术含量，而实现"三快"，则只要转换操作理念，从理论上坚信高窑速有利于熟料质量提高，实践会相当容易（详见 5.7 节及文献［1］5.12 节）。

在"三快"中的第三快，即熟料快速急冷，除了高窑速外，还要求缩短窑内冷却带，并正确操作篦冷机（详见 5.6 节），显然其中的技术含量也不低。

② 控制适宜的最高烧成温度　"一高"是指窑内最高烧成温度应该足够高，操作者只有正确运用自变量的调节手段，才能有最高烧成温度的综合效果（详见 5.1～5.6 节）。

能否合理控制最高烧成温度（详见文献［1］5.8 节），将成为检验操作者水平与能力的重要标志。最高烧成温度低，无法烧制出优质熟料；但最高烧成温度过高，不仅要多用燃料，还要损伤窑内耐火衬料与窑皮，而且得到死烧的熟料，质量并不好。

其中的关键技术是调整并控制强有力的火焰，它涉及煤粉与空气的混合状态、燃烧器自身的调节以及煤粉燃烧条件等方面。如果火焰或长而无力，或短而急促，甚至不稳定、变形，都表明燃烧器并未调好，特别是在过分追求低游离钙时，总想采用过硬火焰。

根据设计的熟料矿物组成，可根据经验公式计算合理的煅烧温度（详见文献［1］4.5.3 节）；要想落实此温度，应该采用高温成像测温仪（7.2.3 节④e）。

③ 重视提高二次风温度　凡二次风温度不高的系统，"一高三快"的煅烧制度就会打折扣。换言之，凡是不重视二次风温度提高并稳定的生产线，不仅热耗会高，而且很难获得优质熟料。因为，没有足够的二次风温，就不能提高火焰燃烧速度，也表明熟料冷却速率小。可以说，高的二次风温是实施"一高三快"熟料冷却速率的必要条件。但千万不能误认为二次风温不高，是受窑内煅烧温度不高所牵连，过去传统窑没有篦冷机，只要窑内煅烧温度够高，也能烧好熟料，但二次风温是靠单筒、多筒冷却机获取，最多不过 400℃，导致了热耗升高。

为提高二次风温度，必须满足如下操作要求

a. 篦冷机要遵循加快熟料冷却原则的操作（详见 5.6 节）。

b. 重视系统正确用风的操作（详见 5.3 节）。

c. 合理分配窑、炉用煤用风的操作（详见 5.4 节）。

④ 强化对"一高三快"热工制度的检验与考核　多数企业对"一高三快"煅烧制度的关心程度，远不如对游离钙，这与检验、考核制度有关。目前，窑内煅烧温度只凭窑主电机电流判断；"三快"虽可从窑速反映，但熟料的具体矿物组成 C_3S 的量与结晶大小并无从得知。为了提高"一高三快"的执行力度及效果，应该增加如下数项检测手段：

a. 配备高性能的窑尾高温废气分析仪（参见文献［4］10.4 节）。通过该分析仪对 NO_x 检测，便可直接反馈出最高烧成温度，并建立此参数趋势图，既可成为操作员的操作依据，也可判断操作员的操作水平。

b. 定期检测 C_3S，用以指导调整控制配料。国内大多企业只是将 C_3S 含量作为配料的计算依据，并用以分析熟料质量，而无法判断实际生产的熟料 C_3S 含量是否与之相符，又是否稳定。国外采用奥诺粉末岩相分析法，完全可以反映熟料的最高烧成温度（一高）、高温段升温速率（一快）、熟料在高温带滞留时间（二快）及冷却速率（三快），是对"一高三快"操作制度的最好检查，有志于提高熟料质量者应该大胆尝试。购置设备、瞬时取样，并测定标准偏差，观察煅烧制度的波动情况。

c. 重视二、三次风温的监测，为此，应关注热电偶的测点及准确性。并将其测定结果与稳定程度作为操作技能的考核指标。

d. 熟料外观可以反映系统结构、火焰状态、气氛等各种异常状况，技术人员应当密切观察，尤其操作员接班前后应当去现场检查，了解上一班煅烧制度是否符合"一高三快"，确定本班需要采取的措施（详见 7.2.4 节及文献［1］4.7 节）。

e. 使用高温成像监测系统测定窑内火焰温度，为操作者提供窑内多点最高烧成温度（详见文献［4］10.2.4 节）。国内也开始制造该仪表，且已有企业使用。

为了更加形象地描述"一高三快"，要求熟料煅烧也应高温且快速，不妨借用"爆炒"的烹调术语，只有爆炒，熟料才会"外焦里嫩"，而不能慢火"炖"，或文火"煨"。这是实现优质熟料的操作秘诀。

7.2.4 违背"一高三快"的各种操作

现场经常可以见到如下违背"一高三快"的操作：

（1）频繁小幅调节窑速

详见 5.7.4 节（2）。

（2）追求过低的游离氧化钙含量

人们曾明确提出控制过低游离氧化钙的不当，原行业相关标准"只有上限、没有下限"的要求，实在是"耗能高、质量差"的诱因（详见文献［1］4.4 节）。

"不该过低控制"与"无法过低控制"完全是两回事：前者是主动能力，是强调预分解窑虽有能力更低控制游离钙，只是为优化操作而不为；而后者则是被动无奈，过去的传统窑想降低游离钙，并不那么容易。但预分解窑完全具备较强的煅烧能力，游离钙很容易低，否则，一定是生料成分过高或火焰温度不够，应该立即解决。

（3）不会判断与调节火焰形状

在很多生产线中，提高火焰的燃烧速度与温度成了难题：不是火焰无力发散，就是火焰变化无常。既有燃烧器与燃煤不相配合、调节不当的可能（详见 5.5 节），也有煤质不够均质稳定的可能（详见 2.1.3 节）。

有人提倡用提高窑内风量的办法延长烧成带，认为增加窑内通风后，可避免窑内还原气氛，减少热生料中挥发组分的循环含量，有利于提高熟料强度，特别是后期强度。此处窑内用风不考虑与用煤量匹配，火焰温度也不取决于燃烧器性能，不仅不顾提高窑尾温度会增加热耗，而且不使用窑尾废气分析仪也会导致氧含量过剩热耗上升。显然这是熟料质量与节能降耗对立的典型操作。

千万不要误认为"短焰急烧"（详见 5.5.3 节）就是"一高三快"，只有实施"薄料快转"（详见 5.7.2 节），并避免大喂料量与高填充率，才可避免这种火焰。

（4）不能避免窑内结圈

因为窑内只要有前、后圈存在，不论程度如何，都会延长物料在窑内停留的时间，既难进入烧成带，也难离开烧成带。这种熟料从外观看粒径尺寸相差都很大，更谈不上矿物的结晶均齐。因此，消除窑内各种结圈，是执行"一高三快"的前提。

7.2.5　生产优质熟料的企业环境

为了生产优质熟料，操作人员应满足 7.2.3 节所述的操作要求，企业管理者则要创造如下外部条件，它们无法被操作所控制。

（1）原燃料成分的均质稳定

详见 2.1.3 节。

（2）选定最佳配料方案

选定配料方案时要考虑：同时重视原料、燃料两方面的成分变化；从形成熟料的相应矿物（包括所含的微量成分或有害元素）的物理结构及化学反应活性出发；充分考虑其他行业的废渣、废料所含成分对生产、设备以及水泥质量的影响。

最佳配料考虑的重点有三方面：

① 硅酸三钙的比例与实现（详见文献 [1] 4.5 节）。

② 三率值的确定原则与技巧。配料的三率值决定了熟料的矿物组成和生产工艺参数，因此，企业应根据当地原、燃料特点和窑炉的热工状况进行选择：努力提高硅酸盐矿物（C_3S+C_2S）含量在 75% 以上，并适当提高其中 C_3S 含量，适当降低 C_3A 含量，提高 C_4AF 含量。

设计配料的原则是：对于同一品种水泥，生料易烧性越好（与大于 $45\mu m$ 的 f-SiO_2 含量、烧成制度及液相量、液相性质等有关），生料与燃料的喂入量与成分稳定性越好，装备的可靠程度与自动化程度越高，就可偏高选定配料的 KH、SM 率值（详见文献 [3] 管理 26～28 题）。

配料方案也影响着生料的易烧性：KH 与 SM 都高，生料难烧，AM 与 SM 呈同步增加，易烧性可不变，如 SM 值高达 2.8 时，AM 值要提高到 1.7（详见文献 [2] 操作 39、40 题）。

计算熟料易烧性指数的公式为 BF＝LSF＋10SM－3（氧化镁＋碱），如何更大幅度提高熟料强度，而降低损失易烧性，配料是有诀窍的。比如将熟料 KH 由 0.91 提高到 0.92，LSF 由 94 增加到 95 左右的方案，与将 SM 由 2.7 提高到 2.8 的方案相比，易烧性指数 BF 都提高了 1.0。但前一方案中熟料 C_3S 将由 60％ 提高到 62.2％，后一方案却只由 60％ 提高到 60.5％。由此可见，提高 KH 更有利于增加熟料强度，而较少影响熟料易烧性。

配料中不能忽视液相黏度对硅酸三钙形成的影响，而液相黏度又随温度与组成（包括少量氧化物）变化，这就是铝率 IM 对熟料煅烧和熟料强度所起的作用。

Al_2O_3 含量越高，熟料的液相量及液相黏度都会提高；而 Fe_2O_3 含量越高，液相黏度就会下降。因此，选择适当的 IM 值，将直接影响熟料强度。某公司将 IM＞1.60 改为 IM 处于 1.50～1.57 之间时，煅烧条件大为改善，窑后不再结圈，窑内也不易产生料球，熟料出窑也不堆"雪人"，粒径均齐。同时，将 KH 值提高至 0.940 时，游离钙几乎全部小于 2.0％，熟料三天强度可达 28.5～31.5MPa。

液相黏度还与几种元素的共存有关。当 $MgO-R_2O-SO_3$ 复合存在时，R_2O 含量增加，黏度值增加较大，不利于结粒。SO_3 含量增加，黏度值降低，但 SO_3 的黏度值较 R_2O 低得多，因此 R_2O、SO_3 均存在时，MgO 含量增加，液相黏度大大降低，有利于结粒。

③ 控制合理硫碱比。由于预分解窑排出废气温度都应低于 350℃，有害元素的富集对熟料质量的影响及如何克服就成为操作中必须面对的问题（详见文献 [1] 4.6 节、文献 [2] 操作 43、44 题）。

有些企业实践中摸索出一些相当成功的措施，比如当原料中碱含量偏高时，加入适量含硫较多的煤矸石，就可以有效降低碱的不利循环，将碱成分尽快通过熟料带出。同时为了避免熟料的后期强度降低，在混合材的使用上考虑掺入矿渣，确保 28 天强度不受影响。

（3）控制熟料中的有害成分钾、钠、氯

碱含量过高时，熟料早期强度高，28 天强度偏低，凝结时间短，活性较差。为了努力提高 28 天抗压强度，只好大幅降低细度、提高比表面积，这又必将导致大幅提高 3 天强度，使水泥需水量、水化热高，混凝土早期裂缝频繁出现，使耐久性不理想。

当碱含量高于 0.6％ 时，会与活性骨料发生碱集料反应，水泥抗裂性将明显下降，为此，必须降低碱含量。虽然，发生碱集料反应要同时满足三个条件：足够的碱含量、足够数量的碱活性骨料以及有水分存在。但是，为了预防这种对混凝土有严重破坏的反应发生，不管是否使用活性骨料，必须将水泥中碱含量减到最低。为了满足低碱水泥生产的要求，当石灰石等矿物带入碱量过大时，必须采取旁路放风技术，而且收集放风带出的灰粉不能简单加入水泥磨充当混合材，否则碱含量又会重返水泥。国内目前对低碱要求已经提高，应该积极采用此技术获得的成果（详见 7.4.2 节、文献 [3] 管理 551 题）。

氯离子是导致钢筋锈蚀的主要原因，会过早破坏混凝土结构，同样应该有上限要求。

（4）高镁石灰石对质量的影响

氧化镁可以来源于石灰石中硅酸镁、白云石、菱镁矿、铁白云石等不同类型矿物成分。

① 它们有利于熟料形成和结粒，也有利于 C_3S 的生成，还能改善熟料色泽。

② 镁对熟料的不利影响是：直接降低熟料强度；造成熟料安定性不良；煅烧中对熟料粒径有较大影响。

③ 缓和高镁原料不利影响的对策

a. 矿山开采调控石灰石质量，指导矿山开采的石灰石中氧化镁含量在合理范围内波动。

b. 做好生料配料和均化工作。当生料中氧化镁含量较高且易烧性较好、SiO_2 的易磨性好且生料细，碱含量与硫含量对液相黏度影响不大时，C_2S 有利于与氧化钙结合生成 C_3S，则 SM 值可提高至 3.00 以上，在生产过程中粒径均齐，f-CaO 含量较低，熟料强度较高。

当生料中镁含量较高但易烧性较差、SiO_2 的易磨性差使生料变粗，并且原料中带入的碱含量较高时，对液相黏度影响较大，不利于液相内的 C_2S 与 f-CaO 结合生成 C_3S。

c. 控制合适的液相量、液相表面张力、液相黏度。由于液相量严重影响熟料结粒，在计算液相量时，应注意氧化镁超过 2% 时的校正系数，还应考虑碱含量的因素。

此时中控操作应保证窑内足够用风，避免窑内用煤过量，使窑头温度过高，或形成还原气氛，更要坚持熟料急冷的操作。

（5）减少生产过程中对生料成分的干扰

① 减少均化堆场、配料库、生料库离析现象的干扰［详见 8.1.2 节(1)、9.1.2 节(1)①、10.1.2 节(1)①］。

② 开停生料磨会改变窑灰的吸收量，从而影响入窑成分［详见 5.1.2 节(1)］。

③ 稳定窑灰入库或做他用，更不应直接入窑。

（6）消除少量生料未经分解短路入窑

少量生料未经分解入窑，是熟料出现夹心料的根本原因。这种劣质熟料，是预分解窑所特有，只是程度不同，但不及时治理，对质量威胁程度不可小视。对此原因众说纷纭。不少人认为：生料中有提前出现液相的成分，使生料未进入高温带就被液相所包裹。还有人认为是烧成温度不够所致。甚至一些人认为 90% 以上的窑，都难免有这类熟料，即无须治理。如果此原因正确，只要更换配料或提高煅烧温度便可解决。但事实却表明，这类夹心料量会随窑的运行年限而增多，而且其量也不稳定，说明它与操作不当或某个部位的磨损有关。实际这是一种变相塌料或短路在作怪，是"少数生料未进分解炉而直接掉入窑内"（详见文献［2］操作 206 题），但导致短路入窑的原因很多，现罗列如下，供分析、参考。

① 某处管道直径不合理，上升烟道直径变大，上升气流速度变小，来自四级的物料不可能完全进入分解炉。

② 三次风用风过大，或窑尾高温风机总排风量变小（或突发漏风），都可使窑内风量变少，窑尾的上升烟道内废气风速过低，也会让部分物料直接入窑。

③ 对有预燃室的分解炉，物料从预燃室向分解炉通过的斜坡不平滑，中部有向上突起的平台，使部分生料扬起冲入窑内。

④ 入分解炉的四级下料管道角度过陡，物料入炉的冲力过大，使部分物料掉落入窑。

⑤ 各级撒料板的形状、角度及位置设计不合理，或被磨损，从而影响物料进入上升烟道的分散程度，不仅改变传热效果，而且也影响物料是否能被上升气流托起。

⑥ 耐火砖砌筑及浇注料成型导致后窑口下料斜坡不能使物料以均齐的坡度下滑。它们的烧蚀及磨损也会改变管道的尺寸，影响管道风速的变化。

⑦ 预热器下部翻板阀灵活不漏风，内筒完整且无变形，关系到预热器的气料分离效率，可使尽量多的物料按照指定流程通过而不走短路等。

⑧ 预热器系统中不能有存灰死角。比如，各下料位置应当光滑无不同斜率的斜坡，如窑尾"舌头"、三次风管的进风口斜坡等处。

（7）窑的机械与电气质量

① 设计窑速的正常范围及相关参数的选用（详见5.7节）。

② 克服引起窑内塌料所存在的结构性故障［详见7.4.2节(3)］。

③ 选用高性能燃烧器（详见5.5节、文献［4］3.1.7节）。

④ 先进的仪表配备（详见3.4.3节）。

7.2.6　几种外观异常熟料质量与防治

（1）黄心料

详见文献［1］4.7节。

（2）夹心料

所谓夹心料是指熟料外表与普通熟料并无差异，只是结粒偏大，砸开后会发现内部是白灰色、烧失量不大的生料［详见7.2.5节(6)］。

（3）飞砂料

详见文献［2］操作篇207题。

（4）分级料

当熟料粒径极不均齐而能分成级时，有如下几种可能：生料与煤粉的成分不是均质稳定；短焰急烧的火焰形状形成窑内温差较大；氧化镁对液相量、液相表面张力、液相黏度等性质的影响［详见7.2.5节(4)］；窑内有各类结圈。熟料粒径差异越大，说明这些现象越发严重。此时熟料质量肯定不好。

（5）变色料

某企业不同时间出窑的熟料颜色深浅变化不一，导致此水泥的混凝土颜色犹如迷彩服。很多专家都以为与烧成制度不稳有关，甚至说有还原气氛，虽然这是生成黄心料的理由，但不应该变色。经过仔细分析，问题还是出在石灰石矿山的多点搭配上，由于取样方法不具有代表性［详见3.5.2节(2)例1］，搭配的石灰石成分并不均衡。只是修改取样方法，正确指导了搭配效果，入厂石灰石成分与熟料煅烧就被稳定住，虽窑内操作制度丝毫未变，变色料却随之消失。

7.3　如何提高熟料的台时产量

绝大多数生产线的台时产量都能乐观完成，这是因为设计中就打足了10%的富余量，以便验收。但奇怪的是，如此高产量下，所设计的热耗指标却很少有达到的。因此，在讨论提产措施时，应当首先顾及热耗是否升高，这才是企业与社会都需要达到的目标。

7.3.1　提高窑熟料单产的原则

企业长期生活在产量就是最大目标、视产量作为第一任务的卖方市场中，迫使他们常常为提高单产而牺牲质量、不顾消耗、降低完好运转率，却忽视了效益最大化才是企业的基本生存条件。

（1）增产要与提高质量一致

既有利于提高窑的产量，也有利于提高熟料质量的操作如下：

① 保持原燃料成分的均质稳定（详见 2.1.1 节）。

② 坚持"一高三快"的工艺制度［详见 7.2.3 节(1)］。该制度不仅是生产高性能熟料的需要，也是提高产量的要求。还可以这样理解，当依靠加快窑速提产已经没有潜力时（详见 5.7 节），再增加产量就要增加窑的填充率，此时就需要验证熟料的矿物结构，是否会因违背"一高三快"而损失质量。

所有相关操作都应满足"一高三快"的要求。如为提高二、三次风温度，需要正确控制系统用风量（详见 5.3 节）；合理配置窑、炉的煤、风比例（详见 5.4 节）；正确调节燃烧器（详见 5.5 节）；篦冷机的正确操作（详见 5.6 节）等。

③ 在配料方案上，提高生料易烧性有时会与增加熟料强度发生矛盾，因此必须慎重，既不能只为提高产量而牺牲质量，也不能一味强调质量而不顾产量与消耗。

（2）不能以降低完好运转率为代价

大多企业严禁设备在超负荷下运行，避免加重设备的磨损与折旧，从而降低运转率，减少总产量。但为了总产量，管理者却常常从现实出发，在设备已明显带病时，居然能想出各种拖延运转的措施。其实，这时牺牲质量与消耗，企业会蒙受更多隐性损失。

上述两个原则大多企业都能遵守，但下面这个原则却常被忽略。

（3）不应与降低热耗背道而驰

任何生产系统绝不是台产越高、能耗越低越好（详见文献［1］2.2 节），管理者与操作者的责任就是要找到最低能耗、熟料标号最高时的产量。

有些企业已经认识到不顾一切提高产量的害处，对操作员下达了喂料量的上限，这是管理意识的进步。但是确定具体上限的根据更重要，如果是以获得单位热耗最低为依据，这才是更高的管理水准。该目标需要实践摸索并证实，一旦确定的产量，就是最佳产量，此时各项运行参数，正是需要苦苦追求的最佳参数。

为此，确定最高台产时必须考虑如下要求：

① 设备的机电负荷额定值。每台设备的电机、减速机都有额定功率，不应该超负荷运行。

② 最大热负荷的允许值。窑内及分解炉都有热源，设计的热负荷不应突破，否则，窑、炉衬砖寿命将大幅缩短。

③ 追求熟料热耗最低 ［详见 5.6.2(3)］。

④ 不降低熟料强度。即窑能有足够的最高烧成温度，又能保持运行稳定。

7.3.2 窑的随机台产应当稳定

窑的随机单位时间产量并不是给定的喂料量不变，就能稳定。不仅是喂料系统中存在若干不稳定因素 ［详见 5.1.2 节(4)~(6)］，而且生料入窑后仍存在很多因素，使出窑随机熟料台产有很大波动 ［详见 5.6.2 节(3)］。

只要入窑提升机电流能控制在 1A 以内，就能说明入窑前干扰料量稳定的因素已基本被控制；如果能让窑内工艺制度（包括火焰）稳定，则干扰出窑熟料稳定的因素也可以被大幅降低。因此，窑的产量稳定程度，确实能从侧面反映企业管理水平的高低。

7.3.3 准确计量熟料的台产

（1）准确计量熟料的意义

熟料直接计量一直是水泥行业生产中的难点和空白，而大宗散状物料的盘库并不准确，使得大多企业每月的熟料台产有莫名波动。企业无法准确掌握熟料当月的料耗、热耗、电耗，无法准确计算月生产成本，也很难评价操作与管理的改善或退步。按这种计量方法去考核员工，根本不能激励他们争取企业效益最大化的积极性。

（2）熟料准确计量的措施

① 准确计量生料用量　在下料量相对稳定的前提下，通过在线标定生料下料量，核对它与入窑提升机电流的对应关系。在一定时间内，提升机电流波动范围在 2A 以内，且返库溜子不漏料，就可以将出库生料计量设施的显示值当作实际入窑的生料量。

② 准确计算熟料的料耗　只要配料不变，收尘灰的处理方式与收尘状态不变，熟料的生料消耗量就不能改变，应该根据生料烧失量、煤灰掺入量、收尘灰量及排放损失计算理论与实际料耗。该值不应为适应盘库误差而随意调整。

③ 正确纠正熟料盘库偏差　缩小盘库误差固然重要 （详见文献 ［1］ 10.2 节），但是，正确处理计算结果与盘库存在的偏差，不如按以下措施查找与纠正，更为实际：

a. 每月发生盘库与计量的小量盈亏，只做记录而无须急于调整。

b. 当某料库放空时，不论是否在月末，应立即与该库的账面数据核对，以判断计量设施的真实误差。

c. 计量人员要确保计量设施的累计误差应在计量仪表保证的误差之内，他们对较大误差负有责任。

d. 大胆试用熟料秤可能会有代价，但直接计量获得的好处会更大。

7.3.4 合理提高台产的途径

（1）降低能耗是提高台产的最佳途径

在论证熟料单产与热耗的相互关系时，曾强调高产是否合理，要用单位热耗是否降低来验证，而且还有进一步的关系，只有先降低产品热耗，才有利于提高单产（详见文献［1］2.2.6 节）。

有人认为降能耗，只是降低成本，与提产无关。将降低能耗与提高产量割裂开来，结果反而使企业失去正确提产的途径。为了使更多人能清楚降耗有利于增产的道理，有必要将提产操作手段划分为有利降耗与不利降耗两类：

① 有利降耗的提产手段有：配料合理与稳定；降低单位熟料风量消耗量；窑、炉分工合理；调整出优良火焰；提高篦冷机效率（详见 2.1 节、5.3～5.6 节）。

② 不利降耗的提产手段是：

a. 超过预热、分解、煅烧及冷却四个热交换阶段中的任一能力时的提产［详见 7.1.1 节(3)］。

b. 用风过大时的提产（详见 5.3.5 节）。

c. 增大煤粉用量的提产［详见 5.2.4 节(1)②］。

从上述对比的手段中可以得出的结论恰恰是，单位产品能耗作为生产指标，完全能准确反映企业的装备水平与人员素质！这是对企业效益有深远影响的，能使操作员有意识地积极创造节能而提产，坚决回避不顾一切地提产反而增大能耗。

（2）找出制约台产提高的瓶颈，并进行必要的技术改造

国内大多预分解窑的实际台产都高于设计能力 10% 以上，如果还想进一步挖掘潜力，就应该对全系统的预热能力、分解能力、煅烧能力及冷却能力分别分析。

这种分析中还要分规模能力（既有额定热负荷，也有额定功率）及热交换能力两个概念，前者高不一定后者就大，如有的预热器容积很大，但由于某些环节没有处理好，热交换效率并不高。而且前者已为设计定局，后者却可由操作极小的局部整改改善。为此，在对两种能力的分析中，更应该关注有操作因素影响的热交换能力［详见 7.1.1 节(3)］。

当烧成过程某个阶段的规模能力或热交换效率成为瓶颈时，应该对局部装备容量进行扩大或提高热交换效率，以收到发挥其他各阶段规模潜力之功效。只有在分析之后，并对症实施，才会发现，通过降低热耗去提高单产才是正路。

对于较高的设计水平，一个系统各阶段的能力基本平衡，但具体某条生产线，也会发生局部能力受限的可能，审查全厂能力可以确定企业改造的方向（详见文献［1］13.6 节）。

（3）紧抓原燃料稳定不放

从原燃料进厂开始，就创造稳定的生产条件，这才是实现高产的根本（详见 2.1.1 节）。

7.4　如何提高窑的完好运转率

只有提高窑的完好运转率，窑的其他三项经济指标——能耗、熟料质量、产量才会进一步改善；反之，这三项指标的改善，又有利于提高完好运转率，尤其是消耗指标。

在强令统一错峰生产的大环境下，讨论运转率的完好更有必要，因为可以充分利用错峰停产时间技改与维修，为设备无故障运行创造条件。更何况所有增加耗能的对策，并不宜于环保，不会继续延续。

为提高窑的完好运转率有如下五方面要求：延长窑衬的安全运转周期；防止出现各类工艺故障；改善机电设备性能；提高排除隐患能力；科学开停车。

7.4.1　延长窑耐火衬料安全运转周期

窑炉衬料的运转寿命，也是衡量窑综合管理水平的内容之一，它涉及窑耐火衬料的采购与保管、窑炉的砌筑以及运转操作等要求。

（1）购置高性价比的窑衬

窑耐火衬料的类型较多，合理配置不同类型的耐火砖及耐火混凝土，不仅能使各使用部位的周期长而经济，而且不同部位衬料的更换周期应为整倍数，以能统一检修周期，减少停窑次数与时间。

① 耐火砖种配置的推荐原则　窑内选配的耐火砖品种，要考虑承受各位置的温度及气氛等要求，并保证一年以上寿命。

窑内耐火砖使用寿命最短的区段，通常在后过渡带，即烧成带后部，目前多选用镁铁尖晶石砖、镁铝尖晶石砖、硅莫砖等。

高温带应使用镁铝砖、镁钙砖、镁铁砖、镁锆砖，逐渐代替严重污染环境的镁铬砖。其中镁铁复合尖晶石砖为国内新开发产品，容易粘挂上窑皮，使用寿命可在一年以上（详见文献［4］7.4节）。

距窑尾20m的窑衬，可选用镁锆砖，或抗剥落砖。

前、后窑口使用少量耐火浇注料。窑门罩顶部及窑尾烟室上半部使用耐火喷涂料。

② 耐火混凝土的选用　耐火混凝土按施工方法有浇注料及喷涂料之分。浇注料作为不定形耐火材料，因适合各种外形容器施工而应用广泛。只要喷涂料厂商有足够现场服务能力，喷涂料会发挥明显优势（详见文献［4］7.6节），它在磨损不严重的位置，与浇注料的应用可彼此交相辉映。

③ 耐火胶泥的使用　在需要湿砌时，耐火泥的关键质量在于高温下不仅不能有收缩，而且要耐高温耐磨，不能使砖缝成为烧蚀或磨损的薄弱环节（详见文献［4］7.4.1节）。

④ 选购高性价比窑衬（详见文献［4］7.4节）　其中的关键要求是：外形尺寸严格（偏差<1mm），表面平整度好（扭曲度<0.5mm）。

（2）加强耐火材料的保管

耐火材料的保管与运输对使用寿命有不可低估的作用。没有砖库的企业，非常不利于某些砖种、浇注料的保管，且保管时间不宜过长。运输耐火砖应该采用机械搬运，既可提高效率，又避免损坏。一车四用的国产拆砖机，便可运输（详见文献［4］7.4.2节）。

（3）筑炉技术的核心要求

耐火材料供货商应提供详细的砌筑说明书，不论是自己施工，还是请专业筑炉公司，都不应忽视如下环节：

① 耐火砖表面及砖缝要求

a. 耐火砖环向（纵缝）间隙留足膨胀量。高温下炉体与衬料都要膨胀，为使热膨胀不对耐火砖产生应力，砌筑中必须考虑耐火材料的热膨胀量。砌筑中砖之间需加厚度均等的钢板。膨胀缝尺寸取决于不同部位、不同砖的线膨胀率和线膨胀量。

b. 耐火砖纵向（环缝）间隙留足膨胀量。对高温区耐火砖，应采取干法"环镶"，每行砖之间留够均匀环缝。1400℃时镁铬砖、尖晶石砖的膨胀率均可按 1.6％估算。长198mm 的砖膨胀量为 3.17mm，理论上，环缝不可小于 3.0mm，另外砖的端面贴有2.6～3.0mm 纸板，因此实际平均环缝在 3.5～4.0mm，不同砖种，不同缝宽，要精密计算。为防止烘窑时纸板烧掉后，砖膨胀尚未到最大值，除了遵守"慢升温不回头"的热工制度外，纸板可换用燃点高的纤维板等材质。

同样，过渡带的尖晶石质材料在 1200℃的膨胀率为 1.2％～1.3％，净膨胀量为2.8mm，贴纸板仍有必要。拆砖时会发现上、下过渡带不贴纸板的砖都表现出挤压剥落，剥落量可达 50％，严重者几乎全部爆头或断裂，由此可见，考虑热膨胀因素是必要的。

c. 表面平整无凸台，张紧适宜砖缝均匀。施工中应掌握环向张紧力适宜，张紧度不够会导致整圈砖坍落，但张紧过度会导致环向接口砖纵向炸裂，反而缩短砖的使用周期。

② 备有专用接口与插头砖，厚度为原厚度的 2/3 或 3/4，尽量少切砖；如果切砖，留下部分不得少于原尺寸的 2/3。

③ 后过渡带耐火砖要用耐火泥湿法砌筑。因为此处不结窑皮，为防止腐蚀性气体渗过砖缝腐蚀筒体钢板，导致筒体钢板产生开裂或扭曲。

④ 耐火浇注料施工要注意掺水量、支模、振捣及养护四个环节，尤其要一丝不苟地做到时时、处处控制低水灰比。

⑤ 部分更换新砖时，准确掌握残砖能与其他部位同步检修。如临时性挖补，四周的残砖至少有 60％残存，且无损伤、裂纹。

（4）操作中重视保护窑皮

① 窑皮的作用 以前的看火工都流传：爱护窑皮要像爱护自己的眼睛一样。这是因为窑耐火砖上只有挂牢高质量窑皮，作为传热的主要媒介之一，才有了高温煅烧的能力。不仅保证熟料质量，也有向物料传热的能力，提高热交换效率，稳定窑内烧成制度，保证窑衬长期安全运转。

② 高质量窑皮的标准 具备如下条件才能称为高质量窑皮：

a. 能与耐火砖牢固黏结为一体，在拆除旧砖时可以观察到这种结合程度。它是砖表面刚产生液相，近似熔融的生料就在上面滚过，形成了窑皮，它能满足最高煅烧温度的要求。

b. 长短适宜。过短窑皮，不利于熟料产量；过长窑皮，表明火焰高温区不集中，窑皮也不会牢固。它与火焰形状有关，也与物料和砖的特性有关，为此，要选择能力强的燃烧器并正确调节（详见5.5 节）、选择合理的耐火砖品种与生料配料方案。

③ 窑皮形成的过程与机理 当耐火砖表面具有一定温度、一定黏性后，遇到进入烧成带、并具有一定液相的生料时，就与转到物料下面的耐火砖表面黏结。而此时的耐火砖不再接受火焰高温辐射，反而还要将已有的蓄热向盖在上面的物料释放，于是料与砖便开始黏附凝固，形成了薄窑皮；黏有薄窑皮的砖仍要随窑旋转，重新被火焰直接辐射，但由

于窑速足够快，窑皮与气体温差不可能过大，新窑皮不但未被烧蚀，而且很快又转到新的生料下面，继续结挂新的窑皮；如此周而复始，窑皮逐渐变厚，筒体向外散热减少，当窑皮表面温度升到一定程度后，窑皮就不会增厚。此时只要能稳定地控制火焰温度，窑衬表面温度就会相对稳定，窑皮的厚薄就是一种动态平衡。

从此分析中，可以看到影响窑皮形成的因素有：

a. 生料化学成分。窑皮形成是从液相变为固相的过程，生料煅烧时的液相量对窑皮形成非常重要。液相量多，容易形成窑皮，但也容易脱落；液相量少，形成窑皮困难，而一旦形成，就比较坚固。只要不轻易改变生料成分，既易形成窑皮，又易保住窑皮。

b. 火焰与衬砖表面温度。火焰温度过低，生料与衬砖表面出现的液相量过少，不易形成窑皮；过高，高于衬砖表面与生料液相的凝固温度，窑皮会脱落，衬砖会烧蚀。要想形成窑皮，衬砖表面温度就应保持在液相凝固温度附近。另外衬砖表面温度直接受到火焰温度、火焰形状及筒体表面散热的影响。在火焰温度不变时，火焰形状直接影响砖的表面温度，太短、太急和太粗的火焰会侵蚀窑皮，长火焰虽有利于窑皮形成，但温度偏低形成的窑皮也易脱落。

c. 耐火砖的成分。不同的耐火砖会拥有不同的挂窑皮能力，它的表面形成的液相黏度不同，与生料成分相互融合的温度也不同，当然形成窑皮的牢固度也不会一样。

④ 挂牢窑皮的方法 投料过程必须满足高温挂窑皮的条件，才能获得高质量窑皮。否则，它非常易脱落，在以后的煅烧中再重新挂窑皮，加快了耐火砖的烧蚀。

为实现高温挂窑皮，系统状态必须同时符合如下条件：

a. 要求窑内四点的温度同时达到：高温带砖表面开始有液相出现，约1300℃；窑尾温度近1000℃；分解炉温度850℃；一级预热器出口温度300℃。为实现此理想温度分布，要求操作果断准确（详见文献［1］3.3节、3.4节）。

b. 生料已由提升机送到窑快速切换阀处投料，十秒钟便可到达一级预热器入口。

c. 分解炉煤粉已在分解炉内燃烧并能控制。

d. 窑高温风机已经启动，并开到正常用风的1/2。

e. 窑的转速已在3r/min下运行。

值得提醒的是，如果升温时间过长，不应忽视窑内存留的煤灰。它可降低熟料KH，导致SM降低，IM升高，易与投入的生料在窑中结成软的黏性大块，掉落到篦冷机成为"雪人"。因此，点火升温阶段严格按升温曲线，提升窑速让煤灰从窑头排出。对于使用无烟煤的窑，点火采用高热值烟煤，经济上反而合算，只是煤粉制备的操作要略多操心。

与上述要求相悖的投料法——慢窑速投料，它的致命缺点是不敢、也不能在高温下挂窑皮，最初形成的窑皮，很难与窑砖牢固黏结，必将缩短砖的寿命。只有将窑速从1r/min提高到3r/min，耐火砖每层挂的窑皮，从60s缩短为20s，此窑皮才能均齐而牢固。其关键在于掌握火候。

不少人曾总结过多种投料方法，如"高温保料""预打慢车"及"低温快速"等，都是担心投料过程中炉温过高、翻板阀过热卡死，引起烧结堵塞，主张窑速稍快（1.5r/min）、拉风要大的低温工艺制度。有人干脆提出"低温投料法"。还有人在窑尾温度接近

800℃左右时，向窑内喂入少量生料（几十吨），以防窑砖温度过高受损。之所以不敢同时满足上述五个条件，实现高温挂窑皮，关键在于投料前需增加风机排风量，选用的阀门类型（两路电动截止阀）动作时间过长，至少一分钟才能有料喂入，导致热风被抽走、温度后移、烧成带早已失去挂窑皮的温度。于是，才有放弃预分解优势的各种操作，让全部或部分石灰石分解移到窑内进行。有人还担心，分解炉先点火，易发生结皮堵塞，但实践证明，只要控制住分解温度，生料能及时到达，就不会有这类故障。

⑤ 稳定窑皮的热工制度　谁都知道，窑内每一次长、落窑皮，都是对耐火砖的一次烧蚀。为让运行中尽量减少窑皮的长、落，就要满足如下要求：

a. 保持稳定的高窑速（详见 5.7.2 节）。

b. 生料及原煤成分波动要小，尤其中心值要少变动。确保窑皮成分稳定，也有利于火焰温度稳定。不要以为投料时生料成分低一些，有利于挂窑皮，实际上只要生料成分一变，煅烧温度就会改变，老窑皮与新成分难以结合，就很容易脱落。

c. 火焰形状与高温点控制要好，燃烧器不要轻易调节，更不能扫窑皮。

d. 减少窑的开停次数。预分解窑全套耐火砖中，只要高温带耐火砖挂牢窑皮，后过渡带就是最薄弱环节，原因除了有料球的可能磨损外，就在于此处窑皮的频繁长、落。

（5）减少机械应力对砖的危害

回转窑在旋转中会产生机械应力，必将危害耐火材料的耐久性，不同的运行状况，会对耐火砖产生不同的机械应力，一旦超过耐火砖所能承受的负荷，砖就会损坏。

机械应力大致可分为如下几类：

① 窑椭圆变形带来的应力　窑筒体、衬砖、物料在共同重力作用下，又经受较高的热负荷，筒体的圆形截面必然成为椭圆形（详见文献 [2] 操作 474 题）。当窑筒体转动时，椭圆形的筒体外形也在改变，从而对圆环砌筑的耐火砖产生机械应力，椭圆度越大应力越大。虽然轮带和筒体间设计有间隙，可在窑运行中适宜调整，对筒体应力变形起到缓冲作用，但长期运转后，窑筒体仍会有椭圆形变，致使衬砖遭受椭圆度应力。按照窑每转一周，砖要承受 4 次椭圆剪切应力计算，耐火砖半年所受剪切应力达 360 万次，使每环砖在切线方向上剥落呈疲劳性环状损坏，残砖上可表现出厚度均匀、坚硬的剥片。

椭圆率的允许基准值分上、下限，与窑直径呈直线关系（图 7-2），上、下限之间为理想范围。上限值是耐火砖对荷重或间隙使窑变形损伤允许的最大值，超过它就意味耐火砖将易破损。下限值是指间隙不足，窑筒体易产生轮带夹紧现象所允许的最小值。

椭圆率与椭圆度的计算关系为，

$$椭圆率 = 椭圆度/窑的有效内径 \times 100\%$$

式中，椭圆度是窑最大直径与最小直径的差。

合理的椭圆度要控制在窑外径的 1/10 以内。若没有筒体测试仪，可以通过轮带与筒体的相对滑动（滑移量）和间隙，测算椭圆度。

实践表明，砖的损耗速度与热窑椭圆率有相关关系，其近似公式的计算结果表明：热窑椭圆率的允许值控制在 0.42% 以下时，砖为 1 年运转周期；控制在 0.78% 以下时，砖则为半年运转周期。对于高温烧成区域，此处的椭圆度增大不利于形成稳定窑皮，并引起

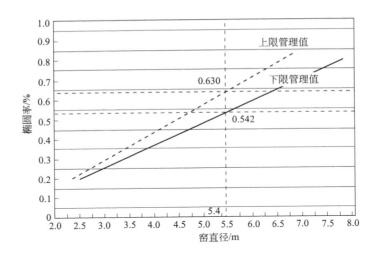

图 7-2　窑的椭圆率管理值与窑直径关系

砖的损耗，可见严格控制此处椭圆率十分必要。

要掌握运转时的轮带滑移量，并根据滑移量控制椭圆率变化。同时要确认滑移量与筒体椭圆率测定仪实测值的关系。最好每两个月测定一次，最少大修前测定一次，用以指导维修。

更有必要定期测定热窑椭圆度，这样不仅有利于椭圆率的实测值≥0.6%、轮带滑移量≥30～50mm 时，及时调整垫板高度，而且能有助于掌握窑的机械状况，更加准确地制定窑维修计划。

另外，要重视采用加强筋或加大筒体钢板厚度，以增强窑的刚性，使椭圆率接近理想范围，即 0.4%～0.6%。万万不能为降低投资，牺牲窑的刚度。

② 窑体偏心带来的应力　安装或切割更换窑筒体时，是在常温下完成的定心，而运转后有热负荷和荷重发生，因此窑筒体中心就会发生偏移：如果中心偏移不大，仍可正常运行。

相对大直径的轮带，回转窑筒体细长，最初各个支点的回转圆心位于同一条直线上。准确定心后的筒体扭曲量最小，荷重也均匀分布于各个支点上；但长时间运转后，托轮、轮带发生磨损，又得不到及时修正，窑体肯定会发生偏心。此时，连接各支点的转动圆心，其垂直或水平方向，都不在一条直线上，筒体有较大扭曲和变形，施加在砖上的机械应力就要增加，就会减少砖的使用寿命。

偏心转动的窑带来一系列损害，不仅使砖承受挤压力，且轴瓦也易烧损，托轮、轮带表面发生剥离或裂缝，大小齿轮产生振动或缺损。因此，窑的偏心不能超过 3mm，而且是在热窑时定心准确，上述弊病便可避免。

③ 窑轴向膨胀的挤压应力　回转窑设计有 3.0%～4.0% 的斜度，在砖转到窑上方时，它就会有脱离筒体的倾向，此时是靠砖拱与窑皮，砖才未抽出。窑的倾角越大，越不利于

窑皮稳定，也不利于砖的稳定。

　　为防止砖挤压剥落，应严格遵循筑炉中的技术要求［详见本节(3)］。

7.4.2　各类工艺故障的产生与排除

　　（1）有害元素结皮的防治

　　有害成分循环富集，即产生循环富集性结皮，这种结皮的结构疏松、容易清除，虽对生产影响不大，但会增加工人劳动强度，且破坏稳定运行，进而影响系统用风阻力及窑、炉平衡，严重时会造成预热器的结皮性堵塞（详见文献［1］5.2.1）而停窑处理。

　　国外专家研究了氯硫含量比对预热器结皮的影响规律（图 7-3），因此，只要能控制含量富集在 2% 以内，就可避免对生产的威胁。

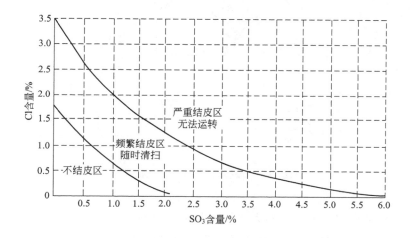

图 7-3　氯硫含量比对预热器结皮的影响

　　从富集原因及影响程度出发，如下方法可防治结皮：

　　① 配料中注重合理的硫碱比。

　　② 通过温度控制改变有害元素的冷凝位置。只要窑尾缩口或某级预热器锥体的温度不足以让有害元素富集在此处，结皮就不会在此形成。实践证明，只要改变下料点或减少漏风，改变温度控制，缩口处的严重结皮就可迁移至窑内。

　　在结构设计上，尽量缩短后窑口上升烟道的高度，有利于减少循环富集性结皮。

　　③ 确保窑内氧化气氛，减小硫的挥发量。窑内 SO_2 一方面主要来自 $CaSO_4$ 的热分解，另一方面来自硫酸盐与煤粉中的碳反应：

$$CaSO_4 \longrightarrow CaO + SO_2 + 1/2O_2$$
$$K_2SO_4 + C \longrightarrow K_2O + SO_2 + CO$$
$$CaSO_4 + C \longrightarrow CaO + SO_2 + CO$$

　　试验表明，保持窑内氧含量大于 4%，或避免煤粉未燃尽现象，使硫化物与 C 无接触机会，SO_2 的挥发量就会降低。换言之，只要窑内排风足够，就会减少窑尾结皮发生。

除此之外，硫化物在窑内停留时间长及烧成温度高，都有助于 SO_2 增加而形成结皮。因此，操作上提高窑速、控制烧成温度都是正确的。

④ 处理结皮的措施。在易结皮位置使用抗结皮浇注料，或改变结皮点的工艺温度，是主动消除结皮的办法；而在易出现结皮的位置安装空气炮，或购置高压水枪等，都是对结皮无奈的被动处理。在各种处理方案中，日本的旁路除氯系统较为简洁（图 7-4），它不仅可以将含氯较多的细粉从生产线上抽出，而且还将分离出的细粉作为混合材生产水泥，彻底避免对环境重新污染。

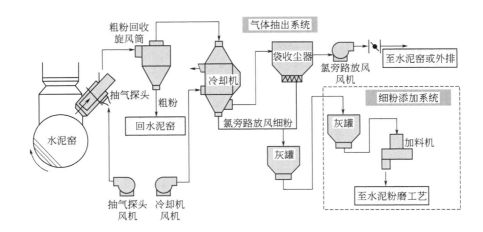

图 7-4　旁路除氯系统的工艺流程

⑤ 降低硫对结皮的影响。日本太平洋水泥公司开发了 TCS 系统（图 7-5）用于抑制或回避由于硫的富集在窑尾、上升烟道及下部旋风筒的结皮。其主要机理是将二级预热器中准确取出的定量物料，经过专用的管道直接送入窑尾，使此处局部温度下降，气流中的低熔点盐类化合物的凝结与固化提前开始，并附着于物料上，而不会随气流出窑，从而避免了在窑缩口以上部位发生结皮。

（2）烧结性结皮的防治

煤粉在分解炉不完全燃烧，而延后至上升烟道或窑尾燃烧即形成烧结性结皮，其结构致密、硬度很大、很难清除，给生产带来极大不利影响。分解炉中未燃尽的煤粉，细粉随气流进入四级预热器，有条件燃烧后，成为一级预热器出口温度高的原因之一；粗粉入五级预热器及窑，遇到空气后继续燃烧，造成局部高温处产生液相，当系统温度波动，或遇到漏入冷风后，这些液相就凝结硬化成结构致密的结皮。它们往往层理清晰，就像树的年轮一样，黏结性强，极其坚硬。

烧结性结皮的有害成分很高，尤其五级预热器及烟道中有害成分循环富集最重。正是它们的存在，生料才在较低温度（1000～1200℃）下早早出现液相，形成烧结性结皮。如果入窑生料的成分波动还大，就会形成层状结皮。

消除烧结性结皮的根本出路在于提高分解炉煤粉燃尽率［详见 5.2.3 节（3）、5.4.2

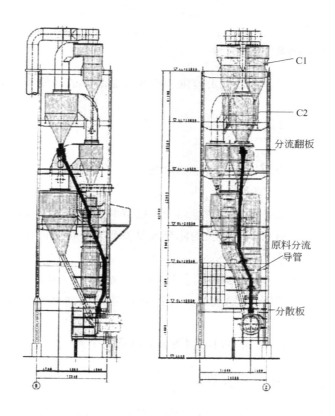

图 7-5　TCS 系统

节(1)]。

（3）预热器堵塞与塌料的防治

预热器堵塞虽种类较多，但由于原因及预防措施从设计阶段就已经贯彻得当，所以大多数生产线上已基本消失（详见文献［1］4.2 节）。

根据多年预分解窑的运行经历，塌料有大、小之分。大塌料是由于设计结构使物料在各级预热器变速下沉积，风速变化后存料冲下，对系统稳定影响较大，经过设计上的改进，目前已经少见；而小塌料（也称生料短路）是指部分生料在入分解炉前，直入窑内，由于操作中反应不明显，始终未得到重视，但已威胁到熟料质量［详见 7.2.5 节(6)］。

（4）窑内结圈的防治

详见文献［1］7.1 节。

（5）防止结圈及后窑口漏料

详见文献［1］7.1 节。

（6）处理大球与大块窑皮

遇有使窑骤然降温的大量窑皮、窜料与大球等异常情况，操作可参照大幅塌料的情况处理［详见 5.1.4 节(4)，5.6.4 节(3)]。

（7）篦冷机"雪人""红河"与喷煤管"蜡烛"的防治

只要及时发现此类故障，一般不会造成停窑（详见文献［1］7.3 节）。

7.4.3 提高机电设备完好运转率

该内容已经超出中控操作员的职责范围，但完好运转率的高低直接影响操作环境与条件，因此，简述如下。

（1）坚持选购高性价比装备

详见文献［4］。

（2）建立以排除隐患为中心的系统维护体制

详见文献［1］第 8 章、第 9 章。

在新型干法水泥生产设备运行状态监测中，已有利用巡检仪及物联网技术的尝试（详见文献［4］12.1），可以对设备运行中的隐患及早发现，并可协助管理人员分析原因。

（3）提高装备的润滑水平

① 建立专职润滑队伍（详见文献［1］11.5.1，文献［3］管理 488 题），对于重点大型减速机与液压站，应使用在线滤油机，并配备快速检验油品的仪器［详见 12.4.1 节（3）①］。

② 合理选用润滑油的等级及专门的润滑装置（详见文献［2］操作 410～435 题）。

7.4.4 主要设备异常状态的处理

当设备维护水平较低时，不仅是带病运转，需应对各种设备异常状态的处理（详见文献［1］12.2.5 节表 12.2.3），而且会造成设备事故的突发，需要操作人员能正确快速反应，最大程度降低意外事故的损失。

这里只讨论常见的几种情况：

（1）全生产线断电

在夏季雷雨季节容易发生此类事故。此时最重要的是立即用手动阀门切断生料库下料，并手动将各大风机风门关闭；将一级预热器人孔门或点火排风孔打开；与此同时将窑的传动改为辅传，尽快启动备用电源，或柴油发电机，定时对回转窑进行定位翻转，避免长时间固定位置造成窑筒体弯曲。如果没有应急发电机，可采用拖拉机、卷扬机或人力推动"绞杠"强制翻窑。关键是在窑为热态时，窑翻转一次的间隔时间不得长于半小时，而且每次翻窑停下的位置与翻转之前恰好相差 180°。

待电源恢复后，立即用辅助传动电机启动窑旋转。启动高温风机；并根据窑内温度从窑头喂入煤粉，直到改为主传后仍能快速运转时，才能重新投料；投料前应该用压缩风对各级预热器清吹，防止有存料引起堵塞。

（2）电脑突然死机

中控室操作主机画面信号全无，数据框全黑就为死机。如果数分钟之内计算机恢复运行，操作员可以不进行任何操作。如果一时难以排除死机，操作员就应当与现场人员到现场将喂料系统与给煤系统断电，关闭相应风机风门。在停止喂料后，要对各级预热器用压缩风吹扫或用空气炮清扫。

与此同时，自动化技术人员应检查中控主机下位机网络连接状态，同时由电工检查现场与主机上位机的连接：PLC 模块工作状态（特别是 NOE 网络连接模块），光纤转换器接口通信状态，网线连接情况。一般会有以下三方面故障出现：

① 下位机 NOE 模块有问题，PLC 内原程序也有问题。

② DCS 工程师站，集线器（不是交换机）有故障。

③ 下位机 NOE 模块的故障引起 DCS 站集线器数据传输拥挤。

上述三个问题既可单独出现，也可同时发生，需要逐个确认排除：

① 重要元件要留有备件，比如：USB 鼠标、USB 键盘、测试网络连接的工具、交换机等。

② 要定时测试电脑、硬盘的使用寿命，网线是否有破损，正常情况下 CPU 的使用情况。

③ 及时备份下位机程序，特别是检修或大修之前。

④ 应用交换机替换集线器。

⑤ 数据库应经常备份，最好有自动备份，出现问题可及时还原。

（3）高温风机跳停

迅速止料，并立即将生料进入一级预热器的闸阀关死，避免热风返回烧坏斜槽帆布。止料后，可打开一级预热器顶部排风口。

迅速打慢窑速至 1r/min 以内，甚至启动辅传。

尽快减少煤粉喂入量，并停止分解炉的喂煤，再视窑内煤粉燃烧情况及窑内温度，最后停止向窑头用煤。

（4）喂煤粉系统窜煤或断煤

详见 5.2.2.5～5.2.2.8 节。

（5）生料喂入量失控

① 生料库内生料含水量大于 1% 时，或生料内含有较粗颗粒的杂质，都会使库下回转锁风阀失效。处理方法除了减少进入水分及杂质的可能外，应在库下出料选购无动力卸料的太极锥装置（参见文献［4］1.4.5 节），消除库内填料、人工清库的可能。

② 喂料小仓料量的阀门开度控制失灵［详见 5.1.2 节（5）、（6）］。

③ 生料计量秤精度不够，重新采购性价比高的计量秤（参见文献［4］10.1 节）。

（6）其他机械与电气故障

详见文献［2］操作 363～644 题。

7.4.5　开、停窑操作

回转窑的生产时间从开始投料到止料为止，所以，要提高运转率，就应当尽量缩短为投料准备的时间及正确操作止料。为此，应当有如下操作要求：

（1）升温过程

投料前升温初期可将一级预热器顶部风门打开，设计没有此风门时，可打开一级人孔门；各级预热器人孔门等处关闭不能漏风；此时可以不用开启高温风机，用以节电。

升温过程必须遵守升温曲线（详见文献［1］6.4.3节），从窑筒体受热后对砖有可能施加各种应力的角度考虑，也必须重视升温速率［详见7.4.1节(5)］。

点火后要不断监视轮带与筒体温度，以及轮带滑移量。升温速率要考虑砖的热端与冷端的均衡膨胀，包括筒体的膨胀量，需要足够时间的恒温，避免温度差过大产生的应力。

在窑升温与异常情况时，会在窑筒体外用风冷却，甚至强冷，此时一定要注意筒体发生紧缩卡紧的可能。任何时候对筒体冷却都要强调均匀，避免窑冷热不均产生应力。不仅是沿窑的轴向，而且窑整周的径向，冷却也要均匀，目前轴流风机的风冷不可能均匀，窑速越慢，窑筒体就越无法得到均匀受冷；若用水冷，还会产生大的温差。因此，对350℃以下的筒体，尤其升温过程，不用风定位强冷，才最为可靠，既可节电，又可节煤。

（2）投料要求

无论是投料、还是止料都要求不能拖泥带水，即投料时不能有小的"料头"，为完成此要求，在生料回库与入窑的三通处应选用快速切断阀控制（参见文献［1］6.3节）。

对于新窑衬砖，正确投料实际是要求高质量挂牢窑皮（详见文献［1］6.4节）。对于仍有原窑皮的投料，要求升温速率要慢，保护旧窑皮，逐渐升温［详见7.4.1节(4)］。

早期设计的离线分解炉，已证实运行效果并无优越性，投料程序也复杂，理应技改淘汰。

（3）止料要求

与投料过程的要求一样，只有用快速切断阀，才可以避免止料的拖延，否则，最后的少量"料根"会黏结在预热器某高温部位，为重新投料带来隐患。

根据止料的原因不同，具体操作也有不同：

① 非计划止料　各种影响窑正常运行的设备故障及工艺故障难以运行排除时，都应该立即止料，这种止料都属于非计划止料，它又分止火与不完全止火两种类型。

凡四小时之内能排除的故障，可以采取间断给火的保温方式；

a. 采用给火保温方式时，要注意给火前必须通知现场操作人员处于安全位置，而且给火的间隔时间不宜过长，否则会造成窑内温度的大幅度波动，不仅伤害砖与窑皮，而且会有煤粉爆燃现象，不利于安全。给火的加煤量应适宜并稳定。

与此同时，为防止烟煤在仓内自燃，在仓的中部应设置测温元件及下限报警温度（<60℃）。如果发现温度上升，应自动或人工开启CO_2气瓶，将其自上而下喷入仓内。

b. 若是需更长时间方能排除的故障，应尽可能排空煤粉仓，采取止火慢冷方式。需要彻底止火时，可以根据需要检修的部位及检修内容，利用现场风机及人孔门，有意漏入冷风加快此处局部冷却。如只在篦冷机内检修，可以打开窑门，开大头排风机及相关鼓风机开度；为检修分解炉，可开大窑尾高温风机，打开窑尾人孔门，降低分解炉温度，而对窑内保温等。

② 相应的保温措施　临时停窑后，要同时做好窑无关部位的保温（也可视为慢冷），其次才是及时停掉一些辅机设备。为做好窑保温工作，要求操作迅速而安全，力求做到如

下几点：

　　a. 立即停磨，避免生料磨用风造成窑内热量更多损失，并停止余热发电；

　　b. 及时改用一次风机的事故风机，冷却窑头煤管；

　　c. 窑筒体仅用辅助传动间隔时间盘动，防止窑筒体变形；

　　d. 可大幅调低篦冷机篦速，大幅关小高温段冷却风机风门，关停低温段风机；

　　e. 在关闭系统高温风机同时，根据需要打开烟室及分解炉清灰孔、检修门。

上述措施是为缩短停窑检修及重新升温的时间，降低油、煤消耗，尽快恢复投料。

　　③ 计划止料　在计划检修，因停电、停水及原料、市场等需要停窑之前，应事先计划止料。止料时应该注意如下环节：

　　清空煤粉仓内煤粉，对无检修任务的煤粉仓，无烟煤虽可存放，但这种煤粉并不利于重新点火时使用。因此，具体止料，应在煤粉仓用完煤粉、窑内生料全部烧成之时。

　　止料后立即用压缩空气吹扫预热器内各处，不能只满足用空气炮打，以防止积料黏结，威胁进入检修的人员安全。

　　如果停窑是为更换窑衬，可以加快全窑冷却速度。如不换窑衬，可减慢冷却速度，尽量少伤害衬砖及窑皮。

7.5　烧成系统不正常案例的解析

　　本节将以几类带病运行的案例，结合所介绍的各单项操作手法及必要条件，通过解析，针对各类生产线的弊病，提出切合实际的改进建议。这有如医学在研究人体各器官功能之后，面对可能的疾病，通过全面体检，综合评价体质，开出一份保健咨询报告一样。

　　窑的高效运行，必然要遵循共同特点；而异常状态的窑，却是各有不同原因。但经过归纳，可以有如下几种典型病况。

7.5.1　温度后移型

　　（1）异常特征

　　同时具备以下几个特征即属于温度后移型（图 7-6）：窑内火焰黑火头长；窑头温度偏低，窑前有冷却带；二次风温低于 1000℃；过渡带筒体扫描温度变高；窑尾温度高于 1100℃；一级预热器出口温度高于 350℃。

　　（2）导致原因

　　① 燃烧器推力不足，一次风的出口风速不高，致使煤粉燃烧速度慢。燃烧器本身性能不高，或调节不到位，伸入窑内较多，或轴流风过大，火焰偏长。

　　② 窑、炉用风比例失调，窑内用风过大，相对分解炉用风不足，炉内煤粉燃烧不充分，会伴有炉温与五级预热器出口温度倒挂。

　　③ 篦冷机用风不当，头排拉风过大或不足，使得二、三次风温不高。

　　④ 煤粉水分含量过高，煤粉燃烧速度慢。

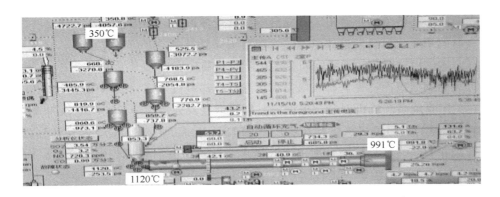

图 7-6　温度后移型预分解窑实况摄像

（3）不利影响

窑后部易结皮，甚至结圈；熟料冷却速度变慢，难以提高二次风温度，且熟料标号降低；严重时前窑口易形成前圈。

（4）解决途径

调节燃烧器，火焰不要过长，加强旋流风，燃烧器位置应向窑外移，增加一次风机风量，提高煤粉燃烧速度，让高温区向窑前移（详见 5.5 节）。

提高三次风闸阀开度，或减小窑尾排风机开度（包括增加煤烘干用风或发电锅炉用风），使窑内拉风减小；纠正发电用风取自篦冷机高温段的操作（详见 5.6 节）。

7.5.2　头排不足型

（1）异常特征

反映窑头排风机能力不足的具体表现有：窑头常出现正压；出系统的熟料温度高于 150℃；头排的废气温度不高，无冷风漏入的情况下，低于 250℃；且二次风温因为混入了篦冷机中低温废气，而无法高于 1000℃，三次风温更低；中、低温段用风加不上去（图 7-7）。

（2）导致原因

凡是导致窑头拉风不足的原因，都可造成此类工况：

① 头排风机原设计能力不足，或在低温余热发电改造后，系统阻力增加，风机的风压表现不够。

② 风机前的阻力过大，比如因为袋式收尘袋子堵住或变形，或风机前的收尘管道有严重漏风，或管道连接过于粗糙，阻力增加过大。

③ 篦冷机中、低温段鼓入冷风过多，且篦下风室漏风严重，使二次风温难以提高。

④ 三次风管漏风较多，导致应当入炉的高温热风拉不进去，使分解炉用风不足，其出口温度会与五级预热器出口温度倒挂。

⑤ 有意限制头排风机用量的各种倾向。如冷风门不当打开、向熟料过度喷入冷水等。

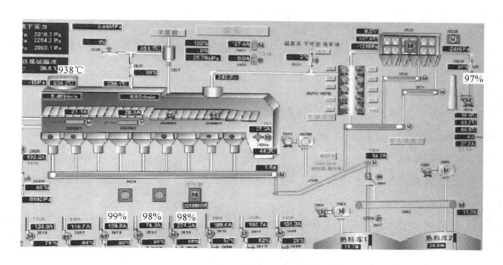

图 7-7　头排不足型预分解窑实况摄像

（3）不利影响

影响熟料的快速冷却，由此而导致熟料强度不高，同时窑的热耗难以降低。

（4）解决途径

有针对性地更换能力大的风机；设法减少漏风；操作中要重视各个风机用风的匹配，头排用风要恰到好处，既不过大，也不过小（详见 5.3 节）。

7.5.3　尾排不足型

（1）异常特征

窑头易出现正压，如果靠加大头排风机用风形成窑头负压，则火焰变形；二、三次风入窑量减小，二、三次风温升高困难；会不断发生小型塌料；窑内会出现还原气氛，熟料内会有黄心料、夹心生料存在，游离氧化钙经常偏高。

（2）导致原因

① 产量过高，使窑尾高温风机已较大超过原设计用风量，致使系统拉风不够。

② 从窑尾至预热器系统漏风严重，高温风机浪费大量动力。

③ 头排用风过量也会导致高温风机显得力不从心，两个风机的作用相互抵消。

（3）不利影响

熟料热耗增高；同时，影响熟料冷却速度，熟料质量降低。

（4）解决途径

正确控制喂料量，要选择在最低能耗下的最佳喂料量（详见 5.1.3 节）。

增加窑尾高温风机的实际抽力，严格消除系统漏风（详见 5.3 节）。

通过前后准确用风，控制系统的零压面在篦冷机高温区与中温区的交界面上。

7.5.4 熟料未冷型

该类型虽与上两种类型（头排不足、尾排不足）有很多相似之处，但是造成的原因以及解决办法并不一样。

（1）异常特征

最明显的表征是熟料出系统时为红色，温度可达 200℃ 以上。篦冷机内温度极高，伴随头排风机入口温度也会较高。同时，二次风温却在 1100℃ 以内。

（2）导致原因

① 产量过高是导致这类"病症"的普遍原因，此时产量已经明显超过篦冷机热交换能力。

② 篦冷机热交换能力不足，或高压冷风很难进入篦板上方，或篦速与料层厚度控制不当，或两者配合不好。包括鼓风机力量不足，或篦板及篦下风室漏料、向外漏风严重。

③ 系统窑尾高温风机表现能力不足，无法使篦冷机高温段的热风及时入窑；或头排风机不足，无法将中、低温段的废气顺畅排出。

④ 操作不当，窑内火焰不好，或生料成分不稳定，熟料粒径不均齐，入篦冷机后的离析现象严重，熟料料面红河现象严重。篦速控制不当，过快或过慢都会导致红料出来。

（3）危害效果

热耗大量升高，熟料成本激增。熟料标号因冷却速度不够而降低。

篦冷机与后续的熟料输送设备、收尘器与风机，甚至水泥粉磨都会面对过高熟料温度的威胁，而不得安宁。

（4）解决途径

此时千万不应只为保证后续设备安全，以喷水或开冷风门等简单手段处理。如果此时二、三次风温已经很高，则应立即减少喂料量，如果二、三次风温仍在 1100℃ 以下，则表明上述导致原因中后三项中必有其一，或有其二、或其三。应当逐项排除解决（详见 5.6 节）。

7.5.5 炉温倒挂型

（1）异常特征

五级预热器出口温度高于分解炉出口温度，与此同时，分解炉出口温度高于炉中温度。温度差越大，倒挂的程度越大，说明病态越严重。甚至影响窑尾温度升高，窑后形成结圈。与此同时，也不排除一级预热器出口温度过高的可能。

（2）导致原因

根本原因在于分解炉内煤粉的燃烧速度慢，在炉内无法完全燃烧，其关键原因往往不是分解炉容积所限，不是煤粉在分解炉内停留的时间不够，而可能是如下原因所致：

① 煤粉量与三次风量相配不好。当煤多风少时，CO 含量偏高，部分煤粉在出炉后才有条件燃烧。

② 无烟煤粉的易燃性不好，煤质中挥发分含量较低，燃烧速度不够，热值不高。

③ 因三次风温过低，或喷煤口与三次风的进口位置或方向不适宜，使煤、风不能尽快混合，使煤粉燃烧条件不好。

④ 分解炉的喷煤点与四级预热器的下料点相关位置很重要，煤粉在未燃烧前被生料混入，煤粉与氧气充分燃烧的空间不足，仍难以燃烧完全。

（3）危害效果

这种状态极易导致五级预热器出口温度，甚至窑尾温度提升，结皮现象趋于严重；细煤粉将会向上级预热器燃烧，容易使预热器系列温度变高，增加热耗。

（4）解决途径

① 平衡窑与炉的用煤量，尤其是炉用煤量不宜超过总用量的 63％，过多容易造成煤粉的不完全燃烧或后部结皮。与此同时，还应关注窑、炉用风量的对应平衡（详见5.4 节）。

② 检查下料点、给煤点及进风口的位置，应该与煤质的燃烧速度相适应。

③ 实践证明，分解炉内无须使用三风道燃烧器。当煤与风不能充分混合时，或煤的燃烧速度慢时，可改变风、煤、料入炉的位置与风向，也可尝试新型不需要喷入冷风的燃烧器。

7.5.6　料煤不稳型

（1）异常特征

具体表现是：窑内生料量忽大忽小，分解炉温度与窑内温度忽低忽高，窑尾 CO 含量忽大忽小，窑内火焰忽明忽暗，熟料粒径忽粗忽细，篦冷机料层忽厚忽薄，二次风温忽涨忽落。煅烧熟料似乎是按批次进行，熟料游离钙含量难以控制，难有平整窑皮，窑操作员动作频繁。

只要对喂料量、生料成分、喂煤量及煤粉成分四个控制目标不予以重视，任何窑都有可能表现出难以控制的波动。有的生产线只表现其中一两个控制目标不稳定，这已经给窑的稳定运行带来了严重的副作用，而有的生产线居然四项都不能稳定，可想而知，这种窑的各项经济指标一定是一塌糊涂。

（2）导致原因

企业不能按照新型干法水泥生产的特点与要求建设与管理。表现在设计阶段与基本建设阶段，对原燃料的选择不严谨，对均化设施、计量设施的投资过于从简。生产阶段对原燃料的质量控制以价格为本。对设备维护缺乏必要的资金。

（3）危害效果

使系统不可能有高产、优质、低耗及长期安全运转。

（4）解决途径

树立正确的经营理念，要以均质稳定为根本要求（详见文献［1］第一篇）。

第三篇

粉磨系统的
操作

现代水泥粉磨工艺常用装备以管磨机、立磨、辊压机等为主。由于彼此的粉磨机理差异较大，故需逐章讨论。对它们的讨论顺序与窑一样：先对各类设备所拥有的自变量逐个分析，找出它们的影响因素及调节依据，得出应该有的具体操作手法，并指出各种可能存在的误操作；然后按各自粉磨系统，综合这些操作手段，确定它们为完成优质、低耗的核心参数；最后剖析系统运行范例。

第8章

▶▶▶▶▶▶

管磨机系统自变量的控制与操作

操作管磨机系统共有六大自变量：喂料量、通风量、磨内结构选配（包括配球）、选粉机转速、喷水量、助磨剂。归结为料、风、球三要素：其中配球为工艺定期分析、停磨补球；选粉机转速调节只对闭路磨存在；喷水量及添加助磨剂仅在粉磨水泥时使用。所以，只有喂料量与通风量才是各类磨机共有的自变量。

8.1 喂料量

8.1.1 喂料量调节的作用

（1）喂料量在粉磨运行中的作用

喂料量是指单位时间向磨内喂入的物料重量。喂料量过大，物料在磨内流速就要加快，产品跑粗，或循环负荷过大；否则会饱磨；但喂料量过小，会导致过粉磨，不但浪费电能，而且质量也达不到满意。合理调节喂料量的关键在于正确处理磨内物料流速与出磨产品细度的矛盾。开路磨的出磨产品细度即为成品细度；闭路磨的出磨细度要与选粉能力相匹配。由于运行中不能直接测得物料流速，要靠操作中一组参数间接判断它们的高低，如磨音变化、出磨提升机电流、选粉机循环负荷等参数的变化。一般情况下，物料流速应保证物料在磨内的停留时间为 15～25min。

在操作生料磨、水泥磨时，喂料量调节有总量调节及各组分用量调节两大内容，前者关系到磨机产量大小，后者则是多组分配料产品的质量要求。而煤磨、矿渣磨没有组分要求，操作要简单些。

在磨机正常运行时，喂料量将直接服务于磨机台产。为了提高粉磨效率，需要追求最佳喂料量，以稳定在最低电耗水平上。当磨况因相关因素改变而出现异常时，它将是首先调整的参数，以建立粉磨系统的新平衡。

（2）与其他自变量的关系

凡通风量、选粉能力、磨内结构（详见 8.2～8.4 节）调节中有利于提高磨内物料流速的操作，都有利于提高喂料量。反之，要想增加喂料量，就一定要看通风量、选粉能力及磨内研磨能力是否有增加潜力，只要有一项是瓶颈，就不能增加喂料量。

（3）与因变量的关系

表征管磨机运行状态的因变量有：磨机电流、出料提升机电流、选粉机电流、磨尾风机电流、磨尾负压、磨内温度、磨音等［详见 11.2.1 节(1)］。调节喂料量后，它们都会有相应改变。其中最大变化应是出料提升机电流与选粉机电流；磨尾负压也会随磨尾风机电流的加大而升高；如果操作不当，磨内温度也要上升。

8.1.2　影响喂料量调节的因素

（1）物料的物理特性

物料的含水量、易磨性、硬度、粒径、黏度、温度等物理特性，都将影响物料的磨内流速，从而影响粉磨能力。因此要求它们不仅要合格，而且应该稳定在一定范围内。

管磨机要求入磨物料的综合水分控制在 1.2% 以内，水渣必须烘干水分至 5% 以内。否则，物料在输送与储存中就要遇到各种困难，无法保证磨机稳定生产，而且粉磨本身也不可能有高效率。因此，在进入生产线之前的物料，必须经过各种工艺烘干手段满足入磨要求。

熟料的易磨性与熟料四种主要矿物有关，它们的易磨程度序列是 $C_3S>C_3A>C_4AF>C_2S$。C_3S 是最易磨的矿物，比表面积与粉磨时间近似呈直线正相关；C_2S 最难粉磨，它每增加 1%，磨机台产下降，电耗要增加 $4kW \cdot h/t$。而石灰石、煤渣、水渣、炉渣、粒状火山灰等混合材的易磨性有如下特点：石灰石粒度大，平均在 60mm 左右时，或硅含量较高，硬度大，易碎性差，均会加快耐磨件磨损；水渣虽然活性较好，但易磨性更差，一旦使用，必将大幅影响台产。

由于物料的物理特性都会改变物料磨内流速，当磨内结构确定后，它们就成为影响粉磨效率的主要因素。为稳定物料的易磨性，要提高高温、粉状熟料入磨的均匀性，并保持恒定，进料时要关注熟料库料位；为用冷熟料，帐篷库要对边缘与中间下料皮带与下料口进行调配，避免集中使用高温、粉状熟料；与此同时，还要避免露天堆放煤渣、水渣、脱硫石膏等物料，否则，一旦碰到雨季，定会频繁饱磨、糊篦缝，影响产能发挥。

为避免铁渣粉在管磨机内影响研磨效果，增加研磨体消耗，降低磨机台时产量，应该在入磨的进料端安装设施除铁。

（2）工艺流程

管磨机在粉磨工艺中单独作业的可能性越来越小，无论是与辊压机配套，还是与立磨配套，都应该只充当细研角色。严格说，此时管磨机的喂料量很大程度已不是自变量，此时喂料粒径组成定要被上游料层粉磨装备控制，如入磨粒径都能控制在 1mm 以下，管磨机的磨内结构就需及时调整，再不需要大直径钢球，不需要隔仓板分仓，也不需要衬板为提升钢球而形状复杂。这时管磨机的喂料量当然要随前端的粗磨效果而改变。

（3）产品质量

当要求改变产品细度及粒径组成时，或更换粉磨品种时，都需要相应调整喂料量。因此，同一台磨机，经常更换粉磨品种，绝不是明智的管理思路。

（4）配料库（仓）的下料通畅

当配料为潮湿粉料时，配料库（仓）下料不畅就成为经常发生断料的主导因素。这不仅直接影响喂料量的稳定，而且严重干扰配料的准确性。

为解决此问题，除了混凝土库（仓）加装筒仓卸料器强制卸料（详见文献［4］1.4.2节），钢板库（仓）借助筒仓振动器外，还建议下料口不应缩小沿送料皮带的纵向尺寸，相反还应适当扩大，以减小下料口端板对仓内物料的压力，降低成拱条件（图8-1）。

图 8-1 料仓出料口的改进

（5）计量秤的准确性

大多数生产线都使用皮带计量秤配料，并计算总喂料量。目前，符合标准的计量秤，在管理到位的情况下，其计量精度可以胜任要求。因此，应定时组织静态或动态标定，并用此考核计量人员的责任心。

要防止某种发黏易堵的物料干扰配料准确性，除储仓的下料设施需要改进外，对同时有调速板喂机和定量给料机的喂料装置，操作上可将定量给料机的配比量偏大设置，用板喂机的速度直接调节配料，且应避免其连接溜子被物料黏堵。

8.1.3 调节喂料量的原则

（1）调节原则

喂料量必须与磨内物料流速相适应，这是调节喂料量的依据。因此，能及时、准确地判断磨内物料流速，是正确调节喂料量的前提。同时，最合理的磨内物料流速还要满足单位产品能耗最低的要求。

由于粉磨工艺中用风与烧成工艺不同（详见5.3.2节、8.2.2节），导致喂料量不再是第一自变量，而要综合磨内各项参数的状态，确定最为有效节能的调节途径。如物料稍有变潮时，只要略加通风，也许就会见效；并与减少喂料量的办法权衡，看谁更有利于系统节能；而且还要看此手段对其他自变量，如选粉能力、磨内结构的适应性有无影响。但无论如何，它已经不像烧成严格要求用风量时，必须与喂煤量配合，以最大程度降低热耗。

（2）判断喂料量适宜的标准

① 管磨机一般有两仓或三仓，各仓都有不同的磨音，可以按它综合判断、平衡各仓的流速［详见 8.4.3 节（1）］。用电耳代替人的听力与经验测定磨音，要及时、准确得多（参见文献 ［1］ 6.6.3 节）。在喂料量等自变量不变的情况下，这三者的电流与功率都应维持不变。

② 观察磨机主电机电流、出料提升机电流、系统风机电流的波动情况，并综合判断喂料量改变后的效果。如当主电机电流升高时，说明磨内物料增加，但过满时就会饱磨，反而电流降低；同时提升机电流也升高，说明此时磨内物料流速确实是增加了；如果磨机风机的风门未进行调节，它的电流增加时，将反映磨内阻力加大，磨内出料会减少，并要结合磨尾负压、提升机电流变化予以验证。

③ 观察磨机系统负压变化，磨尾负压变大，或磨机压差过大，说明磨内停留的物料增多，此时不仅不能加料，而且还要判断隔仓板状态，原因未确定之前，应适当减料。

④ 闭路系统的选粉机循环负荷不大；开路系统的产品细度合格，说明磨内流速适当。

⑤ 磨机出口温度过高，可以反映物料流速过慢，不宜加料。

8.1.4　喂料量调节的操作手法

（1）总喂料量的调节

已经稳定运行的磨机无须调节喂料量，或是为摸索系统的更低能耗，寻求最佳运行状态；或是在粉磨条件变化时，不得已而为之。

如磨音变化，当头仓磨机内声音发闷、后仓空时，不一定要迅速减料；当头仓有发脆的磨音、后仓满时，也不能立即加料。这种来自原料波动所要求的操作预见性，虽是系统稳定程度不高的表现，但却要求操作员拥有相当经验。尤其要及时察觉异常流速，当产品水分过大（＞1％）或温度过高（＞120℃）时，都易造成物料黏结、糊磨等故障发生。

每次调节都要关注主要因变量的趋势图，及时掌握变化后的发展趋势。如闭路磨加料后，磨机电流增加较快，就说明物料磨内流速变慢，不是通风量不足，就是磨内结构不适应，在这两个因素不能改善时，加料就要谨慎；相反，出料提升机电流能相应提高，就表明系统能够适应加料。但紧接着又发现选粉机电流增加，且细粉产品变少，粗粉回磨量提升，此时显示磨内粉磨能力不足，同样是告诫操作员此时的加料并不能降低能耗。

由此可见，粉磨系统同样应该与烧成系统一样，对大功率（＞30kW）电机都应使用可视化监测技术［详见 5.1.4 节（5）］，协助操作员判断操作的正确性，及时发现变化的异常趋势。

（2）各组分喂料量的调节

① 在为适应物料物理性质变化而调节喂料量时，应按原料配比同步进行，最好是应用在线中子活化分析仪等仪表自动连锁调节。若操作不当会导致生料或水泥成分的波动（详见 12.2.1.2 节）。

② 为了避免皮带秤的非线性误差造成配料比例改变，应关注各配料仓下料的稳定性，并保持磨机各仓粉磨状态的平衡，一定要严控调节喂料量的幅度。

③ 为了避免由于开停车造成的成分波动，一方面要尽量减少不应有的开停车频次，另一方面，不要让磨机过长时间"空砸"，即停止喂料后便应尽快缩短停车过程，有意让较多物料剩存磨内，以减缓因物料易磨性不同所带来的产品成分波动。

④ 当磨机开、停及大幅度调整成为迫不得已时，化验人员应增加调整后的瞬时取样，避免累积取样的检验结果误导配料人员与操作人员。

⑤ 长时间断料或来料不稳，应停磨，并在确定来料有保证后再开磨。

8.1.5 喂料量调节中的不当操作

① 操作员为满足抽检时的质量合格，曾惯用瞬时减少喂料或停止喂料的操作，提高出磨物料比表面积。故常导致微小颗粒会经反复粉磨出现结团、糊球等现象，降低产、质量，增加电耗。有了自动取样器后，改为累积取样，这种操作减少。由此可知，改进考核指标及检验方法，提高对操作的指导性，才能不断改进操作。

② 与窑的操作一样，只追求高台产，操作员就不会优选降低能耗的最佳喂料量。

8.2 通风量

8.2.1 通风量调节的作用

调节磨内通风量是控制管磨机磨内物料流速的重要手段，即它可控制物料在磨内的停留时间，影响出磨细度；同时也可协助控制磨内温度，改善粉磨效率。它要解决的主要矛盾是，以最低能耗获取最佳通风量，在满足产品质量要求的条件下，提高磨内物料流速。

（1）通风量在系统运行中的作用

① 粉磨过程没有烧成系统燃烧等化学反应，没有氧气消耗、成分变化，但磨内通风可以协助控制磨内物料流速，它只负责将物料内的细粉在磨机转动中尽快出磨，避免干扰粉磨发挥作用，故对它的调节较为单纯。之所以称它为"通风量"，不叫"用风量"，也正有此含义。

② 协助控制产品质量。对于闭路磨，应当配合选粉机转速调整，找到最有利于提高产品比表面积的通风量；但对于开路磨，通风量过大会让产品跑粗。

③ 当物料含水量偏高时，通风有助于降低停水量，提高粉磨效率，降低糊球的可能性。

④ 由于粉磨过程中会产生热能，磨内通风有利于降低磨内温度，还可与磨内喷水配合。

（2）与其他自变量的关系

一般情况下，随着喂料量的增加，通风量也应随之加大。

选粉机与磨内通风共用一台风机时，两者调节会互相干扰，如增加选粉机转速，就会减弱磨内通风量。

当磨内结构改变后，会影响通风阻力，为达到同样效果就要增加风机耗能。

（3）对因变量的影响

当通风量适宜时，磨音不会发闷；同时磨内由于细粉量减少，磨机电流与提升机电流都应降低；增加通风量，风机电流增大，磨尾负压就会增加，但磨内温度可以降低。

8.2.2　影响通风量调节的因素

虽然粉磨系统通风与窑的用风不同，有自己的独特影响因素，但与窑系统用风同样都要遵循空气动力学的相关规律（详见 5.3.3 节）。

（1）系统阻力的组成与变化

钢球装载量、物料填充率及隔仓板、筛板的结构与设置，构成了磨机内部的总阻力，为改善磨机内某断面阻力分布均匀，可在磨机内增加"均风"装置。磨体外的总阻力有开路与闭路之分，开路磨是磨机出风管道经收尘系统直至风机入口的阻力；闭路磨则要增加选粉机及进出风道的阻力。其中改变每一局部的阻力，都要直接影响通风量的调节。

在系统阻力中，系统收尘器运行中的阻力变化最为典型，它们的振打与破袋都要改变阻力，而且有明显的周期性。这里仅举一细节，便可略见一斑：对某袋收尘器的清灰结构改造前后（图 8-2），只是修改了汽缸提升阀的高度（由 100mm 改为 240mm），并在原脉冲阀下喷吹管处加接一弯头，便使磨机通风量增加，磨机台产便增加 10％以上。类似收尘器问题的细节都会普遍存在于系统中。

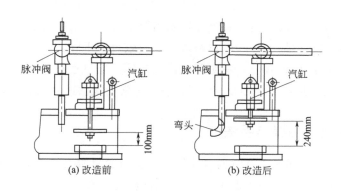

图 8-2　袋收尘器的清灰结构改造前后

系统漏风也是改变系统阻力的类型之一，因此，尽量减少漏风，并保证状态恒定，不仅是磨机节能的要求，也是正确调整通风量的前提。

（2）物料性质

物料的温度、含水量、粒径组成都会影响系统阻力，当入磨物料温度偏高、含水量偏大、粒径偏粗时，都需要适当增大通风量。这将有利于加快磨内物料流速，降低磨内温度；有利于将符合细度要求的产品尽快从磨内拉出；有利于降低磨内与产品的含水量。

（3）风机性能与配置

管磨机的重点要求是有能克服系统阻力的风压，而不过分强调风量。当风压足够时，风量过大，反而会增加风速，不仅出磨物料变宽，且风压损失也大。当然风量过小，料、风比过大，也不利于磨内物料流速。

当与辊压机共同组成粉磨系统时，控制通风量要变得复杂一些（详见 10.5 节）。

（4）水泥产品的粒径组成

实践证明，闭路磨为控制出磨机物料细度 80μm 筛余在 24%～29%，磨机出口负压应控制在 2.1～2.7kPa，而影响该负压值的因素就如（1）所述。通风量的大小更会影响产品的粒径组成，一般用风偏大会使粒径组成变宽［详见 8.2.4 节④］。

（5）调节风机的手段

详见 5.3.4 节。

8.2.3 判断通风量适宜的标志

（1）系统负压分布的规律

管磨机的磨头应有微负压，磨尾负压应稳定于一定数值；任何位置不应有正压出现；系统各处不应有漏风现象。

（2）通风量适宜的标志

① 与喂料量的要求相同：开路磨产品细度不能跑粗，闭路磨的选粉机循环负荷不能过大。

② 注意观察磨机出口废气温度，水泥磨温度应在 120℃ 以内。若磨内温度过高，就要考虑磨内物料流速是否变慢，是否有篦缝堵塞需要清理。因为此时水泥颗粒易因静电吸引而聚集，黏附在钢球和衬板上，降低粉磨效率，导致台产下降。

当磨机出口负压出现异常时，说明磨内出现故障，应迅速查找原因，包括停磨检查。

③ 磨音正常［详见 8.1.3 节(2)①］。如磨音异常而无法改善时，应停磨开磨门检查。

8.2.4 调节通风量的操作手法

① 发生以下情况，都需要及时调整通风量，调节的量取决于影响因素的变化幅度。

a. 出磨物料的细度、水分、温度。当出磨物料粒度偏粗、水分偏大、温度偏高时，特别是在夏季，熟料入磨的温度如果高于 120℃，就要采取磨内喷水等措施，以降低水泥出磨温度，此时需要加大通风量。

b. 选粉机的循环负荷变化。系统风量不仅要满足磨内的通风量，而且也要保证选粉机的工况需要。当磨机出料正常，而选粉机的循环负荷偏小时，此时应该调节选粉机的通风量。

c. 喂料量的变化及磨音变化。随着喂料量的调整，原有的磨内通风量不能满足需要。磨音发生变化，无论是发闷，还是发脆，都要对通风量进行调整。

d. 磨机电流与风机电流的变化。磨机电流与风机电流发生变化，表明磨内物料或阻力会有变化，就应该及时调整通风量。

② 调节应当主动进行，不要拖到磨音发闷时再调节，滞后操作就会延长磨的不稳定

运行时间。每次的调节量可适当减小，观察调节后磨机出口负压值的变化方向。如果没有变化或变化方向与想象相反，就应及时找出原因，修订调整方案。

③ 注意喂料初期的用风调整。

④ 通过调节风机的风压，可改变产品细度、比表面积与粒径分布的关系。因为这三个表示粉磨产品粒径特征的参数，在调整中的变化趋势并非都一致。

当颗粒特征直线的斜率，即均匀性系数越大时，说明物料颗粒粒径分布范围较窄，颗粒粒径均匀，此时比表面积会偏小。在闭路系统中，产品细度按筛余表示粗细时，将更多受选粉机转速控制；按比表面积及粒径分布范围的宽窄表示时，将主要受磨机通风量影响。即当增加选粉机转速时，产品变细，如果再降低通风量，此时均匀度变高，比表面积就会变小；如果增加风量，虽然产品总体变细，但比表面积会变高。如果降低选粉机转速、通风量大时，成品变粗，比表面积还不算低；通风量变小时，颗粒总体变粗，均匀度提高，比表面积降低。需要强调的是，这种分析结论是建立在磨机内研磨体基本不变的前提下。

8.2.5　调节通风量中的不当操作

① 在调节通风量中，常以最大风量为习惯参数。但实际上要重视匹配磨机与选粉机的共用风量，才能追求粉磨效率与选粉效率的共同提高，尤其是在闭路系统中。

② 忽略对系统漏风的管理与操作。

8.3　选粉能力

8.3.1　选粉能力调节的作用

（1）选粉能力在粉磨运行中的作用

对于闭路粉磨系统，调节选粉机转速不仅是为控制产品细度合格，还要与磨内通风量配合，通过改变返回磨机的料量及粒径，提高系统的粉磨能力，寻求与选粉能力平衡，获取合理的磨内物料流速。

选用开路粉磨工艺时，也可采用磨内筛分装置协助选粉［详见 8.4.3 节(2)］，其作用与磨外的选粉机有近似功能，而且简化了工艺流程，但已经不是操作员的职责范围。

（2）选粉能力与其他自变量的关系

选粉机的作用本就是尽快选出合格产品，让较粗物料继续返回磨内的设备，起到提高粉磨效率的作用。如果能按切割粒径将粗、细粉分离干净，选粉效率达到 100%，最有利于粉磨效率，但这几乎不可能，所以才需要磨机操作中其他自变量的协调配合，不断提高这种能力。

喂料量不仅影响粉磨效率，而且也在改变选粉效率，只要粉磨能力降低，都会改变选粉机的循环负荷。循环次数太多，说明粉磨能力过于低下；反之，循环次数太少，说明弱化了选粉机对粉磨能力的作用。

通风量对选粉效率的影响更大，它将让磨机的粉磨效率与选粉效率紧密相关［详见8.3.2节(3)］。

再如优化磨内结构、增加磨内喷水降温、使用助磨剂等（详见 8.4～8.6 节），都是在提高粉磨效果后，降低了循环负荷，选粉效率便随之提升，从而为增加喂料量与通风量创造条件。

（3）选粉能力对因变量的影响

提高选粉能力后，选粉机电流、磨机电流都应该降低，而提升机电流、磨尾负压可以维持不变，或略有增加。

8.3.2　影响选粉效率调节的因素

（1）喂料的均匀性

选粉机高效工作的前提是物料能均匀喂入并高度分散撒开。其中有三个环节：一是粉料本身分散性强，且保持工艺稳定；二是有多路进料口时要分配均匀；三是喂入方式要合理，靠风力、离心力等吹散。当选粉效率不高时，首先应检查这三个环节是否落实，尤其是工艺稳定，绝不是磨机操作员独自完成的。

（2）选粉机类型与状态

各类选粉机性能的关键在于它的选粉效率（详见文献［4］2.4），优秀选粉机不仅分离出的细粉中没有粗料，而且在粗料中很少混有成品细粉，混入得越少，表明选粉效率越高。

从过去常用的选粉机离心型、O-Sepa，到现在与辊压机组合为粉磨系统的各类分级机，选粉机类型越来越多，已经从联合粉磨工艺进步为混合粉磨工艺，它们都有各自应用场合与条件，直接决定选粉效率。

当然，选粉效率还要取决于选粉设备的状态。当风叶等元件磨损，或壳体及密封件磨漏，物料在机体内黏堵时，都会降低它的选粉能力。

（3）通风量的变化

选粉效率直接受通风量的影响与控制。一般来讲，当磨机与选粉是共用风机时，风量大会使磨内风速提高，入选粉机的粗粉增加，产量增加的同时，产品粒径组成的范围变宽，而且系统阻力及电耗要相应增加；但选粉风量过小，将不利于物料的分散与选粉。

O-Sepa 选粉机的通风量更显重要。它有一、二、三次风之分，使用比例分别为68%、22%、10%。一次风主要是出磨含尘气体，主要调节磨内风速，有利于改变磨机粉磨状况。当发现风门全开而风室蜗壳处积料较多时，说明一次风不足，应增加补风风机及风管，分别满足磨机与选粉机的用风要求。二次风主要是磨机附属设备内的含尘气体，三次风是掺入的新鲜冷空气。不宜提倡通过增减主排风机风量的方式调节成品细度，只有在调整选粉机转数不能满足要求时，方可被迫改变主排风机风量，此时将影响系统生产能力。

（4）磨机粉磨能力

当磨机粉磨能力下降时，进入选粉机合格品的比例就要下降，选粉机的循环负荷随之增大，选粉能力下降。在没有排除导致粉磨效率下降的原因之前，只能减产，否则放粗产品。

循环负荷可以衡量选粉效率与粉磨效率的匹配关系。在这对矛盾中，粉磨能力是矛盾的主要方面。如果粉磨能力不足，只靠选粉将永远无法改变循环负荷的现状，回磨物料只会更粗，进一步恶化粉磨条件，最终饱磨；但在改善系统粉磨能力后，选粉能力将变为矛盾的主要方面，如果它的效率低，使回磨物料细粉较多，循环负荷过大，必将影响磨机的粉磨条件。如果靠加大系统排风，粗粉进入选粉机的比例上升，将使选粉效率更差。反之，适当减小排风，循环负荷变小，选粉机效率反而提高，就等于为提高粉磨效率创造了条件（图 8-3）。

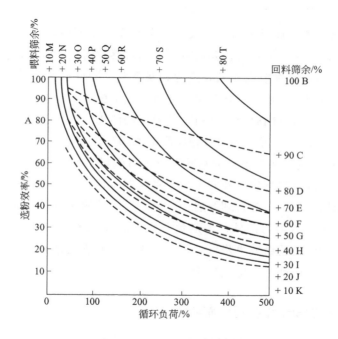

图 8-3　选粉机性能相关参数图

（5）产品要求的细度

当要求产品粒径变细时，选粉机转子转速就要提高，选下的粗粉偏多，磨机负荷将逐渐增加。与此同时，选粉机电耗要相应增加，选粉效率并不高，此时要减少喂料量。相反，当要求产品粒径变粗时，转子转速可以变低，磨机回料变小，允许增加喂料量，选粉效率也会提升。

因此，产品的细度范围并不是越低越好，产品粒径过细，不仅下道工序不一定满意，而且导致选粉效率与粉磨效率都要降低，成为浪费能量的根源。

8.3.3　判断选粉效率的依据

（1）测定出磨、回料及成品的细度，计算选粉效率一般磨机的循环负荷应该在 150％左右。对于闭路管磨机系统，O-Sepa 选粉机的循环负荷一般为 100％～200％之间；对于辊压机双闭路系统，则应在 70％～110％之间。

（2）观察选粉机电流的变化趋势

当选粉机电流升高时，表明选粉效率可能在下降。而影响选粉机电流增高的原因有：循环负荷增大；选粉机卸料不畅；为了提高细度，提高了选粉机转速；料粉分选效果不佳、旋风筒下料锁风阀不严等因素。一旦有这类现象出现，均说明选粉效率会下降。

8.3.4 调节选粉能力的操作

① 在磨机相对稳定时，或没有找到影响细度变化的原因时，不要过多依赖调节选粉机转速，去满足细度变化。

② 由于选粉机转速与通风量密切相关，两个操作不要同时调节，否则难以辨别导致变化的原因。每次调节一个参数后，要留有足够的观察时间判断效果。

③ 磨内风速过高，而选粉机入风管道内积灰严重，导向叶片间隙积灰，表现为单位体积含尘量过高，说明选粉机内风量不足。此时可以考虑在选粉机增开补风口，并拆除一次风阀的阀板，这样，可以同时提高磨机与选粉机的能力。

④ 除了中控操作外，在现场还应有相应配合的调整。

以常用的 O-Sepa 选粉机为例。为克服选粉机内撒料不均匀现象，现场要调整入选粉机的两路斜槽上分料阀分料均匀，使四个撒料点均匀撒料；为防止选粉机内风量分布不均与不足，且选粉用风量偏少，应合理开启一、二、三次风的阀门，为选粉机提供足够用风量，并为选粉机用风创造均匀条件；为避免开大系统风机风门，导致磨头、磨尾负压增大，磨内物料流速加快，粉磨效率降低，可在一次风上升管道增开 $\phi50mm$ 圆孔，以增加选粉机用风量，而不影响磨头、磨尾负压。

8.3.5 调节选粉机转速的不正确习惯

① 应当摒弃为了应付化验室检验而调节选粉机转速的操作，因为这只能使磨机运行更不稳定。在检验方法改为累积取样后，这种做法会改变，但纠正该操作误区的根本途径是，将考核指标从合格率改为标准偏差，此时反而要用瞬时样。

② 调节选粉机转速不能只考虑细度，更要考虑与磨机粉磨能力的匹配。

③ 不能只重视选粉机的结构，更要重视选粉机进风与进料的均布及风料比。

8.4 磨内结构

8.4.1 磨内结构调整的作用

（1）磨内结构在管磨运行中的作用

管磨机的磨内结构指磨内的分仓、隔仓板类型与分布、衬板、活化环及研磨体的配置。

　　磨内结构要以研磨体向物料施加的力与物料具备受力的条件相配合，以提高粉磨效率，增加物料磨内流速为主要矛盾，去选择与配置。如磨内受力既有冲砸、又有研磨时，就至少要分两仓，冲砸仓配置大球、细研仓配置小球；而冲砸仓衬板应有助于钢球提升，细研仓衬板应适于小球与物料的研磨（详见 8.4.4 节）。同时隔仓板设置的孔径及孔形布置要符合球径，尽量减小阻力，且不易堵塞；更要关注每仓钢球的级配，实现最大堆积密度，提高粉磨效率。虽然所有这些磨内结构的调整大多要在停磨时完成，但它仍属可改善粉磨状态的自变量。

　　（2）与其他自变量的关系

　　磨内结构影响着其他自变量的调整。如钢球级配合理，就会提高粉磨能力，可以增加喂料量；磨机分仓越多，或隔仓板的阻力越大，对通风机的要求就越高；如果磨内结构促进了磨内物料流速加快，选粉机转速、助磨剂及喷水量，都要随之调整。

　　它的调整也受其他自变量的变化所约束。如入磨物料的物理特性，尤其是粒径变化，磨内各仓长度、衬板形状及钢球级配都需要相应改变；又如，有无选粉机配置、是否使用助磨剂及有无磨内喷水，都是在设计磨内结构时必须考虑的因素。

　　从有利于磨内物料流速的角度出发，磨内结构应当是：磨机长径比小，钢球平均球径大，双层且大缝的隔仓板，角螺旋衬板、磨机内断面通风均匀等。

　　（3）对因变量的影响

　　磨内结构的合理选配将会提高磨内物料流速，提高粉磨效率，将从磨音变化反映出来，磨机电流、出料提升机电流都会相应增加；选粉机电流、磨尾风机电流保持平衡；而磨尾负压、磨内温度都应降低。

8.4.2　影响磨内结构调整的因素

　　（1）研磨体与衬板类型和质量

　　钢球、衬板及隔仓板的材质既耐磨又不易碎，有利于发挥调整效果，有利于对物料施加冲砸与碾磨力（参见文献 [4] 2.1.3 节、2.1.4 节）。

　　（2）入磨物料的物理特性

　　被磨物料的粒径组成不同，入磨粒度越大时，最大球径与平均球径应该增大。此时要求衬板类型能适应将钢球带起的高度。

　　入磨物料所允许的综合含水量，要根据磨机的类型不同而不同，带有烘干能力的煤磨、立磨可以最多达 12% 的水分，而一般管磨机及辊压机最大水分应该小于 1.5%，如果此值过大，同样要采取磨外烘干的措施。

　　（3）产品质量的要求

　　产品要求细度偏细，比表面积偏大时，细研仓后端的钢球直径小、数量多；粗磨仓的钢球配比可采用两头大、中间小的方案，也有采用中间两级球径的数量大、其余球径数量少的方案。

（4）粉磨工艺的配置方式

随着预粉磨技术的进步，管磨机的工艺配置不仅有开路、闭路之分，还有与立磨、辊压机等设备的多种配置，这些都直接影响入磨物料的粒径组成，因此，磨内结构也应该不断修正调整，以适应细粉的研磨效率。尤其与辊压机配置时，需要更多实践（详见11.1.4节）。

8.4.3 磨内结构配置的原则

（1）各仓适宜长度的确定

在平衡磨机各仓长度、球径、球量、级配的综合效果时，特别是粗磨相对研磨能力不足时，适当增长第一仓长度，哪怕只增长0.25m，也要比增大球径、减小篦板通料率等措施更为有效。

对于直接掺入较多细粉（如矿渣微粉、粉煤灰、窑灰等）的磨机，第一仓有效长度不宜太长，可取2.5~2.75m，仓长比例20.4%~22.5%左右，第三仓有效长度不宜过短，应占磨机总长度的55%以上，此时研磨体装载量也应为全磨的55%以上，提高细研能力。

（2）选择先进磨内结构

① 隔仓板内增加筛分装置。为了处理粗磨与细研的递变关系，设计了多仓与隔仓板，以方便钢球级配，但增加的隔仓板，提高了对气流及物料的阻力。因此，磨机不是分仓越多越好。

现代设计的隔仓板内有筛分装置，具有选粉功能，可以取代外置的选粉机。筛分装置是综合物料的自身重力、磨机旋转的离心力及侧压力，而形成筛分动力，对前仓粉磨的物料选粉。它有弧形筛分装置（图8-4）与径向筛分装置之分，前者的筛分效率较高，它的导入篦板将仓内≤15mm的粉粒混合料导入内置分选腔内，物料随磨机转动而在分选筛上不断分选，小于2.5mm的细料通过分料斗进入细研仓研磨，大于2.5mm的粗料被分料斗重返粗料仓粉磨；筛分装置还要有较大的过料面积和能力；进、出料篦板设计为大篦缝（第一仓进、出料篦板缝分别为10mm、5mm；第二仓则分别为3mm、1mm），可以提高自洁能力，确保篦缝不堵塞；不会因为增设筛分装置而过分加大磨机通风阻力；还能根据需要调节前、后仓的料位。进、出料篦板采用中合金钢油淬火工艺，筛分板采用钼铬锰合

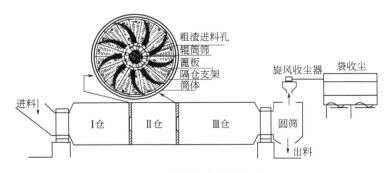

图8-4 弧形筛分装置结构

金,延长使用寿命。

② 增设均风装置。一般磨机都是中部阻力小、周边阻力大,从而中部风速大、周边风速小。因中部出来产品过粗,造成磨内通风无法增大,而周边物料还会出现过粉磨现象。当在进料端、中部筛分装置及出料端部位都设置分风板后,压制了中部通风、扩大了边部通风,使磨机断面风速趋向均衡。

③ 当磨头有细粉外逸时,应在磨内进料落料点护板处加焊螺旋进料板,将细粉导入磨内。

④ 现在流行在细研仓安装活化环,以消除研磨体的滞留带,以激活它们对物料的有效研磨。但对有活化环的磨仓,如发现磨内物料流速过快时,可在靠磨筒体部位用耐磨钢板将部分空挡封焊堵死,封堵高度为 150mm 左右。

在物料性质确定后,粉磨的主要矛盾方面就会由受力的物料向施力的磨内结构转化,因此要提高对钢球级配、磨机隔仓板、衬板等环节的要求。

(3) 判断钢球与衬板、篦板配置适宜的手段

① 听辨磨音　磨机运行稳定后的正常磨音是:第一仓前端声音稍低,前后都是连续平稳的冲击声,在磨机出料端有钢球间的摩擦声。

要善于分辨磨机内可能的异声:若第一仓前端钢球冲击声不连续,说明该处有小料渣沉积;若隔仓板前的钢球冲击声不连续,能听到清晰的滴答声,说明该处有小料渣,且篦板或筛网通料能力不够,磨机前、后仓不平衡。此时第一仓大球偏少、球径偏小,或是该仓小球量不足,使小料渣填到大球间隙中。

② 进入磨内观察

a. 看料面与球面关系。三仓磨的正常状态为,第一仓露出半个球面,或料面、球面持平;第二仓料面与球面持平或料面高出 10～30mm;第三仓料面高出球面 30～60mm。

对于两仓闭路磨,料面与球面基本平整,级配合理;如仓前发现球面有下凹,表明大球不足;后仓尾部有下凹,则表明小球不足。

b. 看有无料渣存在。若第一仓内及篦板处存在小料渣,表明需要补充大球数量,或提高大球直径。

③ 筛析曲线分析　当磨机内钢球或衬板结构影响物料流速时,通过筛析曲线分析,可以指导磨机内钢球配比的重新调整,甚至对隔仓板移位。

a. 筛析曲线的制作。在磨机正常喂料和运转时,突然同时停止磨机和喂料机组,进入磨机取样,从磨头开始,沿磨机纵向每隔 0.5m 划分取样,在磨头和隔仓板处,必须加取。每个断面的取样要靠筒体两侧取 2 个样,中间若干样,将其混匀,编号记录,用 0.2mm 和 0.08mm 方孔筛筛析,计算筛余。以其百分数为纵坐标,磨机长度为横坐标绘图,将各点连成曲线即为筛析曲线。

b. 筛析曲线的应用。操作正常的磨机筛析曲线变化是:全线平滑下降,没有波峰波谷。第一仓的入料端要有较大倾斜度的下降,第二仓接近出磨有一小段趋于水平。如第一仓曲线不是相对较陡,说明第一仓破碎能力不足,要适当增大其平均球径。在各仓中如出现较长水平段,说明该仓研磨体作业不理想,应改变级配,清仓剔除碎小研磨体。当某级

筛的筛余值变化不明显，或沿磨机方向有升降交替现象时，说明有小料渣沉积或移位，此时可以根据筛径，补充相应球径的钢球。如果靠近磨机尾部一段水平线太长，说明细磨能力过剩。如果曲线在隔仓板左右的筛余量相差较大，说明两侧能力不平衡，应检查是隔仓板、还是钢球级配有问题，根据实际情况处理。

c. 不同工艺流程有不同的合理筛余。

高细磨：第一仓末端 2.0mm 筛余＜6.0％，1.0mm 筛余＜10％；第二仓末端 0.2mm 筛余＜3％。

预粉磨：第一仓末端 3.0mm 筛余＜0.5％；普通闭路或不开辊压机时 1.0mm 筛余＜4.0％，0.08mm 筛余＜35％；第二仓末端 0.2mm 筛余＜2.0％，0.08mm 筛余＜22％，不开辊压机时的筛余，分别为 1.0％及 16％。

联合粉磨：第一仓末端 1.0mm 筛余＜1.0％，0.2mm 筛余＜5.0％；第二仓末端 0.2mm 的筛余从 1.0％趋向于零。

④ 经磨机主电机的额定电流　当实际运行电流较为富余时，可以考虑研磨体的装载量。磨机为中心传动时，一般每增加 1t 研磨体，主电机电流上升 0.8～1.0A；边缘传动时，细研仓的增加量对电流影响更大。

⑤ 观察实际运行效果　调整钢球级配后，若发现细度跑粗，一般应增加小球用量；如果增加后不细反粗，表明磨机粗磨能力不足，要适当添加大球。

钢球、隔仓板、衬板的耐磨程度与寿命，都直接影响磨机的粉磨能力。当磨机有产量逐渐降低的表现时，应首先考虑钢球配比，或钢球磨损，或隔仓板磨坏，使钢球窜仓等。

8.4.4　磨内结构配置的具体做法

（1）钢球与衬板匹配的一般原则

磨内物料流速将取决于粗磨仓与细研仓能力间的平衡，随着物料粒径在磨内由前向后渐变，球径始终保持合理级配，是影响物料流速的重要因素之一。

为满足第一仓粗磨任务，要求有以冲击力为主的大钢球，开路磨更应如此。最大钢球的直径及比例，应与入磨物料粒径及易磨性适应；衬板不仅要保护磨体，更要适合磨内的钢球配置，如阶梯衬板适于提升钢球，增大冲击力，而角螺旋衬板（也称圆角方形衬板），虽然能降低钢球提升高度，减弱冲击力，但会增加对物料的研磨力。因此，大钢球应配提升衬板（如曲面阶梯衬板、曲面波纹阶梯衬板、沟槽阶梯衬板等），小钢球应选分级衬板（如角螺旋衬板、小波纹衬板）。

（2）配球方案的着眼点

总装球量要处理好产量提高与电耗降低的关系。有公式表明，管磨机的粉磨效率与研磨体总表面积的 0.5～0.7 次方成正比。因此，在不超过磨主电机与减速机负荷时，钢球可适当多加。但无效功增加电流的上升幅度快于产量的提高幅度时，就不能再多加钢球。

在球径的级配上，为了使物料受力最为有效，是增加冲压次数、还是加大每次的冲击压力，这是冲砸仓中处理钢球配比的主要矛盾。首先，大球直径将取决于入磨的最大粒径，$D_{max}=28\sqrt[3]{d_{max}}$，当钢球直径增大时，虽每次冲击力会大，但在装载量不变前提下，减少了磨内装载的钢球个数，相当于减少冲砸次数。合理配球，就是正确处理钢球直径与钢球个数的矛盾。同时，磨机直径大于 3m 以上时，钢球的提升高度及冲击力已经接近上限，如果大径钢球数量过多，迫使后仓装球量减少，研磨能力不足，反而降低粉磨效果。如 $\phi3.8m$ 磨机，第一仓平均球径应在 72mm 左右时，其中 $\phi90mm$ 的钢球比例不应超过 15%。

确保第一仓细碎能力要留有余地，它是提高磨机产量的基础。在平衡球径与数量的关系中，增多钢球数量更有利于细碎。

细研仓则应以研磨为主，增加对料粉的碾磨次数，需要更多的小球。但是，当研磨体规格小于磨机直径的 1/80 时，磨内会出现滞留带，而且随磨机直径增大，滞留带所占的长度比升高。因此，在细研仓要装 3~6 圈"活化衬板"，其高度应为磨径的 20%~30%，高度不足无法消除滞留带，每圈活化装置间的距离宜为 1.5~2m。

与此同时，钢球级配还有满足最大堆积密度的要求。

（3）钢球总量、最大球径以及各仓球径级配的确定

详见文献 [1] 6.6.2 节。

（4）定期对钢球清仓

为保持磨机的高效率，就需遵照定期清仓的要求，具体间隔时间要取决于钢球质量：易磨易碎的钢球，至少要半年清仓一次；耐磨钢球可以一年或更长时间清仓一次。

（5）用小钢球取代钢段

20 年前，国内细研仓一直沿用钢段，认为同等重量的钢段比钢球比表面积大 12%。但从粉磨机理分析，钢球的排列比较有序，能按固定轨迹运行，沉积在磨内下方的大部分粗料，受钢球冲击和研磨的机会多，混合好；而钢段在磨内的排列杂乱，运动无序，并不能充分发挥比表面积大及所谓线接触的优势，且较大部分物料易被弹向空中，不利于物料研磨，未研磨好的物料反而过快出磨。实践对比也证明钢球比钢段有优越性：

① 比较同样材质重量的钢球与钢段，粉磨相同的物料，钢段功率消耗高 24%；所以，无论是从产品质量考虑，还是从节能出发，都不如钢球更为合理。

② 有实践证实，使用钢球粉磨的水泥需水量比钢段小 1.4g。

③ 钢球对不同物料易磨性的适应性要强。特别是当研磨体尺寸与物料没有实现最佳匹配时，钢段所带来的不利影响尤为明显。

近来，由于使用淘汰的轴承滚珠作为小钢球，使钢球比钢段更耐磨，效果更好；又由于细研仓衬板有了进步，活化环技术得到普遍应用。因此，奉劝仍在习惯使用钢段者，只要勇于对比试验，必将从挑战固有的理念中，取得效益。

8.4.5　磨内结构的不当调整

① 不重视钢球、衬板材质及加工质量，将不同厂家钢球，或同一厂家不同牌号的钢球同仓混装，加快对硬度差的钢球磨损，减少对物料的研磨做功。

② 不注重钢球级配，也不定期测绘磨内筛析曲线，不定期清仓，或清仓流于形式，不认真分选、称重。处处表现缺乏技术管理的基础。

③ 不选用先进类型的衬板，并习惯使用钢段作为小研磨体。降低磨内隔仓板篦缝宽度，由 8mm 改为 6mm 以下，以减低磨内物料流速，改善粉磨效率。

8.5 喷水量

只有单独用管磨机粉磨水泥时，才可能通过喷水，降低粉磨过程产生的高温。而且只有使用磨内喷水技术（详见文献 ［4］ 2.1.5 节），替代传统的磨外淋水时，才会有调节喷水量的操作。

在用预粉磨设备与之相配后，磨内温度不再威胁正常粉磨，磨内喷水技术也就无须使用。

8.5.1 喷水量调节的作用

（1）喷水量对粉磨水泥的作用

钢球在粉磨物料过程中会转化出大量热能，再加上熟料等物料带入大量显热，使磨内实际温度超过 100℃，不仅使物料有黏结、包球、糊磨倾向，还会导致磨尾轴瓦温度超过允许极限，威胁磨机安全运行。更重要的是，磨内温度会直接影响磨机的产量与电耗，特别是水泥比表面积控制较高时，磨内温度升高至 80℃，单位电耗将增加近一倍（图 8-5）；根据经验，磨内温度每提高 10℃，电耗就会上升 15％。因此，降低粉磨温度也是降低磨

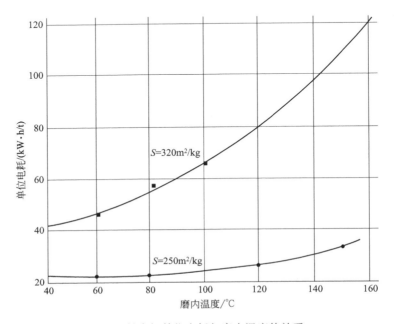

图 8-5 某磨机单位电耗与磨内温度的关系

机电耗的重要措施，而且只有采用磨内喷水技术才有可能实现。如何合理调节喷水量，以最少水量促进物料在磨内的最佳流速，正是本节要解决的主要矛盾。

磨内采用喷水技术有如下优越性：

① 降低磨内温度的效果与磨外筒体淋水相比，用水少而效率高，且改善了现场环境，磨机直径越大，这种效果越显著；

② 可以消除磨机内静电现象，减少粉尘间黏附，提高物料在磨内的流速，增加台产；

③ 有助于优化水泥颗粒级配，减少水泥坍落度及需水量，改善并稳定水泥质量。

（2）与其他自变量的关系

入磨物料自身含水量的变化，将影响喷水量；但喷水量的调节除需要与喂料量、通风量适配外，当有降低物料通过量的因素存在时，磨内温度就易提高，此时就会改变喷水量。此时应通过控制喷水量而改变物料在磨内的流速。另外，该技术不利于使用助磨剂，为此要对比助磨剂与喷水技术两者对经济效益的影响，有所取舍。

（3）对因变量的影响

喷水量适宜时，最明显的是磨内温度得到控制；同时，因促进物料流速，可降低磨机电流，增加提升机电流；但会因气流密度增加使窑尾负压、风机电流略有升高。

8.5.2　影响喷水量调节的因素

（1）喷水系统装备的性能

要求回转接头不能渗水，管道与喷头不受堵塞和磨损。除了采购可靠的磨内喷水装置之外，还有企业自行摸索的防止管接头漏水方法，较为成功。

保持联轴器上的转换装置在轴向窜动和径向跳动中密封良好，是本装备的关键（图8-6）。

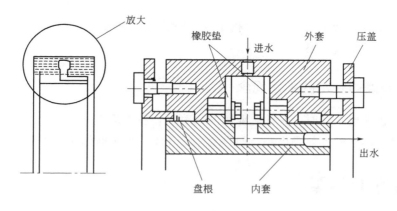

图 8-6　转换装置结构示意

（2）被粉磨物料特性

① 含水量　当入磨物料自身含水量增加时，喷水量就应减小，甚至停止喷水。

② 入磨物料温度　在夏季熟料入磨温度往往偏高，会威胁安全生产，此时应增加喷水量。

（3）影响物料通过磨机能力的因素

上述各项操作凡减少磨内物料通过量的因素，都会使磨内温度升高而需要增加喷水量，但喷水量自身也会降低磨内物料通过量，因此，喷水量的调节效果也会是双刃剑，需十分谨慎。

（4）水泵类型与控制能力

变频水泵有利于水量的控制与调节，且应该用水表显示喷水量，而不只是配水压表观察，为中控操作远程控制提供必要条件。

8.5.3　判断喷水量合理的依据

① 根据磨机出口气体温度，可判断喷水量是否适宜。若喷水量不小，降温却不明显时，要及时分析原因。

② 根据喷水压力大小及稳定程度。当压力不稳时，要警惕喷头是否损坏，此时应参照磨机磨音及磨尾负压变化，以防止水量失控，发生物料结团、包球等事故。

③ 调节用水量时，要随时掌握入磨物料的温度与水质变化。

8.5.4　喷水量调节方法

① 应将喷水量、喷水压力及水泵电机频率都置于中控显示屏上，而不是靠现场阀门人工调控，只有这样才可能实现最佳喷水控制。

② 中控操作人员应随时获悉入磨物料的温度、水分及石膏含水量与存在形式。因为脱硫石膏结晶状态脱水所需温度，比自由态的水要高出 10℃ 左右，可适当提高对磨内温度的控制。

③ 无须过频调节水量，只需在磨机不稳定时进行。调节时应首选低水量，逐渐到所需的适中水量，严禁超上限运行。

8.5.5　影响磨内喷水的错误观念

大型管磨机粉磨水泥时，有的企业因磨内喷水装备质量不过关，改为磨外喷水，这不仅因大磨径筒体淋水降温效果极差，而且会恶化环境、带来磨体渗水等弊病。

8.6　助磨剂用量

8.6.1　助磨剂用量调整的作用

（1）调节助磨剂用量对水泥粉磨的影响

为了提高水泥粉磨效率，在不损害水泥性能条件下，掺入某些外加剂帮助粉磨，就是助磨剂的作用。优质助磨剂不但能提高水泥产量，还会改善水泥性能（详见文献［4］2.1.7 节）。但也要警惕不良助磨剂对混凝土性能所造成的副作用，如引发钢筋锈蚀、急凝、缓凝和起沙脱皮等降低建筑物耐久性、抗冻融性、抗碳化能力，导致预拌混凝土干缩。因此，用尽量少的助磨剂获取适宜的物料磨内流速，改善产品性能，实现粉磨最佳效益，应是选用助磨剂的中心课题。

添加助磨剂可产生如下经济效益：

① 助磨剂从提高物料流动性的目标出发，有利于消除磨内高温及产品过细所易造成的糊球、饱磨及输送中产生的堵塞与结块现象，加快磨内物料流速，提高磨机产量，从而大幅降低单位产品的电耗及对钢球、衬板的磨损。

② 有助于提高水泥强度，其原因有两方面：

a. 大多数助磨剂，可降低水泥的细度，既不使小颗粒凝聚，又可消除过粉磨微粉，使出磨水泥粒径级配于 $3\sim32\mu m$ 的比例占 70%～80% 之多。

b. 某些助磨剂能通过自身化学作用，形成可溶性络合物，将水泥颗粒表面的 C_4AF 完全剥离后单独水化，同时也让更多硅酸盐矿物暴露后加速水化。

两种作用的累加，可使水泥 28d 抗压强度增加 5MPa 之多，甚至可以解决只靠熟料自身能力生产高标号水泥的困难。但必须准确控制其用量，否则会降低使用效果。

③ 如果不改变磨机台时产量、产品细度及水泥强度等基本指标，则可以提高混合材的掺入量，降低生产成本。

（2）与其他粉磨操作中的自变量关系

在摸索到助磨剂的最佳添加量以后，要与喂料量保持同步调节；并同时调节通风量及改善磨内钢球级配；并根据出磨物料粒径组成的变化，重新调节选粉机转速予以适应；助磨剂效果一定会受喷水量约束。

（3）与因变量的关系

助磨剂的添加直接影响磨机电流、提升机电流、磨内温度的变化；也会间接影响选粉机电流变化；但它对磨尾负压没有直接影响。

8.6.2　影响助磨剂用量的因素

（1）助磨剂质量

助磨剂质量不仅要符合国家标准，对混凝土及人体无害；而且还要对不同水泥、不同粉磨装置与工艺流程，有个性化的配料要求予以适配。因此，助磨剂开发商应该同时精通水泥及混凝土的要求，设计出富有特性的助磨剂配方，并能在销售前、后做好整体跟踪服务。

反之，作为水泥粉磨工艺人员，尽管某种助磨剂在其他生产线已使用成功，仍然要坚持与制造商一起通过配方的小磨试验，并经稳定的生产线中试，才能相信它的加入有利于本生产线，得出值得使用的结论。

（2）使用条件的稳定性

凡是生产条件波动的磨机，助磨剂的使用效果都不会满意，甚至还会起反作用。任何生产条件的变更，如熟料的煅烧制度或来源改变，或磨内温度等运行参数调整，都需要充分考虑。

不仅用户要在众多的助磨剂品牌中，注重供应商的研发能力及产品适应能力；而且助磨剂厂商也要选择优质粉磨用户，要看用户的磨机自身控制能力高低，即生产稳定的程度，否则因此而影响效益，也会损害自身产品的信誉。

（3）粉磨时间长短

助磨剂会改变物料原有的粉磨时间，但助磨剂的使用效果也将取决于最适当的粉磨时间，也就是要弄清楚该生产线中影响磨机产量的所有因素（详见12.3.1节）。否则，助磨剂的作用就不能得到充分发挥。如何确定并控制该时间，是使用助磨剂的前提。

（4）控制助磨剂用量的手段

对助磨剂准确计量，是控制用量的关键。助磨剂分液体、粉体与颗粒状三类：粉体已经少用；液体助磨剂计量掺和相对容易，但也要确保它与磨机喂料量严格同步调整；而颗粒状助磨剂由于它入磨后最先成粉状，对磨机的喂料量更要求稳定，才便于控制（详见文献［4］2.1.7节）。

由于助磨剂加入比例非常低，必须要求计量准确，提高可靠性。

（5）磨内温度

当磨内温度偏高时，添加助磨剂本可降低磨内温度，但如果仍不能满足要求，在必须采用磨内喷水技术时，将严重妨害助磨剂的使用（8.5.4节），此时只能舍弃此操作手段。

8.6.3 判断助磨剂用量合理的标志

不应将控制助磨剂用量当作中控操作员的额外任务。在中控室至少需要配备两种设施：在喂料量的皮带秤及助磨剂现场分别安装摄像头，并将它们的计量数字显示到屏幕上。供操作员密切观察磨机喂料量及助磨剂加入状态。

添加助磨剂一定要获得能耗降低、质量改善的目标，因此，对添加前、后的产量与能耗进行对比，因此，管磨机、通风机、提升机、选粉机等主机都要单独配有计量电表，核对单位台产电耗的差异。并用节约的电费与助磨剂的使用成本比较，判断是否有效。

8.6.4 助磨剂用量的调整方法

① 使用助磨剂后，出磨水泥成品的细度指标要做相应调整，以提高混合材的掺量；同时，对于使用含有—OH、—COOH有机表面活性剂的助磨剂，水泥的凝结时间会有所延长，有必要及时调整SO_3的配入量，使凝结时间在受控范围之内。

② 助磨剂会改变物料在磨内的流速，也需要相应调整磨机通风量及磨内研磨体级配（可参见8.2.3节、8.4.3节），当混合材水分较大时，还必须维持总体入磨水分<1%。

③ 当原料变化时，配料人员应重新调节配料比。操作人员在改变磨机喂料量时，应立即通知巡检人员。调节后要保持相当长的稳定时间，以观察调节效果。

8.6.5　端正使用助磨剂的态度

① 不能将助磨剂简单理解为三乙醇胺勾兑，靠一个配方通吃天下。因此，使用助磨剂一定要重视它的针对性，同一种助磨剂对不同生产线、不同原材料的效果不会相同，还可能相反。对使用某种助磨剂的水泥，供应商应长期跟踪使用它的建筑物寿命，千万不能忘记终生负责建筑物质量的责任。

② 添加助磨剂不应忽视计量准确。应该明确，均匀添加助磨剂，不仅直接影响添加效果，更是对水泥质量均匀性负责。

第 9 章

立磨系统自变量的控制与操作

操作立磨系统共拥有七大自变量：喂料量、通风量、喷水量、磨辊压力、选粉机转速、挡料环高度、喷口环进风。判断这七大自变量是否调整到位，主要看受所有自变量综合控制的核心参数——磨内压差［详见 11.2.2 节（1）］。它将由立磨主排风机负压、喷口环鼓入正压及磨内外阻力损失共同确定，表明磨机生产能力的富余程度。

9.1 喂料量

9.1.1 调节喂料量的作用

（1）喂料量调节在立磨系统中的作用

① 喂料量将直接决定磨盘上的料层厚度，调节喂料量就是要找到它与磨辊压力间的平衡点。物料特性（物料粒径、含水量、易磨性等）及磨盘挡料环高度将约束料层厚度；增加料层厚度，就需要提高磨辊碾压力；需要提高主电机电流或功率额定值；若额定值高，虽可增厚料层，加大磨辊压力，但要顾及电耗的增加，料层是否稳定，甚至磨机振动。

② 最佳喂料量就是要针对特定的原料特性及系统能力选择：喂料量太小，就要浪费为形成磨内压差所消耗的能量；增加喂料量，就要求磨内有足够压差，需要风机更大负压。因此，通过喂料量调节，寻求最佳磨内压差，才能求得系统的最低单位电耗。

③ 系统不稳定时，要找到引起波动的原因。如果是由入磨物料的物理性质改变引起，就要从调节喂料量着手；如果是其他自变量原因，就应对症处理，而不必像窑一样先调节喂料量。

（2）与其他自变量间的相互关系

为满足粉磨能力与选粉能力的平衡，喂料量应与磨内通风量始终配合；当磨辊压力与料层厚度相配，粉磨效率较高时，应当有足够通风量，保持磨内压差，提高粗细粉的分离程度；喷水是在物料较干、料层不稳时的辅助手段，以提高料层的受力程度，增加料层的允许厚度；分离器转子转速，是控制产品粒径的主要手段，但它选下的粗粉量也将影响料层厚度，故它也直接影响喂料量。

在料层厚度与磨辊压力平衡的条件下，凡通风量（详见 9.2 节）、磨辊压力（详见 9.3 节）、选粉结构 [详见 9.4.1 节(1)]、喷水量（详见 9.5 节）中有利于提高并稳定磨内压差的操作，都是提高喂料量的措施。

（3）对因变量的影响

① 磨盘上的料层厚度。它是立磨操作中应该关注的主要因变量。磨辊、磨盘对物料挤压时，会转换为料层内物料之间的挤压，料层在扮演缓冲垫的角色。如果料层过薄，缓冲作用就会减弱，振动就会加大；但料层过厚，磨辊压力无法施展，粉磨效果反而降低。不同类型、规格的立磨，料层厚度不应相同，一般控制在 30～50mm 范围内。

影响料层厚度的因素不仅是喂料量，其他自变量，如挡料环高度越高、分离转子转速越快、通风量越小，都会导致料层变厚。

② 磨内压差。磨内压差是表示立磨综合能力的核心参数，压差大的立磨可以有较大的喂料量，说明粉磨中所要克服物料悬浮的阻力在增加。增加喂料量，是要充分利用立磨所具有的压差。但当阻力高于系统排风机所能提供的风压时，就无法再增加喂料量，故是立磨台产的最大极限，而且此时电耗并不一定低，产品的粒径范围也不一定理想，当然不是操作所要追求的。

③ 立磨主电机、排风机的功率或电流，立磨振动频率都是检验喂料量适宜的标志。

9.1.2　影响喂料量的因素

（1）物料物理性质

影响立磨喂料量的物理特性主要是指：物料粒径、含水量、均匀性、易碎性等。当喂料的粒度过小，或粉状物料过多，含水量过低时，就会加快物料的流动性，增大磨内的粉尘浓度，导致压差剧增，通风阻力增大，气流出现涡流，返回磨盘料过多，最终导致磨机突然振停。

① 物料粒径　最初曾普遍认为，与管磨机相反，立磨适应大粒径物料的粉磨，甚至大于 60mm，这样磨机更稳定，过细物料反而易引起磨机振动。但实践证明：细料确实不应过多，但大粒径也应控制在 30～50mm 以内，大颗粒可起阻止细粉流动的作用，小颗粒则可起填充作用，粒径搭配合理，刚柔相济，有利于增加喂料量、降低电耗。

立磨粉磨物料的原理（图 9-1）说明，立磨对入磨物料的粒径范围还应有如下约束：

a. 磨盘料层中细粉过多，小于 5mm 的粒径占 80% 以上时，会带入较多气体，挤压时不利于料层稳定，导致设备振动大；尤其在料层减薄时，会产生"犁料"现象，引起振动跳停。细粉可以来自喂料的过细粉碎，或经堆场及料仓离析出的细粉，或收尘灰等。

b. 喂入物料粒度过大（40mm 以上的粒径占 80% 以上）时，同样是输送与储存中的

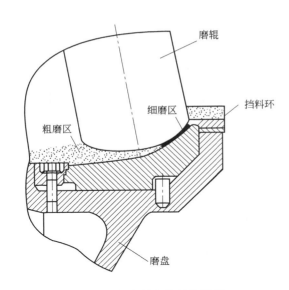

图 9-1　立磨粉磨物料的原理

离析所致，此时物料内在水分少，很难形成稳定料层，甚至增大外循环量，最后导致"饱磨"振动。

c. 与辊压机相比，立磨磨辊对物料的拉入角大，有利于增大料层厚度，允许被磨物料有较大粒径。

② 物料含水量　立磨与其他类粉磨设备相比，对物料含水量允许范围可以提高至 12%，但还要考虑从料仓到入磨过程会有很多障碍，如料仓下料不畅及入磨锁风阀堵塞等。因此，仍不能喂入过潮、发黏的物料。

③ 物料易碎性　物料脆性指数高，磨辊压力传递较快，物料较易接受磨辊压力，有利于增加料层厚度，为增加喂料量创造条件。

物料的易碎性对磨盘电机功率的影响很大，如配料成分改变，物料的易碎性降低时，电机功率会加大，为保证减速机安全，磨机应在额定功率 80% 以下运行。

（2）喂料条件

① 喂料的物理性质不仅合格，而且要稳定，严格控制各种波动因素。如经过料仓下料时，要避免离析现象引起入磨物料粒径的变动，磨况不稳被动调节喂料量。

② 喂料溜子伸入立磨的位置，对物料均匀撒在磨盘上的影响极大。溜子下端应与锥形料斗重合，确保喂料于磨盘中心。否则，会引起磨辊下的料量与粒度不均衡，立磨振动。

③ 当配料站皮带秤为板喂机强制自动控制喂料时，在给料初始，或成分波动需大幅调整，皮带秤距离较长时，由于自动控制的反馈会滞后，此时要注意实际料量，改为手动。

（3）产品质量要求

细度要求越高，回磨盘物料越多，料层越厚，从而约束喂料量的增加。

（4）电机的额定功率

主电机的额定功率［详见 9.3.2 节(1)］及磨内压差［详见 9.2.2 节(1)］都会约束喂料量的提高，前者限制了最大碾磨压力，后者限制了最大磨内压差。

（5）磨机振动状态

磨机振动的原因较多［详见 12.4.3 节(3)］，但无论何种原因，只要磨机振动过大，都应首先检查喂料量是否适宜，这是改善磨机振动状态最简单易行的办法。

（6）磨辊、磨盘的磨损程度

详见 9.3.2 节(5)。

9.1.3　判断喂料量适宜的依据

① 符合磨内压差设计的幅度，产品细度合格；

② 磨机运行平稳，磨机电流与功率都在规定的额定值内，也没有超过标准的振动；

③ 观察立磨吐渣量的变化，既能判断喂料量是否适宜，也能判断磨辊压力是否适宜〔参见 9.3.3 节(2)〕；

④ 单位产量的电耗最低，能确定增加喂料量后，电流增加幅度过快的临界值。

9.1.4　调节喂料量的操作手法

喂料量调节不应是立磨的主要操作手段，只要物料特性及机械状态未发生改变，就该稳定喂料量。一旦发现物料特性发生变化，磨盘上料层厚度改变时，就应采取如下对策：

（1）合理控制料层厚度

增加喂料量时要适当，每次增减幅度一般不得大于 5％，而且要伴随调节通风量（见 9.2.4 节），不能因料层变化较大而引起磨机主电流的波动。当发现料层过厚时，除恢复原喂料量外，也可尝试其他自变量的调节：

① 增减磨内喷水量（详见 9.5 节）。

② 调节磨辊压力（详见 9.3 节）。

③ 提高选粉机转速，增加磨机内物料循环量。当磨内压差因选粉机塌料突然增大时，应立即降低选粉机转速，尽管瞬时会有少量粗料进入成品，但可避免立磨振停。压差转入正常后，需立即查找引起塌料的原因，并予以根除。

④ 当上述措施无效时，应当调节挡料环高度（详见 9.6 节）。

⑤ 不能让磨内气流含尘量变化过大，明显改变磨机压差。

（2）物料易碎性变化时的操作

易碎性改善时，磨内料层过薄，磨盘上物料无法分布均匀，甚至磨辊与磨盘间发生局部接触，导致磨机振动。相应磨内压差、主电机电流都低，磨机出口温度、磨机入口负压都高。此时应该增加喂料量，并适当减小通风量或增加选粉机转速。

反之，物料不易研磨时，磨盘上料层过厚，磨内压差、主电机电流都高，振动也增加，而磨机入口负压、出磨机温度却很低，即出现"饱磨"征兆。此时应及时减料，并增加风量或降低选粉机转速，而无须减小磨辊压力。

（3）物料粒度变化时的操作

粒度变小时要有针对性地增加喂料量，减小辊压，同时尽快消除细粉过多的原因，或者调整选粉转子转速；粒度过大时要及时减小喂料粒度，增加喷水量，适当增加辊压。

9.1.5　喂料量调节中的不当操作

① 对于不能抬辊的立磨，在启动时尤其要关注物料特性。如果细粉过多，或物料过干，磨盘上料层就会过薄，磨辊就会与它直接接触而立磨跳停，被迫多次启动，此时，应

当注意喷水。

② 追求过高喂料量，磨盘上会出现"犁料"现象，料层同样难以稳定，也会使磨辊与磨盘间断接触，立磨振动跳停。此时首先应该减小喂料量，必要时适当降低辊压，确保料层能稳定在 30～50mm 内。

③ 忽视稳定控制喂料量的重要性。当配料皮带秤转速过慢，皮带上料层过厚，或物料黏性大，结成板块状间断跌落至入磨皮带，使入磨料量不均齐、周期波动。

9.2　通风量

9.2.1　调节通风量的作用

立磨的工作原理，使它对通风量的调节远比管磨机、辊压机更显重要，它所要解决的主要矛盾是结合物料特性，用最经济风量与理想风温，实现磨内各点的合理风速，让粉磨能力与选粉能力匹配，进而获取允许最大而稳定的磨内压差，以降低产品的单位电耗。

（1）通风量在立磨运行中的作用

① 系统排风机是形成磨内压差的主要动力源，与磨盘四周喷口环鼓入的正压空气遥相呼应，构成磨内压差的全部，其正负压交界面应位于磨盘上方一米以下的范围。物料被磨辊挤压后，其中的细料将首次从喷口环吐渣中分出，靠排风机形成的负压带入转子内选粉，其中的细粉再次被选出为成品带出系统，粗粉则靠重力返回磨盘。

② 它是分离器选粉的动力源，产品粒径是否合格，或是否满足产品的粒径范围，不仅取决于分离器转子转速，也取决于排风机的负压，即通风量的风速。

③ 因料层中始终有返回磨盘上的粗粉参加，因此通风量直接影响料层厚度的改变，从而影响磨辊压力的调节。

（2）与其他自变量间的关系

对于稳定运行的立磨，在摸索最佳参数时，通风量与喂料量的调整应当同步，否则，立磨运行就会出故障。如料大风小时，排渣要增多、外循环量变大、料层变厚、磨内压差上升、引起振动；而料小风大时，压差下降、磨盘上料层过薄、磨机也要振动。

如果立磨处于异常状态时，才有可能为保证料层厚度，针对性地单独调节通风量。

当调节喷水量后，由于气流中的含水量变化，气流密度改变，通风量要有适应性调节。

在磨辊压力改变粉磨效率后，为与所要求分离物料的比例相适应，也需要对通风量调节。

在改变挡料环高度后，料层厚度能否适宜，也可通过通风量的适当调整来完成。

（3）对因变量的影响

磨内压差是立磨的核心因变量，通风量的调整将直接改变磨内压差，因此它将影响磨盘上的料层厚度，如造成料层不稳或过薄，而引起磨机跳停。

排风机的电流、功率肯定应该随通风量的改变而改变。

立磨出口负压、磨内气流温度、含水量都会随通风量的调节而变化。

9.2.2　影响通风量调节的因素

（1）磨内压差的允许值

调节风量对磨内压差的影响有正、反两个方面：如果风压不变，当磨机内风量增加时，气流中粉尘浓度会变小，磨内压差就变小；但同时喷口环的风速也会因风量增加而提高，吹出更多粉料，又在增加空气含尘量，有利于压差加大。哪个因素在起主导作用，正是所要掌握的通风量。如果风压也同时增加，则负压的绝对值会增加，物料在磨内循环量会减少，压差值将更多向减小方向变化。

（2）系统风机的设置

立磨粉磨生料时，系统利用窑尾废气作为烘干热源。为调节磨内通风量，稳定立磨进口正压，大多情况是增配循环风机，同时窑尾废气在立磨停车时，也可经收尘器和尾排风机排出系统（图 9-2），此时取决于阀门 A 位置。而增设的阀门 B、C，是在立磨开车时利用窑的废气使用。这三个风门使立磨随时处于循环风机、高温风机与尾排风机三大风机的共同作用之下。

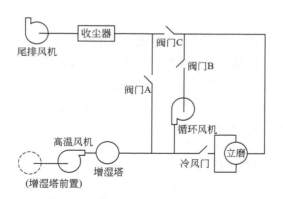

图 9-2　立磨用风示意

循环风机不仅可以反复使用立磨排出的部分热量，同时也增加了废气中的水汽及含尘量，此时稳定风温更显重要；当高温风机或系统排风量不足时，也可采用加大循环风量的办法缓解，此时就要先考虑风量，再考虑风温。无论如何，都是为稳定磨内压差。

个别立磨系统没有循环风机，磨机负压只靠系统尾排风机形成，虽省去一台风机，但要提高窑、磨的适应性，调节磨内通风参数的手段少了，增加了窑磨间的干扰。

具体风机性能及调节手段的原理，与窑用风量的调节相同（详见 5.3.3 节）。

（3）风道阻力

影响系统风道阻力改变的因素较多：某些立磨的进风口经常存有物料，使进风断面变小，阻力增大；喷口环局部阻力变化，将直接改变通风阻力（详见 9.7.2 节）；进料口的密封效果将直接改变物料和风量在磨内的运动途径；出料口风管的阻力与漏风，更影响磨机总排风对磨内气流的作用。

在设计与安装磨外风道时，应充分减小阻力。在选择管径、管道间对接时，不能过于简化和粗糙〔详见5.3.2节(5)〕。系统收尘装置的阻力变化同样不应忽略〔详见8.2.2节(1)〕。

（4）磨内气流温度

立磨对入、出磨的气流温度有较高要求，它不仅改变通风量，还会改变物料流动性：磨温升高会使物料松散，不但料层变薄，而且不易碾压，增加回料量，甚至产生剧烈振动。同时，气流温度过高也不利于选粉机轴承及收尘布袋的维护；但磨内温度过低，成品水分大，粉磨能力与选粉效率都要降低，磨主电机电流增加，制约了磨机产量，收尘系统也会有冷凝现象发生。

对于生料立磨，如果不能控制与稳定增湿出口温度，就等于要影响入磨温度，同样会给通风量带来较大影响〔详见5.3.2节(2)〕。但对带余热发电的系统，此影响可以忽略。

另外，风温影响风量的结果还会改变物料、气流中的含水量，从而对磨内压差也有不可忽略的影响。尤其粉磨生料、煤粉时，立磨的风温随时都要受到窑况波动的影响。

影响磨温的因素有：物料的含水量、磨机入口各相关风阀开度（包括冷风阀）、漏风量、喷水量、磨辊压力等。

（5）产品粒径

产品粒径范围要求较宽时，在选粉机转速不变的情况下，需要增加通风量。

在粉磨超细粉时，通风量应当有所控制，但还要考虑增加扬尘风量，减少回料量。在粉磨易磨性较好的物料而比表面积要求不高时，通风量可以增加，但一定要注意收尘器的负荷，尤其是袋式收尘器，当收尘器压差已经较高时，增加风量更要谨慎。比如，磨熟料时用风应该比磨矿渣时大10%左右。

9.2.3 判断通风量适宜的依据

① 全系统对外不应有正压表现。包括立磨及管道、风机各处都不应该有向外冒灰的正压迹象，只要有此现象，都说明系统用风有误，或管道堵塞，或某处漏风严重，或风机故障。

② 磨内压差保持在合理范围内，磨机进出口风温与风压都在理想范围内。

③ 当吐渣量增加，且细粉比例增多时，说明磨内风量不足，尤其是喷口环风速不够。

④ 磨机的振动值最小。风量过大、过小都会改变料层厚度而导致振动加大。

⑤ 各主要风机的功率、电流显示值的总和最小，表明系统用风效果好，最经济节能。

当增加喂料量时，立磨各主要风机电流总和会有增加，说明增加的产量并不经济，或是磨内物料循环量过大，或是磨外风机之间在相互抵消风压，白白增加电耗。

9.2.4 通风量的调节手法

操作通风量主要是控制风量和风速两个参数。

在风量相同时，风速将取决于风机风压及管道阻力，当风压选择合理后，合理风速还取决于喷口环面积与分布（详见 9.7 节）。

（1）调节通风量的频次

当喂料量及物料性质不变时，一般不宜调节通风量。反之，就必须及时调整通风量。

（2）合理处理各风机的风量

为使窑高温风机与系统排风机平衡，需正确选择循环风量、并合理调节各风门：

① 窑的高温风机必须服从熟料煅烧的需要，比如需要增大开度时，如果立磨停运，尾排风机就要相应开大（阀门 A 开启 100%），此时操作较为简单；但是，如果立磨正在运行，假定循环风机不做调整，就会有三种操作（图 9-2）：第一种是只增加尾排开度，与此同时，还要开大阀门 A，稍稍关小阀门 C，这种调整理论上可以不影响立磨的通风量；第二种方案是，阀门 A 不动，在增大尾排开度的同时，阀门 C 相应开大，同时增加立磨通风量；第三种方案介于上两种方案之间，在开大尾排风门后，只略增大阀门 A 开度，而阀门 C 不动，此时通过立磨的风量会略有增多。当然，如果同时调整循环风机阀门 B，减少其循环用风量，以实现后两种方案，立磨都不增加通风。

② 如果立磨需要开大循环风机时，为保持窑用风不受影响，就应该开大阀门 B，而减小阀门 C 开度；如果要减小立磨对窑废气的用量，在开大阀门 A 的同时，尾排风机也要随之开大。

③ 设备增湿塔与收尘器的运行状态及系统管道阻力不会一成不变［详见 9.2.2 节（2）］，当其中某一环节增加阻力或有漏风时，都会破坏三大风机间的平衡，操作者需要随时分析，及时采取对策。比如，袋式收尘器的袋子清灰效果不好，尾排拉风不足，此时为保全立磨负压，就要加大循环用风，但此时一定要顾及对窑的废气排放增加的阻力。

④ 总风量一定时，调配系统各处阀门开度，要根据被磨物料的特点而确定，不仅考虑磨机内风速，还要考虑风温。粉磨矿渣时，通常需要专用的热风炉，因此热风阀门要开大，而粉磨熟料时则不需要热风；循环风阀决定着系统的负压，开度越小，系统风速越快，但同时入磨风量减小，扬尘能力不足，所以粉磨矿渣时，开度以小为宜；相对系统排风阀的开度也要小，以减少热量损失。

总之，窑高温风机的稳定、循环风机的开度及系统尾排风机的状态三者紧密相关，是磨机正确用风的条件，只要调节某台风机风门，都要考虑对另两台风机的影响，千万不能顾此失彼，这是对磨机操作员水平的基本考量。

（3）用试探法调节用风量

与 5.3.4 节介绍的窑用风量调节方式类似，可以观察磨机循环风机功率或根据磨机进口负压的大小，试探控制风机进口阀门的开度或调节风机电机运行频率，调节磨机用风量。调节中要兼顾风温，但习惯用开冷风阀的方式调节风温并不高明，那是万不得已的办法。

（4）合理控制磨温

立磨排风出口温度的选定要综合考虑磨机产量、物料性质及磨辊磨损情况等，一般宜在 70～85℃之间；粉磨矿渣要高至 95℃以上；当磨辊磨损到后期时，应适当提高磨温。

调节磨温的方法如下：

① 如果磨温偏高，可以开大循环风机阀门，此时出口温度会降低，当入口温度略有升高时，表明循环风与窑的废气在管道中有涡流产生，或循环风用量过大，或循环风道三通相接需要改进。如果循环风阀已无法开大，可考虑增加磨内喷水。实在无效时，就要减小磨辊压力。

② 当原料水分较高时，需要提高磨温，此时循环风门应该关小，多用废气。停止磨内喷水。

③ 在带余热发电的生产线上，磨温常会偏低，造成生料水分超标，如果加大废气用量，减少喷水量仍无济于事，说明发电已并非为余热。

（5）需要密封风机保护的立磨

密封风机的风压测点数值会受磨内负压影响，为保护磨辊轴承，磨机出口负压不能过高，而入口负压不能过低，尤其在开磨过程中。

（6）因非操作引起的风量变化

系统风量并非都是人为调节风机风门而改变。生料粉磨中，有因窑用风变化的间接变动，也有由现场操作造成的漏风所引起，当然更有磨机风温的升降所带来的风量增减。操作者始终应当保持清醒，纵观这些影响，及时控制循环风用量及各个风门开度（包括冷风门），排除各种影响磨内压差的因素，恒定磨机进、出口风温。

9.2.5　用风调节的误操作

① 在生料立磨系统中，窑高温风机入磨风量与循环风量、系统风机排风量、冷风掺入量，常有调配不当的可能：

a. 当窑用风变化较大时，会影响入磨的废气量，尤其是开、停窑时。此时有可能通风量不足，再加之选粉转速过快，细粉的内循环过大，磨内压差增加较快，而立磨跳停。

b. 窑尾余热发电锅炉与窑的连接管道积灰产生塌料时，会导致窑的高温风机运行振荡，同时使得生料立磨振动停机。

c. 立磨喂料口、排渣口的密封状态也会影响磨内用风，磨机为克服这些漏风，往往是加大用风量，导致电耗增加。

② 立磨使用窑头废气时，气流温度会受篦冷机运行的影响，甚至受窑内塌料等异常情况的影响。如果是两个操作员分别操作，就要互通信息，及早采取调节对策。

9.3　磨辊压力

9.3.1　磨辊压力调节的作用

（1）磨辊压力在立磨运行中的作用

磨辊压力大小直接影响立磨的粉磨效率，过小不易形成料层，但过大料层厚度更不易稳定，且磨机的主减速机承载负荷也要加大，故常要设定磨机主电流的上限。

正确选定磨辊压力是为了寻求粉磨物料所需用功与磨机装备所能承受载荷的平衡，同时还要顾及粉磨能力与系统选粉能力的匹配，形成理想的磨内压差。

至于磨辊所施加的碾压力是以压为主，还是以碾为主，将对产品粒径与形貌有直接影响：对于生料会影响煅烧，对于水泥会影响需水量。

（2）与其他自变量间的关系

磨辊压力要与系统喂料量及通风量相匹配。

为了保持高效率的粉磨效率，必须要有合理的料层厚度，当辊压施加过大时，会使料层过薄；但辊压过小，会引起饱磨振动。故当系统已经相对平衡时，只要增加任何一项参数，就应该相应调节另两项参数；当系统并未平衡需要调整时，只要调节其中某一项参数，就要注意其他两项参数的变化趋势，判断调整效果。必要时，磨内温度、挡料环高度也要调整。

同时，还需要调节磨通风量、分离器转子转速等自变量予以配合，提高选粉效率。

（3）对因变量的影响

调节磨辊压力的结果，必然会引起主电机电流、吐渣量、料层厚度、磨机振动值等因变量的变化。最直接的是立磨主电机电流。当磨辊加压后，磨机功率就要增加，只要调节有效果，提高了粉磨效率，分离器返回料中细粉较少，料层厚度就应变小。

由于磨辊压力需要液压装置配合，故还受液压系统、蓄能器及拉杆强度承受力的限制。

9.3.2　影响磨辊压力的因素

（1）立磨主电机额定功率

磨辊压力的设定应当受磨机主减速机的承载能力及磨机主电机功率所限制。这是磨机安全运行的前提条件。因为立磨中主减速机的工作状态最为苛刻，不少立磨都因为长期超负荷运转而造成减速机损坏。

为了避免磨辊压力成为磨机提高能力的制约因素，应当慎重选择减速机的规格与保险系数。

（2）磨机状态的稳定程度

影响磨机稳定的因素较多，其中最重要的是原料性质及喂料量的稳定［详见 9.1.2 节（1）］，否则，为防原料性质突然波动造成的磨主电机功率超过额定功率，磨辊压力只能在低位下运行。这正是原料与喂料量稳定的效益。

（3）磨辊位置

只有磨辊的位置正确，才可能安全地向磨辊施加压力。因此，它对磨辊压力影响最大。

① 位置正确的要求是新磨在安装中，要特别重视压力框架几何中心与磨盘几何中心的重合。对于带有中心支架的立磨，运转中磨辊和中心支架的组合中心要位于磨盘中心。

如下标准将可验证位置的准确性：

a. 检查每个磨辊的两侧空气密封间隙，间隙一致表示无偏移。

b. 把磨辊放在磨盘上，不施加任何研磨压力，减速机稀油站为正常工作状态，通过人力转动减速机和电机之间的联轴器，转动磨盘一周，测量磨辊衬板端部的卡块到磨盘挡料环内侧距离，偏差应在±5mm 以内。

② 磨机经长期运转磨损和振动后，位置会发生偏移，将产生如下危害：

a. 各连接部位间隙变大，扭力杆缓冲垫因老化、硬化失去缓冲作用，受冲击厚度变薄（由 125mm 减至 120mm），磨辊的活动量变大，磨辊位置中心就会发生偏移。

b. 扭力杆和拉伸杆位置发生偏移，不仅扭力杆会丧失保护作用，而且让拉伸杆承受扭矩，从而导致它与螺栓频繁断裂。

③ 调整磨辊位置正确的方法。当位置偏移时，可更换轴承和缓冲垫片厚度，对中心进行多次调整，达到正确位置为止。

（4）液压系统、氮气蓄能器及拉杆强度的承受力

为保障磨辊能通过液压系统向物料施加研磨压力，就需要蓄能器有充足压力，且氮气囊及单向阀完整。否则，磨辊失去缓冲作用，会引起三根拉伸杆动作不一，三个磨辊在落辊、抬辊时不同步，磨机将产生巨大振动。为此，要满足以下要求：

① 液压缸及油路密封的清洁程度　必须保证液压油高度清洁，在缸体检查，管路清洗，更换氮气囊、液压油时，运行中外部要套上软连接护套，防止微小粉尘带入液压油中。

如果液压缸顶部密封损坏，可导致液压缸与活塞杆间夹有细粉料，活塞杆镀铬表面被磨损出纵向拉痕，使油封漏油。又如蓄能器单向阀柄断裂，螺栓和垫圈进入液压缸内，纵向刮伤缸筒，拉伤活塞环。此时只能将液压缸送往专业厂家喷镀处理或更换。

② 蓄能器维护水平　液压系统中，蓄能器能起到蓄能、保压、吸振、减振作用，压力微小变化都能影响油的流量，引起弹性缓冲。若氮气囊破损或压力偏低，就不能吸收因磨床料层厚度变化对液压系统的冲击，磨机振动增大。氮气囊压力一般应为研磨压力的 50%～70%。对此应每周维护一次：如遇气囊破损，一定要查找原因、及时更换；压力偏低要补充；如蓄能器温度较高，底部伴有敲击声时，表明单向阀损坏，会损伤氮气囊；蓄能器不允许用其他气体代替氮气充入；充气前要将氮气囊中残留空气排净，避免空气和氮气混合而导致氮气囊爆裂；在氮气囊外壁和壳体内壁间涂抹液压油，以减轻相互摩擦。

拆卸蓄能器前必须先卸去蓄能器内的压力油，再使用充气工具放掉皮囊内的氮气，然后才可拆下其他各零件。

③ 液压阀的调节程序　液压站系统中的液压阀是调节平衡给定压力与反馈压力的装置。调节前首先要对液压系统排气，开启液压泵，使油路系统充满液压油，当磨辊升到最高位时，检测表压，如果高于选择压力，可逆时针旋转控制阀的调节螺栓。反之亦然，直到显示压力符合设定压力为止。

煤立磨中液压系统大多为定加载，只能现场调节溢流阀设定压力，显然不能为适应煤

质变化而调压。新开发 CLM 煤立磨的液压加载系统，可以在线调节和保压，不仅可以调节磨辊压力，而且还能降低液压油温及电耗，延长液压泵寿命。

（5）磨辊与磨盘的磨损程度

早期与晚期的磨损程度差异较大，所能承受的磨辊压力不一样。因此，需要根据磨损情况检修：为了延长磨辊衬板使用周期，在衬板轻度磨损（30～40mm）时，可按设计允许将磨辊衬板调向；当磨损达 70～80mm 时，可采用现场堆焊修复技术，选择对磨辊衬板整体堆焊或翻面；修复磨辊、磨盘衬板要利用较为充裕的大修时间，以保证维修质量。

当磨辊磨损严重时，主电机电流增高，甚至电流过载，磨机振动大。磨机压差减小，料层因过薄而经常报警。此时磨辊压力虽可适当加大，但喂料量应当大幅减少。

（6）配置振动传感器

为确保磨辊压力调节安全，需配置测振加速传感器。用它测量并记录各个典型测点的振动信号，并在磨机振动时及时报警停车。而且还可分析振动信号产生的时域和频域，根据理论计算和测出的主要优势频率，在充分考虑电机额定转速、减速机速比和磨辊轴承型号等因素之后，便可判断主要振源及可能的故障来源。

由于磨辊是旋转部件，不可能直接测试其振动，测点要选择在靠近磨辊框架三个交点的壳体上，以基本反映出磨辊传递出的信号（图 9-3）。

（7）可靠排除金属异物

物料中如果存在金属异物，将直接威胁磨辊压力施加的安全。金属异物进入立磨有两种途径：或是矿石中带有的金属异物，或是磨内自身的金属零件脱落。它们都需要配备除铁器及金属探测仪，但配置位置不同。具体要求是：

① 灵敏度适宜。过高会因铁质原料发出误动作；但过低又会让金属混入磨内。

② 安装位置合理。为防除原料中的铁件，它们应安装在喂料皮带的前端；而防除自身掉落的金属零件，应安装在外循环提升机出料皮带上，或铁件最易暴露的位置。

③ 金属探测仪的作用在于：对那些除铁器

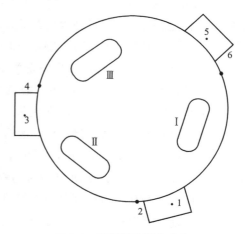

图 9-3　磨辊振动测点分布

不能吸附的锰钢件等合金，采取提前检测，启动气动推杆三通阀，外排出入磨通路。因此控制并恢复通路的时间要恰到好处。

9.3.3　判断磨辊压力适宜的标准

（1）磨主电机功率在额定值内节能运行，并与物料的易磨性相配

粉磨矿渣时一般要比粉磨熟料的磨辊压力设定高，如果熟料需要 8.0～9.0MPa，矿

渣就需要 9.0～9.5MPa。关键还是在于物料的易磨性，矿渣与熟料的易磨性也不会一成不变。

（2）吐渣量适宜

当物料性质或喂料量不变时，若吐渣量过多，应该怀疑磨辊粉磨能力不足，此时适当加压，或减少喂料；吐渣量过小，说明磨辊压力过大，可适当减压或加料（详见文献［1］6.1节）。

（3）磨机振动要小

不论磨辊压力过大、过小，料层都会变薄或变厚，引起磨机振动加大。

（4）减缓对磨辊的磨损程度

在考虑立磨产量及能耗的经济性时，磨辊压力也不能过高，加快磨辊磨损而过早检修，所以，需要根据磨辊材质及物料易磨性，合理设定磨辊压力。

9.3.4 调整磨辊压力的操作手法

① 当物料性质发生较大变化时，料层厚度会有改变，此时，喂料量需要重新调节，磨辊压力及磨机通风量都应做出相应调整。

② 当外循环斗提电流增加时，或料层偏厚，磨机振动值不大，主电机电流波动也不大时，可适当增大研磨压力。

③ 调节过程要慢，一般以每次调节 3～5bar（1bar＝10^5Pa）为限，并观察料层变化、磨主电机电流变化，尤其是磨内压差的发展方向。如果料层有变薄趋势，或主电流加大，或压差变大，就不能再加压力，避免引起磨机振动。

④ 当磨辊磨损严重时，往往表现为主电机电流波动大，此时应做如下调整：适当提高出磨废气温度至 85～89℃；加强磨机内通风，开大循环风机阀门；适当增大 10%～15%的研磨压力。从而使料层厚度变薄 5～10mm。

此时磨辊辊面由于磨损量不同，磨辊的中间与侧面，和磨盘的间距相差较大：辊面中部由于磨损最小，与辊盘间的距离最近，甚至会接触，但由于辊两侧与辊盘间仍有较厚的料层（30～60mm），所以磨机仍能对物料研磨，并未发生磨盘与磨辊间的碰撞。只是此时单位电耗已经升高，所以还是应当尽快更换或修复磨辊与磨盘耐磨层。

更换磨辊及磨盘衬板，或只部分更换衬板后，最初都会有磨辊面与辊道面接触不良、各磨辊受力不平衡、磨辊间隙安装不均匀的可能，都会影响磨辊压力的施加效果。此时操作员要对立磨的振动保持高度敏感。将磨辊翻边解决磨损，不但能缓解上述症状，且产量还能略有增加。

9.3.5 调整磨辊压力的不当操作

不顾立磨运行的能耗，认为只要为磨辊加压，就能提高产量，但如果增加幅度低于电耗的增加幅度时，虽未超过电机额定功率，加压也没有意义，而且增加回料量，加快对配件的磨损。

9.4　分离器转子

9.4.1　分离器转子转速调节的作用

（1）分离器转子在立磨运行中的作用

立磨选粉阶段中，碾压后的物料被足够强的气流带到上方的分离器，经转子选粉，选出合格的细料成为产品离开磨机，不合格粗料返回磨盘。当产品细度要求高时，就要加快选粉机转速，或减少用风量，增加物料在磨内的循环量；当要求改变产品粒径范围时，还需与用风量调节配合。这些都将改变产品能耗。

在满足产品细度、粒径组成的条件下，依据合理的磨内压差，选定选粉机转速是平衡粉磨能力与选粉能力的必要手段之一。同时，只有提高选粉效率，才可以降低磨内压差，实现磨机的增产降耗。

① 影响喂料量。提高分离器对气流中粉尘的分离效率，细粉回到磨盘上的比例就会降低，料层的实际厚度随之降低，从而提高了料层厚度的允许上限值，可增加喂料。

② 控制产品质量的主要手段。转子转速加快，就可提高产品的细度。

（2）与其他自变量的关系

它同样与喂料量及其细粉含量紧密相关，也与磨辊压力、料层厚度所控制的粉磨效率相关。为满足产品粒径组成的要求，它还要与通风量紧密配合调节。

（3）与因变量的关系

选粉机电流会随转子转速的提高而加大，如果选粉效率不高，就相当于增加了料层厚度，磨盘主电机电流也会随之加大而增高。

9.4.2　影响分离器转子转速的因素

（1）分离器结构性能

不同立磨，其选粉转子的结构不同，选粉效率也不会相同。其中效率最高的选粉转子结构当属 LV 技术（详见文献［1］4.2 节），已在国内使用的各类立磨分离器上改造成功，仅仅在更换 LV 结构的选粉转子后，其他条件不变，产量就能提高 10% 以上；如果产量不变，细度则会变细，而且粒径范围变窄；同时，还可降低 1kW·h/t 以上的电耗，磨机振动值也大大下降。故虽然一次性投资近百万元，但效益当年便可回收。应用此技术有两点需要注意：选粉只是系统的子环节，如果粉磨环节，乃至排风管道有故障［详见 5.3.2 节（5）、（6）］，改造效果都会受到较大影响；但 LV 技术是依据被选粉的颗粒受力分析后设计的转子尺寸与形状，并不是尺寸结构的简单模仿，凡仿制都会使效果大打折扣，甚至背道而驰。

当转子叶片磨损后，效率就会降低，但采用耐磨堆焊材质后，寿命应在三年以上（详见文献［4］7.1 节）。

（2）磨内通风量及出口负压［详见 8.2.2 节（1）］

其中稳定磨内压差是稳定立磨操作的核心要求（详见文献［1］5.13 节）。

（3）磨机粉磨能力

正确的选粉机转速必须与磨盘上的粉磨效率相适应。在磨辊、磨盘磨损后期，就应适当降低选粉转速，控制产品细度在合格范围的下限。

（4）产品细度的要求

转子转速高时，产品细度变细，选下的粗粉偏多，磨机内压差将增加，此时就要减产。相反，当转子转速变低时，产品变粗，就可加料增产。

在粉磨矿渣时还要考虑，矿渣含水量较高，水蒸气压力较大时，选粉机负荷会增加，转速越高时，增加负荷越为明显。若熟料转子转速设定为 105～120r/min，则矿渣的转速可定为 130～145r/min。在此范围中，磨机出口废气温度较高时选取低值。

9.4.3 调整分离器转子转速的依据

（1）化验室检验的产品细度

生料、煤粉与水泥为符合节能，各自还有质量性能要求（详见文献［1］4.2 节、4.8 节、4.9 节）。

（2）立磨运行平稳

首先振动状态要在控制范围内，当细粉过多返回磨盘后，立磨就容易引起振动；其次要关注磨内压差及磨机电机主功率的变化趋势。

（3）选粉效率高低

立磨虽不能如一般选粉机可以单独取样检测，但为判断选粉效率的大小，可以让磨机急停，在停磨止料的同时立即关停立磨排风，打开磨门，从磨盘中心取样，看其中的合格成品含量，以判断选粉效率。

9.4.4 调整分离器转子转速的细节

① 操作中不仅要根据产品质量检验结果调整转速，还要随时分析影响磨内压差及磨机主功率各种因素的变化，以确定选粉机转速是否合理。

② 调整选粉机转速时，要重视磨内压差的变化。压差增大时，选粉机转速应当变慢，只有当物料的粒径过大时，选粉机转速才需要提高；反之，压差变小时，选粉机转速需要加快，只有当细碎物料同时集中入磨，才需要减小选粉机转速。因此喂料时要防止物料的离析。

当回料过细、立磨振动偏大时，作为应急操作可以调慢转速，在确认原因后再采取对策。

③ 当系统需要加大排风量时，为保持细度稳定，应加快选粉机转速。如果选粉机转速增加后，产品细度仍跑粗，则说明系统排风量增加过大，此时应关小循环风机进口阀门，或继续提高选粉机转速。

④ 如果提高转子转速，仍难以满足细度指标时，可调整定子导向叶片角度。一般来讲，导向叶片角度越大，风速越大，气流进入选粉装置内产生的旋流气流越强烈，越有利于物料粗、细颗粒分离，产品细度越细。但此时通风阻力要增加，需要提高对风机能力的要求。如果长期如此，就应该用 LV 选粉技术改造，需要投资及准备改造时间。

⑤ 余热发电投入后如有高温风机入口前塌料，必将影响热风进入立磨，此时只能减少喂料、减慢选粉机转速，让生料细度变粗。停机后，探查锅炉管道产生塌料的原因。

9.4.5　影响分离效率的错误做法

克服漏风往往是立磨管理中最难的环节，尤其是立磨的喂料锁风装置，由于经常卡料使立磨跳停，很多企业迫于无奈就将其取消，这种做法就是人为增加漏风，极大影响选粉效率，漏入风量直接影响磨机整体的负压，使立磨能力下降 5% 以上。但这不是不可以解决的问题（详见文献 [4] 2.2.3 节）。

9.5　喷水量

9.5.1　喷水量调节的作用

（1）立磨磨内喷水的作用

由于磨内温度对物料流动性及磨内风速的影响无法忽视 [详见 9.2.2 节(4)]，故需要向磨内喷水，以调节磨内温度。

对于磨生料的大多数立磨，喷水作用在于能稳定料层和降低出磨废气温度，获取最佳磨内压差。喷水量过多会形成料饼，出现"犁料"现象，导致磨内温度较低，磨机会振停；喷水量过少，料层不稳，磨内压差升高，振动将加剧。喷水量适宜将大大减少物料的磨内循环，降低料层厚度，有效提高粉磨效率，还可适当减小循环风量，以降低电耗。

（2）与其他自变量的关系

入磨物料的含水量与粒径组成直接影响对喷水量的需求。它也需要与磨辊压力协调。

（3）对因变量的影响

喷水量可以改变料床厚度，控制磨机振频与振幅变化，甚至造成磨机跳停。当然，也会影响主电机电流，通过增减气流中的水汽量改变磨内压差等。

9.5.2　影响喷水量调节的因素

（1）物料特性与含水量

根据物料形成料层的难易程度，施加喷水量，对于容易形成料层的物料可以不喷水，或较湿的物料，要减少喷水量，甚至不喷；相反，物料较细、较干时，要增加喷水量。

在粉磨熟料时，应以少为宜，除非熟料颗粒较大、温度过高。

（2）根据产品特点

　　煤立磨因原煤水分较高，且煤粉要严格控制含水量，不应喷水；用终粉磨技术的立磨磨制水泥时，喷水本身不利于产品性能，随着技术发展，已经不用喷水。

　　（3）调节喷水量的设施

　　水泵应设置在立磨附近，且不需要高压喷头，所选用的水泵扬程只需 40m 左右即可；不能省略供水压力表、水流量表；在泵前设置过滤装置，可防异物堵塞；水泵应为变频调节，免设水阀，不仅节电，还可让中控调节用水量。

　　（4）喷水管入磨位置

　　应该根据不同喂料方式，布置喷水管的进入点。对于边侧喂料的立磨，喷水量应重点在第一个接触物料的磨辊前，对第二、三磨辊的水量递减；对于中心喂料的立磨，喷水量应顺着下料管进入磨盘上方，在下料管四周均匀分布喷水孔（图 9-4）。最佳喷水位置应选择在辊道内侧一线，使落入磨盘中心所有物料都均匀受水，降低物料流动性，再经辊压后推入风环。

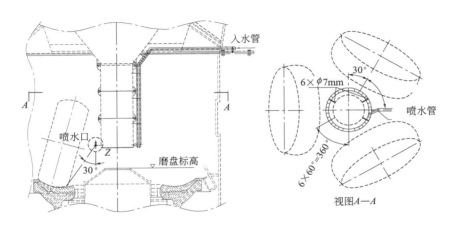

图 9-4　中心喂料立磨喷水管入磨位置示意

　　（5）磨机的出口废气温度

　　磨机出口废气温度过低、过高都不利于立磨运行 ［详见 9.2.2 节（4）］，为保证能控制温度在合理范围，调节喷水量时要根据此温度变化。

9.5.3　判断喷水量适宜的方法

　　① 磨机进、出口气体温度不要过高或过低。
　　② 磨内压差适宜。
　　③ 磨机无超标振动。

9.5.4　喷水量调节的具体方法

　　① 当立磨喂料量和风温、风量一定时，确保出磨温度不高的情况下，喷水量应控制

到下限。最大喷水量应以不使物料压成料饼为限，以便物料能尽快烘干，提高选粉机的选粉效率。

② 准确掌握物料的含水量变化。现场巡检人员与化验人员应该随时将物料的水分情况与中控操作员联系，尤其是雨雪天气时。

③ 调节过程中注意对磨内压差的影响。当水分变化时，会增加气体内的水蒸气含量，它比其他成分的密度高，压差的数值会高，从而会影响其他操作手段的使用。因此，通过喷水量调节使磨内压差降低是合理操作。

9.5.5　不当的喷水操作

① 有些喷水设施没有计量，中控也不能直接操作，水量也不能准确调节。尤其在喂料量及原料含水量变化时，都不能及时调节，这是立磨的大忌。

② 对喷水重要性认识不足。当发生各种原因的断水，且原料含水较少（如砂岩、铁矿石等），入磨风温较高时，就会破坏料层的稳定性，引起磨机振动。

③ 不应该用冷风门调节风温，代替喷水操作。因为这不仅影响了系统的风量及风压，而且是人为漏风，会提高系统能耗。

9.6　挡料环高度的调节

9.6.1　调节挡料环高度的作用

（1）挡料环高度在立磨运行中的作用

① 挡料环的主要作用是控制磨盘上的料层厚度。设计挡料环高度，一般要视物料的物理特性及磨辊压力大小而定。物料易磨性越差、含水量越大、粒径越不均齐，料层越不能过厚，故挡料环就不能过高；而磨辊压力需要增加时，挡料环就不能过低。

增高挡料环，并不意味着磨机产量就一定提高，相反，相同喂料量，磨盘上料层厚度增加，磨主电机功率就要变大，反而导致电耗加大。但降低挡料环，料层变薄，磨机容易振动。

② 挡料环与立磨的吐渣量有关，决定外循环量与内循环量比例，甚至决定是否需要设置外循环提升机，从而改变磨内靠风提升物料的电耗大小。从降低系统电耗考虑，外循环不能没有。

（2）与其他自变量的关系

① 当物料易磨性改善，需要增加喂料量，而外循环提升机电流较高时，应当小幅增加挡料环高度。挡料环过高对于有外循环的立磨，外循环量减少；对于无外循环的立磨，为使细粉能及时被风带到分离器，磨内需要更大的通风量，系统风机要做更大的功。同时它们还受磨辊压力的影响。

② 磨损与修复、更换新磨辊及磨盘衬板时，挡料环高度都应同时调节。按磨辊的磨损周期，最多应调整 2～3 次。

③ 当分离器的选粉效率经过技术改造提高后，挡料环应大幅降低高度，但切割挡料环时，应分步摸索适宜量，每次切割量不要超过 10mm。

④ 当磨内喷水有效后，料层控制能力提高，可以适当降低挡料环高度。

（3）对因变量的影响

增加挡料环高度，会使立磨主电机电流随料层厚度增加而变大。

9.6.2　影响挡料环高度调节的因素

挡料环高度并不是运行中能随意调节的自变量，调整前应当分析准确适宜的料层厚度。

（1）物料的物理性质

物料的易磨性、粒径、含水量及流动性等都应该稳定。稍有变动，改变了磨辊压力的适应条件，料层厚度就会变化。如果用其他相关自变量调整无效时，最后才能调整挡料环高度。

（2）磨辊压力

详见 9.3 节。

9.6.3　调节挡料环高度的原则

在喂料量和磨辊压力一定时，料层厚度主要依赖挡料环高度保持。但对于任何立磨，挡料环高度并非是固定值，不同的物料特性和产品细度，磨辊、磨盘的不同磨损程度，都需要调整挡料环。挡料环过低不易形成应有的料层厚度；挡料环过高，则不利于初磨后的物料及时落入喷口环，同样造成研磨困难，严重时物料会埋住磨辊，引起超振幅振停。

9.6.4　调节挡料环高度的操作

调整挡料环高度并不是操作中的直接控制手段，它需要停磨，人工进磨对挡料环补接或切割，工作量较大。中控操作要保证进磨人员安全，恰当控制磨内通风，创造适宜工作温度。

9.6.5　调节挡料环的不当操作

挡料环高度直接关系立磨的粉磨效率，但每次调整要花费较大精力与时间，故在未分析准确影响粉磨效率的原因之前，不宜随意频繁调整其高度，且调整时要重视与喷口环的调节相配。

9.7　喷口环进风的调节

9.7.1　调节喷口环进风的作用

（1）喷口环进风对立磨运行的影响

对喷口环进风的要求，包括风速与风温两方面。

喷口环处的风速，控制着回落到磨盘上物料的最小粒径，进而控制磨内的物料循环量和料层厚度。此处的合理风速有助于物料形成良好的分级循环，既影响粉磨效率与选粉效率的平衡，也影响外循环量占总循环量的比例。不同立磨，此风速一般在 50～80m/s。

风温由立磨进风口的热风与冷风两套阀调节控制。热风来自窑尾废气，其温度取决于窑的运行状态，温度过高时可以开大冷风门；但窑停温度过低时，立磨若运行只能降低效率。

（2）与其他自变量的关系

当喂料量增加时，如磨辊压力不足，碾压效果变差，喷口环风速就不能适应，从而增加磨外提升机的循环量；同时，它也受磨内通风量的影响，如果排风负压增加，也会增加内循环量；当选粉效率提高后，返回磨盘的细粉减少，对喷口环的风速要求可降低。

（3）对因变量的影响

喷口环风速直接改变内、外循环物料的粒径组成，从而影响内、外循环量的比例；同时，它也改变立磨内的温度与压力分布，进而改变磨内压差。

9.7.2　影响喷口环进风调节的因素

（1）立磨通风量

通风量与喷口环风速要相配。它们对气流中粉料的动力交接位置，应该稳定在磨盘上方的固定高度，当分离器以上的阻力变化时，就要考虑减小喷口环的阻力。

由于入磨风量更多来自窑的废气，因此凡影响废气入磨的因素，都会影响喷口环的风速与风温，甚至包括循环风机与尾排风机的协调［详见 9.2.2 节(2)］。

（2）料层厚度

当料层较厚，吐渣量较大时，应加大喷口环的进风速度。

（3）周圈喷口环的阻力分布

磨盘整圈外溢的料量本应当均匀，周圈喷口环的通风面积才能均齐。但是，在立磨的磨辊处，它们所对应的喷口环与两磨辊间的喷口环，相互落下料量不会相同，如磨辊后侧的落料会多，就应减少此处的通风面积，以提高喷口环风速，吹起更多物料。故根据磨辊位置调整各处喷口环阻力，是很关键的布置技术，即风量相同，才能对磨盘四周物料有均齐的吹起能力。

（4）喷口环的磨损程度

磨损后的喷口环，通风面积会变大而降低风阻，喷口风速反而减小。

9.7.3　调节喷口环进风的原则

喷口环进风量的调节不是运行中操作的手段，同样是在停磨时进行，并与挡料环同时考虑完成。喷口环的风温与风量虽可在运行中调节，但也不需要经常调节，只是在与窑同步开停磨时要予以关注。

与其他自变量相同，喷口环进风除受人为调节控制外，还会受运行磨损等因素的影响，且对它的影响概率更大，如挡料环局部脱落，或喷口环上某盖板脱落，通风横断面增大，风速降低，使部分料从磨盘上挤出，增加难以带起的物料量；又如磨盘下刮料板掉落，物料聚集在刮板腔内，影响风环通风。

9.7.4　调节喷口环进风的操作

喷口环每块隔挡板的间距与方向十分讲究，布置合理会有 10%～20% 的提产与节能幅度。但目前大多立磨并未重视，或不了解此操作，仍有大幅潜力可挖。

第 10 章

辊压机系统自变量的控制与操作

操作辊压机所能拥有的手段（自变量）有：喂料量、磨辊间距（辊缝）、磨辊压力、选粉能力（回料量）、通风量，主要解决磨辊压力与料饼厚度间的矛盾，共同控制的核心参数是料饼的粒径组成。若辊压机未用于终粉磨工艺，它们要与管磨机自变量调节（详见第 8 章）相互适应。

10.1 喂料量

10.1.1 调节喂料量的作用

根据辊压机特性，稳定合理的喂料量及其特性，让设定的磨辊压力与其相符，获取适宜的料饼厚度及其粒径组成，是实现系统降低单位电耗的必要条件。

（1）喂料量在辊压机系统中的作用

辊压机的喂料量不仅决定它的产量，更决定磨辊的挤压效率。没有足够的喂料量，没有充分的填充率，就相当于磨辊无法充分向物料施压，使料饼密实。而且喂料量对挤压效果的影响，不只要求有足够量的喂料，还要有合理的物理性质、粒径配比，及其为稳定所需要的喂料方式。为提高粉磨效率，它对喂料的要求，比任何粉磨设备都要严格，控制住物料物理性质是辊压机高效操作的前提。

（2）与其他自变量的关系

喂料量的确定，必须在选定磨辊间距（详见 10.2 节）与磨辊压力（详见 10.3 节）之后进行。如果是为了优化喂料量、以求获得最低电耗水平，则应与磨辊间距及磨辊压力同步进行。随后，也要对选粉能力（详见 10.4 节）、通风量（详见 10.5 节）进行调节。而对通风量的调节，还要根据喂料量进行，以有利于提高并稳定料饼厚度与密实度的操作。

（3）对因变量的影响

喂料量的大小直接改变各主要设备的电流，也会影响料饼的粒径组成；同时，它也要求风机的风压、分离器的转速等与其对应。

10.1.2　影响喂料量调节的因素

（1）物料的物理特性

① 物料的粒径组成　待粉磨物料粒径对辊压机粉磨效率的影响颇大，因为它对入辊物料的接入角小，对粒度要求就要更严格，否则会有以下情况发生：

a. 当物料单粒粒径过大时，不是卡在两辊之上发生重复性摩擦，浪费大量功耗；就是卡住棒条闸阀，很易形成偏辊下料；而且即便被挤碎，也并不符合料层粉磨的节能原理。

b. 如果是大粒径物料群，辊压机辊缝变大，成饼率低，物料循环负荷大，产量低，且易加剧机体振动，导致设备故障。

c. 当喂料粒径过小时，细粉过多、物料流动性大，无法形成稳定料床，这时的循环负荷累积会引发冲料；而且细粉本身就易形成料饼，半成品率很低，极大影响效率；更危险的是，难以压实的细粉，在间隙中会裹挟大量气体于其中，在高压粉磨区它们积聚成气泡，气泡一旦破裂，辊压机就发生"激振"，导致液压缸漏油或损坏主轴承。也许有人对"气爆"之说持有疑义，认为是细粉中的粗粒在捣乱。但客观事实证明，细粉过多的喂料是相当危险的。

d. 由于物料在料仓储存、输送过程中易发生粗细离析，使得较大个体粒径与较细群体粒径并存，使辊压机功率更容易产生非周期性波动。

e. 如果下料量时大时小，破坏料层，磨辊间距就无法稳定。当卡住的物料一旦冲下，过大料量就会压住辊压机，甚至冲掉侧板，压死提升机。即使不被卡住，也可能引发辊压机振动。

因此，辊压机的喂料粒径必须满足：95%以上的粒径控制小于辊径的3%；最大粒径不能超过辊径的5%（小于50mm）；平均粒径应在20mm以上，主要分布在25～45mm之间；<5mm粒度的物料不应高于50%；且稳定而均齐。

该目标需要喂料与回料共同控制，回料粒径的控制将依据选粉能力（详见10.4.2节）。

② 喂料含水量　当矿渣等辅助原料水分过大时，需要提高入V形选粉机的废气温度烘干。否则，潮湿物料易在料仓内附壁黏结、结球、结块，细粉会混入粗粉增大循环负荷而过粉磨；且空气湿度过大，会使风机等设备超电流，更会造成后续的管磨机饱磨。

含水量过低，细粉又多时，物料流动性过大，也难以形成料饼，造成冲料。

因此，物料的综合含水量应小于1.5%，介于0.8%～1.3%之间较为理想。

③ 物料的脆性指数及易磨性　在常见的水泥辅助原料中，石灰石、石膏、粉煤灰和油页岩有助磨、洗磨作用；而矿渣和钢渣易磨性差，掺量少可起到填隙作用，但掺量过高，喂料量就要降低；熟料的易磨性与煅烧制度有关，黄心料、冷却慢的熟料以及放置时间长的熟料都不易磨。

④ 避免物料中混入金属异物　辊压机系统使用除铁器的重要性远高于管磨机及立磨，

不仅因为影响粉磨效率，更要避免金属异物威胁磨辊耐磨层及液压系统的安全，特别是特大硬质块（耐磨叶片、篦条、锤头及铲齿等）会发生"碰辊"事故。另外，细铁粉在空气斜槽上的沉积易形成堵料。根据不同除铁要求，除铁器的安装位置应有不同，全系统约需2～5 台。

　　a. 为防混合材钢渣、矿渣及检修过程中带入铁件，可选用悬挂式永磁除铁器或滚筒除铁器，安装在配料皮带机头部、进入稳料仓前。为避免因料层厚、皮带速度快而残留金属件，应二次除铁，即在稳料仓出口、辊压机入料溜子上方安装管道式除铁器，安装角度≥60°防止漏料。

　　b. 对于含 3mm 左右的细铁质颗粒的喂料，可在选粉机的粗粉溜子上安装管式除铁器，防止它们沉积在空气斜槽底部堵料。

　　c. 当使用含铁量更大的矿渣、钢渣料时，除铁器的安装位置更需改进（图 10-1），在提升机下料管底部开孔，直径比滚筒略大，安装的滚筒与下料管底部相切，下方有密封的排铁锥斗，经二次除铁器后物料与铁渣分离，各行其路。如在进入稳料仓上方安装管道除铁器，可大大减少进辊压机铁渣含量，提高辊面寿命。

　　d. 当发现除铁器或金属探测器只要一道失灵，都应立即止料停机，及时修复。

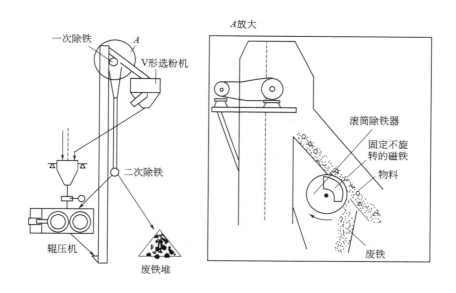

图 10-1　提升机下料管处安装除铁器

（2）稳定喂料方式的结构

　　① 稳料仓的重要性。为确保辊压机运行稳定，首先要保证喂料有稳定的料流。因此，应设置稳料仓，代替原来仅有的喂料溜子，这是辊压机经实践运行后提出的重大改进。

　　为使稳料仓内形成一定的料柱，该仓一定要位于辊缝的正上方，且要对其形状、容积与高度有一定要求：仓的形状由圆锥形仓演变成如今的长柱形，下料管断面不能过大，而且上下截面保持一致，仓容不低于 30t；如稳料仓仍为锥斗形，其锥面与水平夹角要大于

70°，下部要确保垂直进料，高度不低于 3m，以保持喂料有足够的料柱压力；料位高意味着料压大、下料量大；否则，就无法产生稳定的料压，物料入辊不实，不仅挤压力不平衡，还易使粗、细料离析；或进料量忽大忽小，挤压效果反复波动：料大时通过快，料小通过慢，反而料柱升高。

② 进料装置的其他几个环节：

a. 稳料仓的入料皮带应与磨辊轴向垂直；还要特别重视 V 形选粉机与小仓的布置关系，关注入口和配套翻板阀的细节。

b. 喂料仓的棒条闸阀位置与气动阀。

气动阀与棒条闸阀的位置宜安装在上部（图 10-2），这比安装在下部更有利于稳料仓内形成较高料柱，更能让物料借助重力进入辊缝之中。仓内侧应当尽量垂直、光滑，确保物料在仓内的运动阻力最小。

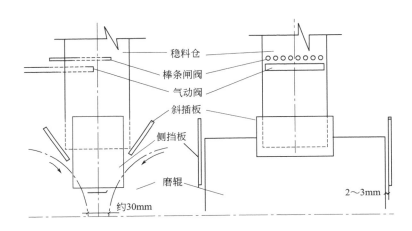

图 10-2 辊压机喂料控制机构示意图

棒条闸阀的开度，应与辊压机台时产量、磨辊电流、出料提升机的电流、稳料仓内料柱和配料秤的下料量等匹配，保持稳料仓料量和料位稳定。棒条闸阀不仅协助控制料量，使物料在辊压机上方形成稳定的料柱；还能通过它控制物料沿辊缝的分布，使物料在两磨辊之间保持辊缝宽度一致，减小磨辊左、右压差，出料粗细均匀。棒条闸阀的材质应该耐磨，以延长使用寿命。

c. 称重仓上方设布料器及排风罩。为了避免物料在入仓时发生离析，称重仓顶部应设置布料器，但切忌用重叠平行方式，而应为空间十字交叉垂直。为减少离析，新喂料与打散分级机的回料，应分别进入稳料仓（图 10-3）。

增设排风罩可使入料中的细粉通过收尘系统，直接作为半成品，降低进入辊压机的细粉含量。

d. 侧挡板的位置与尺寸。侧挡板的结构可以不对称，对 HFCG140-80 型改进后，有意向动辊一侧偏移 20mm 左右（图 10-4），实践证实效果会更好。

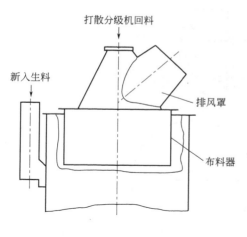

图 10-3　稳料仓顶部优化

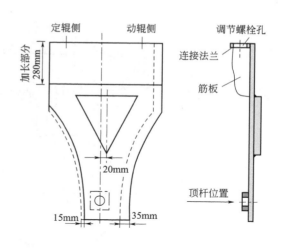

图 10-4　侧挡板改进

e. 斜插板的位置与结构。辊压机进料口上方的斜插板是控制料柱压力的最后关口，决定辊压机的实际喂料量。斜插板应为双边对称调节，增加给料压力，提高密实度。插板位置调节过高，料柱压力大，进料量多，辊缝大，冲过辊缝的物料受挤压效果差，半成品粒径粗，不利于下道工序；插板位置过低，入料量较小，料层难以稳定，甚至振动。因此，此处应安装刻度盘，方便调整观察，直到最佳位置。

（3）配置喂料控制装置

原辊压机进料多为斜插板，加棒条闸阀装置，且人工现场调整，使辊压机系统常因下料不稳造成波动，发生冲料、设备振动大，加快斜插板、辊子端面等部位磨损、丝杆变形或断裂等故障。对此，国内某公司开发了杠杆铰链式双调节中心进料装置（图 10-5），其控制精准、调节灵活，避免了原进料装置因辊子端面磨损造成的一系列问题，而且它是通过双流量调节板调整通过量，使物料直接进入两磨辊之间，即冲击式喂料，从而一改靠辊子圆周力把物料带入拉入角的原理，降低了辊压机对喂料粒度的敏感性。

该装置传动系统的丝杆和滑块采用外置式的杠杆铰链式、弹性钢片式密封，丝杆不会因防尘布损坏进灰而卡死或损坏；另外，该装置采用的承力轴能对调节板实行最好的支撑保护，它能消化大部分物料冲击调节板的力，让丝杆免受变形或断裂；该装置还采用双显示高精度角度变送器，提高了控制精度，本体上的开度显示，可使电气人员对线路电流信号衰减能快速做出判断处理；而且它与减速电机安装的不是拉绳式传感器，不再因拉绳断裂而无法调节。

该装置完全替代了人工现场调整的工作，由中控操作员根据工况能及时相应调整。且台产有较大提高，水泥电耗可下降 $3 \sim 5 kW \cdot h/t$。

（4）辊压机性能与磨机能力的匹配程度

辊压机的宽径比、磨辊结构与材质所允许施加的压力、磨机电机及减速机功率的额定值，都决定了辊压机的最大喂料量。

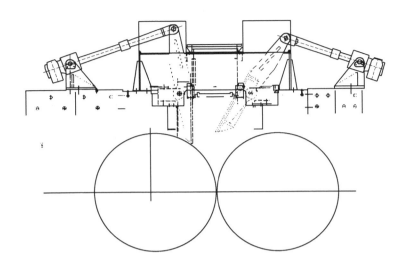

图 10-5　杠杆铰链式双调节中心进料装置

辊压机与管磨的工艺组合方式较多，从最早的预粉磨，发展到后来普遍为联合粉磨，现在更多是联合粉磨。其目的都是为降低它向管磨提供的细粉含量，减轻管磨机的冲砸粗磨量，以提高系统产量，降低粉磨电耗。

10.1.3　喂料量适宜的条件与标志

① 在入磨物料粒径及含水量稳定条件下，进入 V 形选粉机的废气温度足够高，产品细度 $200\mu m$ 筛余＜1.5%，含水量小于 1%。至少每三天应用套筛对入辊压机物料的粒径检查一次，符合要求，并控制稳定。

② 磨辊承受压力、电流及外循环斗提机的电流都未超过额定值。

③ 通风量配置合理（详见 10.5 节），不超过循环风机与主排风机的额定值。

④ 稳料仓料面能保持稳定，料饼的粒径组成及通过提升机的循环负荷合理。

10.1.4　调整喂料量的操作手法

① 当发现喂料的物理性质发生变化时，就应当考虑喂料量的调整方案。

每次调整喂料量，要首先检查棒条闸阀及磨辊间距（详见 10.2.4 节），然后对斜插板及侧挡板位置确认，尤其在磨辊运转磨损后。最后检查稳料仓料位合理。

② 在选择最佳喂料量时，一定要通过调节斜插板改变辊缝状态，即磨辊间距，它与物料、设备状态及产品品种有关。当喂入物料的水分大、颗粒粗，设备振动大时，斜插板均应向上调节，让辊缝变宽。

主电机电流过高，或熟料掺量增加时，要下调斜插板，让辊缝变窄；主电机电流变小、熟料用量减少，则上调斜插板，且每次调节量要小。

要想让上述操作在中控室简单可靠完成，就要选用辊压机控制喂料装置。最初设计的辊压机都不配置这类装置，需靠现场调节，因此很难实现优化操作。

③ 合理调整并稳定稳料仓的料柱高度。正常运转时，仓内料位应保持 70%～80%，至少要在 50% 以上。但在每次开机前，应将稳料仓喂满再打开插板，同时给定喂料量，让新喂物料压住稳料仓。否则，投料初期辊压机通过量大，造成空仓现象，不仅现场冒灰，稳料仓也难以稳住料面。当稳料仓料位稳定时，再调节斜插板的高度，找出适宜的实际喂料量。

④ 系统稳定运行后，磨辊压力、磨辊电流等距离它们极限值越近时，喂料量调整幅度就越要小。调整后观察各参数趋势图是否与理想方向相同，并稳定住。尤其要观察外循环斗提机的电流，它能指示返回辊压机与进管磨机的料量，并保持该循环负荷在 250%～300%。

⑤ 当进料气动阀、斜插板推杆打不开或不能关闭，侧挡板松动或磨损时，物料中有较大颗粒或较多细粉时，或稳料仓料面偏低时，会表现为辊压机频繁纠偏，或剧烈振动，应及时采取措施补救，否则，需停机检查。

10.1.5　喂料量调整的忌讳

① 凡未配置稳料仓，或没有集中控制的喂料控制装置，辊压机不可能稳定运行。

② 未高度重视物料的粒径离析，忽视细粉与粗粒要单独入磨的要求。

③ 避免大幅度调整喂料量，尤其料面偏低时。这种操作只能导致系统难以稳定。除了要稳定小幅度加料之外，还应尽快找出影响料面波动的原因。

10.2　磨辊间距（辊缝）

10.2.1　磨辊间距调节的作用

（1）磨辊间距对辊压机运行的影响及调节任务

在辊压机对物料的挤压过程中，要保持两磨辊平行，并根据物料的不同性质和磨辊的稳定通过量，找出合理的磨辊辊缝，确定形成足够厚料层及来自液压系统向磨辊施加的磨辊压力，形成合理的粒径组成。压力过小，不能对物料有好的挤压效果；压力过大，磨辊所承受负荷会超过电机额定功率限制，料饼将过于紧实不利于打散与选粉。因此，操作辊压机的主要任务是寻求磨辊压力与料饼厚度之间的平衡（图 10-6）。

调节磨辊间距的目的是针对物料特性及磨辊通过能力，确定与之相应的磨辊挡块间距，以形成合理的料饼厚度、确定需要的磨辊压力创造条件。磨辊间距过大，物料受不到应有的挤压力，料饼难以形成；磨辊间距过小，不仅降低辊压机的通过量，磨辊轴也难以承受挤压力的反作用力，料饼也过于结实不易打碎。

（2）与辊压机其他自变量的关系

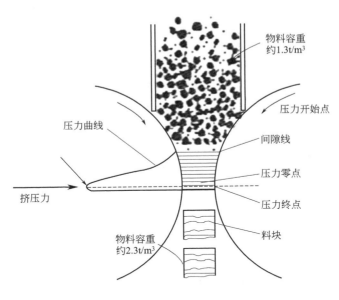

图 10-6 辊压机工作原理

磨辊间距与喂料量必须相互适应，不能单独调节；它还要与磨辊能承受的压力相适应，同步调整。在与喂料量的适应中，不只是量的适应，还与喂入料的总粒径组成等物理性质适应，其中包括接受选粉回料粒径、外循环回料粒径与新喂入料粒径间的关系，调整它们的配比，从而间接对选粉能力及通风能力控制提出要求。

（3）对因变量的影响

对磨辊间距的调整将直接改变磨辊的电流、功率，也改变料饼的粒径组成，通过改变外循环量而改变提升机的电流，继而影响后续通风机电流的变化；调整磨辊间距更是对辊压机机体振动状态的挑战。所有这些，最终都影响到辊压机产量与电耗。

10.2.2 影响磨辊间距调节的因素

（1）物料的物理性质

辊压机对入磨辊的物料粒径要求比任何粉磨设备都高，过粗过细都会影响辊压效果，在入磨辊物料粒径稳定的条件下，确定磨辊合理间距：粒径偏大时，间距应略大。当物料水分偏大或发黏时，同样要影响磨辊间距的调整［详见 10.1.2 节(1)②］。

（2）辊轴电机电流额定值

磨辊间距的设置与辊轴电机电流额定值有关。轴间距越小，所需电流越高。为保证不超过电流额定值，不同规格的辊压机，有不同的允许范围。但一般两磨辊间距应调整至额定电流的 60％以上，方能显示辊压机的做功能力已得到发挥。

（3）磨辊压力与辊轴所能承受的压力

国内辊压机磨辊压力一般在 8MPa 左右，辊轴所能承受的工作压力要与它相一致。增加磨辊间距，磨辊压力及辊轴能承受的力都要有提高潜力。

（4）磨辊侧挡板及其与磨辊间隙

磨辊侧挡板（参见图 10-2）可以防止物料向磨辊两侧卸压，以减小边缘效应，保证辊压机受压面饱和。辊压机设计应该有合理调整侧挡板与磨辊端面间距的功能，一般应为 2～3mm 左右，甚至更小些。如果该间距磨损过大，两侧漏料量会偏大，在通过料中便混有较大颗粒，增加喂料提升机电流，不仅使提升机易磨损，还影响辊压机总体产量，这时应立即更换修复；如果两侧挡板一端间距大，一端间距小，会使磨辊两端物料受力不平衡，辊缝差大，出料粒度粗细不均。侧挡板的材质必须耐磨，可采用高耐磨材料，表面应光滑，以便安装能准确控制间隙。

（5）喂料的稳定程度

当上述条件确定后，稳料仓料位就应形成稳定的料压，这时的喂料量就决定了磨辊间距。当稳料仓料面恒定不变时，向上提起斜插板，便可增加喂料量，磨辊的通过量就会增加，磨辊辊缝将随之加大。此时为保持较高的粉磨效率，就需要有富余的磨辊压力做支撑。

（6）磨辊磨损程度

磨辊开始磨损后，磨辊间距就会逐渐变大，为保持做功不变，就需要及时调整。

10.2.3　判断磨辊间距适宜的标志

① 检测料饼厚度及料饼的粒径组成（详见文献 [1] 5.14.3 节）。

② 在施加磨辊压力无异常的条件下，通过量与磨辊压力配合适宜，能提高辊压机产量，而磨辊电流增加很少。当调小磨辊间距时，磨辊压力应当增加。

③ 当辊距变小时，磨辊电流会增加，因此，调整时要严密观察磨辊电流不能超过额定值，而且辊轴温度及润滑油温度，应控制在允许范围内。

④ 运行中，如果辊缝变大，可以发现位移传感器显示辊缝增加，与此同时，在新喂料量不变条件下，稳料仓荷重要逐渐下降，循环提升机电流增大。

如果辊缝变小，辊压机纠偏次数增多，在循环风机风门维持不变时，仓压逐渐上涨，循环提升机电流减小。

10.2.4　调节磨辊间距的操作程序

① 新调试辊压机时，先根据磨辊的主电机额定功率、辊轴所能承受的工作压力及物料易碎性等物理性能，确定磨辊间距。一般先按磨辊直径 2% 左右设定，以此选定适宜的挡块厚度；在磨辊磨损后，可以在挡块下增垫不同厚度（2～3mm）的垫板，以调整辊缝宽度，此时辊压机主电机电流应达到额定值的 60%～80%，工作压力稳定在 7.5～9.5MPa。只有辊缝调整合理后，才能对稳料仓的斜插板及侧挡板进行调整，以最后稳定喂料量和喂料密实度。

② 保持磨辊辊缝均衡，确保辊缝左右差在 3mm 以内，先利用稳料仓下方的棒条闸

阀，调整稳料仓下料要沿辊缝均匀。

③ 调整磨辊侧挡板间隙的幅度不能过大，根据屏幕上显示的两辊轴间距进行。辊缝过大，会造成来料不稳，当大料冲击时，会冲掉侧挡板，并落入两磨辊中间，从侧面掉入辊压机出料口，轻者侧挡板变形，重者撑坏磨辊。

④ 根据磨辊使用寿命的保证值、磨损规律及已运行时间，确定停机现场检查磨辊间距的周期，并及时重新调整。运行中发现辊缝变大时，应该适当控制入辊压机物料粒度，并适当减小辊压机斜插板开度。

辊缝变小时，应该适当加大辊压机斜插板开度，若辊缝仍无变化，立即停机检查侧挡板是否磨损及辊面磨损是否严重，并适当增大物料粒度，降低物料水分。

⑤ 当辊缝频繁变化时，应从如下方面排除：

a. 辊面如有局部损伤，应尽快修复，并检查除铁器及金属探测器是否正常。

b. 观察辊压机进料是否断续，检查进料溜子及稳料仓是否下料不畅。

c. 观察辊压机进料是否偏斜，进料沿辊面是否粗细不均，及时校正进料溜子。

d. 检查侧挡板、辊子端面是否磨损，更换已磨损部件，补焊辊子端面。

e. 观察左右侧压力是否频繁补压，检查液压阀件。

⑥ 正常运行时并不应调整磨辊间距，只是在改变喂料量、物料性质及磨辊磨损程度变化时才需停机调整。如果确实因物料粒径波动，而不便停机调节挡块垫板时，可适当改变循环风机用风量，用改变回料量的办法予以适应（详见 10.5.4 节）。

10.2.5 磨辊间距调节中易忽视的操作

当辊压机运行一定时间后，应及时掌握侧挡板及辊子端面磨损程度，及时修复更新。

10.3 磨辊压力

10.3.1 磨辊压力调节的作用

（1）调节磨辊压力在辊压机运行中的作用

磨辊压力是挤压物料的动力源，它的大小直接影响挤压后的料饼粒径组成，直接影响辊压机自身的回料量与外循环量大小，也为后续的选粉、粉磨创造条件。磨辊压力过小会降低辊压机效率；但过大就会缩短辊轴寿命，这取决于辊压机的机械制造水平，故不一定有利于节能。

（2）与其他自变量间的关系

磨辊间距的正确调节是磨辊压力设置合理的前提，是使磨辊承受允许最大压力的重要参数，如果设置过大，再大的磨辊压力也要打折扣，不可能有高的挤压效率，难以形成料饼；设置过小，磨辊受力过大，引起振动，如果超过额定值，磨辊寿命将受到威胁。防止辊缝过窄的安全设施是两个磨辊间的挡块，其厚度必须合理。同时，磨辊两个侧挡板的安装间隙也影响磨辊压力的施加效果。

（3）因变量受到的影响

磨辊压力直接影响磨辊电流，也会改变挤压后的粒径组成，从而影响回料量与外循环量。调节不当还会威胁主机振动。

10.3.2　影响磨辊压力调节的因素

（1）原料的物理特性

① 易碎性较高的物料，在同样磨辊压力条件下，可以加大料层厚度；

② 物料入磨粒径过大、过小都会引起辊压机振动［详见 10.1.2 节(1)］；

③ 含水量偏上限、物料易黏结成料饼不易打散时，磨辊压力就不能过大。

（2）磨辊材质及磨辊轴承的结构

辊压机性能优劣关键在于磨辊所能承受的压力，它不仅决定装备的粉磨效率，也影响辊压机的电耗与运转寿命。目前国内磨辊允许的压力比国际先进水平相差一半［详见 12.3.1 节(2)②］，性能差距由此可见一斑。

选择的轴承类型，要同时满足振动与冲击载荷要求。应选用多排滚柱轴承加止推轴承组合，替换原用自调心辊子轴承，以加大轴承受力表面、增加轴向承受力；并应尽量选用 SKF 和 FAG 等名牌进口优质轴承。

（3）保护装置要可靠完好

① 氮气蓄能器　辊压机的工作压力要由蓄能器保持，并直接影响它的挤压效率。压力过低，蓄能器的作用减弱，辊压机振动变大，料饼表面粗糙，质地松散，密度小，挤压效果差；压力过高，能耗高，辊面磨损快，液压系统寿命短。物料进入辊压机后在 7～8MPa 压力作用下，形成密实料饼，磨辊电流范围会随规格不同为 17～23A。

② 液压系统　在辊压机运行及预定压力值后，液压油泵方能启动；当系统压力达到预定压力，液压油泵便停止运行。当两磨辊辊缝偏差大于 5mm 时，纠偏程序开始工作，辊缝大的一侧加压，小的一侧泄压，直至辊缝恢复正常。如果一端组合控制阀块出现故障或油管漏油，辊缝就无法保持均衡稳定，而被迫跳停。

当中控屏幕显示某侧压力值低于预加压力值，而加压阀不断频繁加压，应检查油箱回油管，若有少量油回流，表明液压系统的某阀件存在泄漏，应查找后更换。若回油管中并无回油，此时加压是为磨辊纠偏，应利用停机更换磨损的挡板，或重新调整复位。

发现液压管路系统堵塞或泄漏；液压油泵、压力保护阀件损坏；辊压机蓄能器气压显著下降，辊压机压力变化剧烈等，都应即刻停机修理、更换或补气。

③ 扭矩支承　扭矩支承用于补偿辊子轴承座的移动量，缓冲物料对减速机的反冲击力，保护辊压机传动装置。因此，要维护好活动关节的润滑，保持动作灵活，停机时要用扭矩扳手检查预紧量，紧固其连接螺栓。

为避免稳料仓内物料离析所引起的磨机振动，除了保持仓内料面外，还可改进减速器支承装置（图 10-7），将原弹性系统扭矩支承改为大臂扭力板的扭矩支承，从而大幅度降

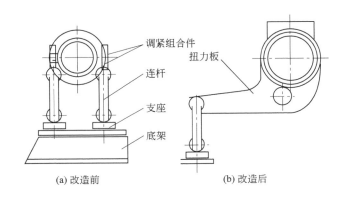

图 10-7　减速器支承装置改进示意

低冲击峰值，降低两磨辊之间细颗粒压力区的扭矩脉动幅度，基本消除辊压机振动。

　　④ 紧固套联轴器　辊压机的轴与减速器是靠紧固套联轴器连接（图 10-8），需要定期紧固螺栓，由于一周螺栓要求圆周均衡受力，紧固套需带有锥度，故紧固后要求轴与联轴器的连接法兰必须平行，法兰一周间隙应均等，使螺栓只承受轴向力，不能有剪切分力使螺栓断裂。

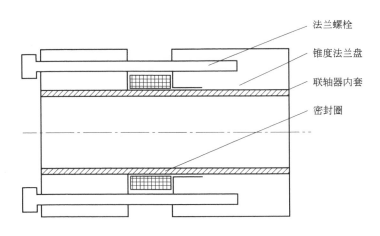

图 10-8　紧固套联轴器紧固示意

　　因此，在紧固时要用力矩扳手，每次紧固都要用卡尺测量法兰盘一周，保证间隙差不大于 2mm，再对角 180°交叉用力矩扳手拧紧，分别达到 350N、500N、600N 力矩数，最后为 700N。试运转后，也要按此程序紧固。

　　发现紧固套联轴器螺栓松动及扭矩支承铰链螺栓松动等情况时，应尽快停车，按上述要求紧固。

　　⑤ 位移传感器　位移传感器用于检测动辊的实际位移量，再经电控柜传输至中控室，并根据此反馈数据执行纠偏。如果位移传感器所反映辊距不可靠，就要给设备带来严重安

全隐患。

⑥ 压力传感器　尽管辊压机设定的工作压力与现场压力表显示一致，但传感器检测有误差，测得压力比实际高，系统只能在此压力下工作，辊压机只能处于辊缝大、电流小状态，斜插板开度也不敢提高。只有发现并纠正压力传感器的检测误差，并迅速排除故障后，才可能提高辊压效率。

⑦ 磨辊轴承合理润滑　为适应集中润滑系统，要求基础油的黏度 40℃ 时超越 $1000mm^2/s$，具有良好的泵送性，所用油脂应含有特种抗磨添加剂，并限制精细石墨、二硫化钼等固体润滑剂的粒径，不能堵塞滤网和输油管。

如果磨辊轴承及减速机轴承温度超过允许极限时，必须立即停车查找原因。

（4）设置稳料仓以确保磨辊压力能稳定施压

详见 10.1.2 节（2）。

（5）磨辊表面不能严重磨损

详见 10.3.4 节⑧。

10.3.3　判断磨辊压力适宜的手段

① 主动辊、被动辊磨辊压力可以在显示屏上看到，在磨辊压力取上限时，辊压机工作电流不能超过额定值。

② 在出料提升机电流、配料秤下料量等参数正常时，控制喂料量及循环量总和，并检查料饼中成品比例及经 V 形选粉机回料的粒径组成，从而判断磨辊压力对料饼厚度的适宜程度。如料饼成品含量少，辊压机电流小，表明磨辊压力过低。

③ 观察磨辊电流变化是否平稳，以判断磨辊压力调整是否与磨辊磨损程度适应。

10.3.4　调节磨辊压力的操作手法

① 合理调整棒条闸阀。为了让物料沿辊缝布料均匀，应通过实际摸索棒条的开启数量、位置、拉出长度，找出与下料中心的分布规律。确保稳料仓的料面高度恒定，避免物料粒径离析。

② 合理调整磨辊间距（详见 10.2.4 节）。

③ 微调磨辊压力。完成上述两项操作后，可开始微调磨辊压力，并逐渐增加，以接近最佳产量。每次调整后要观察料饼状态，再决定下步调节量。所谓最佳产量目标，不仅要考虑磨辊等机械所能承受的负荷，更要考虑增加用电量的幅度不能高于增产幅度，即要观察系统各主电机功率的增加幅度。

如果辊压机运行时泄压，可能是喂料粒度偏大，导致辊缝偏差增大；也可能是运行参数调整有误，导致称重仓内细粉过多，产生振动（15mm/s 以上），形成保护性泄压。

当发现辊压机工作压力低于设定压力 7.5MPa 时，可能有以下四种原因：

a. 液压泵损坏。

b. 液压系统泵站输出的压力低于设定的压力上限值。

c. 电磁溢流阀堵塞，造成系统油路与油箱连通。

d. 油箱缺少液压油。

其中液压泵输出压力与设定压力的关系更为突出，泵站溢流阀压力一定要高于设定压力，方可正常。但也不可过高，否则料饼过于密实，不易打散，会增大回料提升机电流。

④ 控制物料循环量。辊压机物料循环可通过回料充填新喂料的空隙，从而提高入辊物料粒径的密实度，使物料入辊能承受更大压力，改善挤压效果；并缓和对机体的冲击力，减小机身振动。

对于使用动态涡流选粉机的联合粉磨系统，是用可调翻板调节物料循环量，其中比表面积小于 $160\sim220m^2/kg$ 的粗料返回稳料仓，细粉入管磨机继续粉磨。稳料仓内物料太少或空仓会影响料饼形成量。分析入磨物料粒径组成，便可确定可调翻板的最佳开度。最后让辊压机循环负荷约为 $250\%\sim300\%$，系统方可平稳运行。

除此之外，千万不能忽略对循环风机风量的调节（详见10.5节），改变细粉的循环量，尤其是在设备启、停过程中，要综合分析各变动因素。

⑤ 控制斗提机电流。斗提机电流大小在一定程度上反映辊压机的通过量，因此要恒定在一定范围内。电流过高，表示通过量太大，需要增加磨辊压力；另外只要不是终粉磨，就可减小辊压机的循环负荷，让翻板向磨机方向开大；如果磨机能力也不富余，则要减小辊压机斜插板开口，降低总喂料量。

⑥ 加强与巡检人员的沟通：磨辊侧板压紧螺栓的紧固程度，扭矩支承关节的润滑，压力传感器的准确性等，从中判断磨辊压力的正确性。

⑦ 为保证磨辊加压安全，要利用停机检查：紧固套联轴器螺栓的松紧；扭矩支承固定螺栓的紧固；位移传感器的准确；侧板与斜插板的磨损及具体间距等。

⑧ 磨辊磨损后的操作。磨辊磨损后，就会逐渐加大磨辊间距，使出料的散料多、料饼少，磨机产量下降，系统内循环量大，粉料多，称料仓频繁冲料，甚至压住回料皮带、斗提机而跳停。此时需适当加大磨辊压力，适当减小辊压机电流；若磨损不均匀，磨辊半径的变化就会引起辊缝的频繁改变，导致动辊周期性进退，甚至偏摆，并带动减速机上扭矩支承的偏摆。

磨损严重时，就要调整挡块及下面的垫板，保持辊缝宽度不变或更小，以适应磨辊压力的适当加大，并同时对磨损严重处堆焊，如果磨损到极限程度，就应及时更换磨辊。

⑨ 当磨辊压力值、磨辊电流值、辊缝宽度的绝对值过高过低，或波动过大时，均表明辊压机出现异常状态，应尽快查找原因予以排除，否则要停车。

10.3.5 调节磨辊压力的不当操作

① 若稳料仓没有足够高度，或锥斗仓的断面积有变化，都会减少料柱对磨辊的压力，影响物料的致密度。

② 如果粗料提升机出口中心与稳料仓入口中心，或V形选粉机入口中心不在同一平面，若存在较大距离，会造成物料向稳料仓或V选（V形选粉机）溜子输送中产生离析。

③ 不重视斜插板对调节料量及料压的作用。有的辊压机直到斜插板磨坏，都从未调节过，对棒条闸阀的位置也不讲究，很少关心物料的离析程度。

10.4　选粉能力（回料量）

10.4.1　调节选粉能力的作用

在辊压机粉磨技术中，分离挤压后的物料，以及产生与控制回料量的方式，直接关系粉磨系统的效率，一直在不断演变。其形式从最初的锤式破碎，到使用 V 选以及各式分级机，从联合粉磨的工艺布局发展为半终粉磨、混合粉磨等多种类型工艺。

（1）辊压机运行中调节选粉能力的作用

由于原喂料中细粉量一般不足，无法满足形成高密实料饼对挤压力的适应程度。为此，控制辊压机的回料量，不只是为及时选出细粉，提高辊压机通过量，更主要是用回料粒径改善喂料的粒径组成，让物料能承受更大磨辊压力，提高磨辊挤压效率。

因此，调节选粉能力，就是为保证料饼的密实度、稳定料饼适宜厚度的措施之一。

（2）与辊压机其他自变量的关系

对选粉能力的调节要时刻密切关注喂料量及喂料物理性质的改变，也要关注磨辊压力的挤压效果。它们之间在不断相互影响与相互促进着。

选粉能力与通风量调节相辅相成，共同完成对料饼打碎后的高效分离作用。

（3）对系统因变量的影响

它通过对回料粒径的改变，间接影响辊压机电流与功率；在与通风量协同调节中，也会影响风机电流。

10.4.2　影响选粉能力调节的因素

（1）产品的粒径要求

当产品细度要求较细时，可能要增加辊压机的回料量，这不仅要提高选粉能力，而且挤压能力也要有相应调整。如在磨制水泥时，为获得需要的粒径组成，细粉中 $<3\mu m$ 的比例过大，而 $32\mu m$ 以下粒径偏低时，就应减小辊压机的挤压能力。

（2）料饼打碎与选粉机结构

对辊压机料饼的处理经过几种不同的方式：

① 各种类型锤式料饼打碎机　初期的辊压机粉磨系统设置专用于料饼的锤式打碎机，事实证明该设备不仅结构复杂，而且不具备分级功能，也经不起磨损，已被辊压机系统淘汰了。

② 配置 V 形选粉机　V 形选粉机属于静态风力分选分级设备，不但可以完成对物料粗、细粉的分离功能，而且利用物料随风改变运动方向靠挡板打碎料饼，可使辊压机处理量的 $30\%\sim40\%$ 物料进入管磨，分级精度高，入磨物料细度 $D_{90}\approx0.5mm$，$80\mu m$ 筛余 $15\%\sim35\%$，比表面积 $180m^2/kg$ 以上。其效果比其他打碎、打散设备都好。

　　当发现物料通过 V 形选粉机后仍有粗料短路进入细粉时，应该分别从风路与料路两方面检查：

　　a. 首先检查进、出风口的管道数量与位置，并且以形成均匀选粉料面为目标；另外，可适当关小挡风板之间的风道（图 10-9），开度仅为 $10\%\sim20\%$，甚至封死上部三排挡板，并打开下部挡板，这样既可避免风的短路，又能加快下部风速，以充分打散料饼，延长物料分级路线，显著提高选粉效率。

　　b. 当 V 形选粉机进料口下料过于集中时，可在此处增加 $2\sim4$ 块分料板，或调节分料板角度，或在入料溜子内间隔加焊两层相距 500mm 的打散格，改变入料分散程度。强化风料均匀接触，提高从物料中选出细粉的概率，提高辊压机效率。

　　③ 打散分级机的使用　与分级机（图 10-10）相结合的动态分级设备，可使辊压机处理量的 $50\%\sim90\%$ 物料入管磨，调节范围更宽，但分级精度较低，入磨物料细度 $D_{90}\approx2\text{mm}$，$80\mu\text{m}$ 筛余 $38\%\sim55\%$，比表面积 $100\sim150\text{m}^2/\text{kg}$，循环负荷为 $100\%\sim150\%$，可取代磨机第一仓大部分功能。其内风筒筛板筛缝应与物料流动方向顺流；筛孔为锥形，在安装中要求筛板正面开孔尺寸要小于背面开孔尺寸，即小孔径向内，不能装反，否则此孔易堵料。为避免粗粒撞击到风轮上，反弹至细粉区，可在内筒上部围一圈钢丝网，孔径与筛缝规格对应。

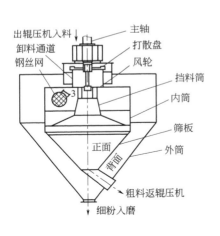

图 10-9　V 形选粉机结构示意

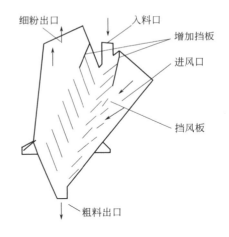

图 10-10　打散分级机结构示意

　　此设备可同时兼备打散与分级两项功能。当喂料粒度偏大时，可根据料饼提升机的能力，更换小篦缝筛板，如从 8mm 缩减为 5mm 或 6mm。其分级效果还取决于主轴转速：调低时，不仅打散功能降低，而且分级效果也会变差；但转速过高，会加快锤头、叶片磨损，故主轴转速宜控制在 $350\sim650\text{r/min}$；还应将内风筒上部管径缩小，向风轮内延伸约 10mm；同时，要提高磨损件及出料管下部等处衬板材质的耐磨性能。

　　④ 设置动态涡流选粉机　在联合粉磨中，将 V 形选粉机选出来的细粉再经管磨机前的新型动态涡流选粉机，与磨机原有的选粉机合并为一体，让辊压机与管磨的循环量都

"会师"于此（图 10-11 中框内装备），粗粉入磨，细粉通过收尘而成为产品，使部分产品为终粉磨工艺获得，避免过粉磨而节能。

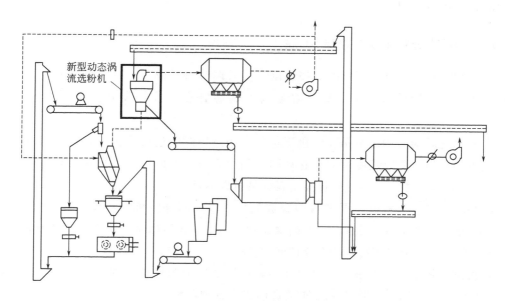

图 10-11　合并选粉的联合粉磨工艺

针对上述各类选粉装置与工艺流程，回料量的控制方式不相同。在预粉磨工艺流程中，辊压机一般是切出磨辊压边料作为回料（详见 11.1.3 节）；而联合粉磨工艺，现在通用 V 形选粉机，通过对其中的风板布置、角度、数量及风速进行调节都可改变回料效果；若用打散分级机，其转速、内锥筒高度、筛板孔径、布置方式与磨损状态也都影响回料数量与粒径。但这几种调节方式，都是利用停机，根据磨损经验修改回料量。只有选用新型动态涡流选粉机，方可在线调节可调翻板控制回料量。

（3）连接管道的安装

选粉机与旋风分离器、循环风机之间的连接风管不能随意安装与接通。不能由于现场空间较小，便随意改变弯管的曲率半径，缩小管径或随意连接。投入运行后，如果风门不大、循环风机拉力不足，回稳料仓的细粉过多；而开大风门入磨物料中又会出现粗颗粒。此时应重新检查管道是否畅通。

（4）循环风机的配置

常有双风机与三风机的不同配置方式［详见 10.5.2 节(1)］，其中循环风用量是指回 V 选的风量，它的大小决定回 V 选的细粉量，也要求有不同的控制方式，从而影响辊压机回料量及粒径组成。

10.4.3　判断回料量适宜的方法

① 辊压机料饼厚度适宜，与喂料量、磨辊压力相配，入磨物料细度与磨机能力匹配，

使系统综合单位电耗最低；

② 辊压机与提升机电流未超过额定值，电流值稳定；

③ 辊压机未振动。

10.4.4 调节选粉能力的控制手法

① 根据喂料量变化、磨辊的磨损程度，及时调节斜插板高度，这种调节虽不必经常进行，但应该定期检查，更应该配置喂料控制装置在中控室及时控制［详见10.1.2节(3)］。

② V选选粉能力的调节是在停机下进行。经过短时间运行停机检查，便可发现物料在V选中的路径及分散程度，如果有短路或集中下料，可按加挡板方式，并经开机后观察，停机后反复摸索，最终达到提高物料分级效果的目标。

③ 使用打散分级机时，要经常检查成品率，以判断分级机内各易损件的磨损情况；停机时，要及时清理环形通道内存在的堆积物，防止内风筒粘料；还要检查筛板磨损与堵塞情况，磨漏会使细料变粗，堵塞会使回料变少。

④ 配置涡流选粉机的系统，可以在运转中调节转速与风量，调整粗、细粉范围和比例，对回料量进行控制。但仍要先对V选内挡板合理调整。

⑤ 在选粉机降低转速的变频电机调节中，操作中每次调整量以1.0Hz为限，时间间隔1min，待电机稳定运行后再行调整。如果减速时间设置过短，或每次调整频率数过大（>3Hz），将威胁电机电流升高，导致保护系统跳停。

⑥ 重视各风机开度与各在线阀门位置的调整（参见10.5.4节②）。

10.5 通风量

10.5.1 调节通风量的作用

（1）通风量在辊压机系统运行中的作用

单就辊压机而言，对通风量的调节并不困难，但在联合粉磨系统中有多台风机运行，调节就不那么简单了：主要是如何协调主排风机与循环风机的风量及两者分工。关于主排风机的调节曾在8.2.4节分析过，故这里只讨论调节循环风机。

辊压机在系统中作为预粉磨时，循环风机的用风量不仅关系到改善辊压机原喂料粒径的程度，更要控制对入管磨的物料粒径所产生的影响。

（2）与其他自变量的关系

它受喂料量、磨辊压力及物料特性的影响较大，即与挤压后的料饼中粒径组成有关：细小粒径越多，所需风量就要大；它也与选粉设备的形式及结构有关，如用V选、分级机与动态涡流选粉机对通风量的需求都不会相同。

（3）对因变量的影响

直接影响循环风机的电流；通过改变入辊压机的粒径组成，影响磨辊电流、挤压效果及料饼的粒径组成。继而对管磨机电流产生影响。

10.5.2　影响通风量调节的因素

（1）风机配置方式

辊压机配置的循环风机的进风，就是旋风分离器带有细粉的出风，出风既可回到辊压机的 V 选，也可以与来自管磨机的排风共同并入管磨机选粉机，再经 1# 主收尘器从 1# 主排风机排出，联合粉磨系统工艺如图 10-12 所示。

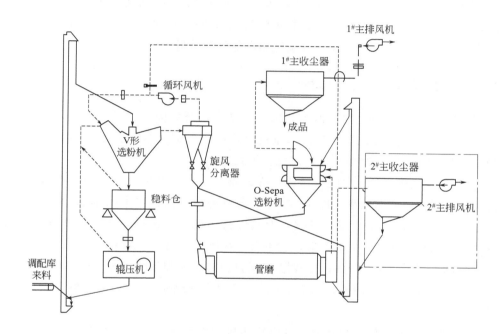

图 10-12　联合粉磨系统工艺

如果增加循环风机去 O 选（O-Sepa 选粉机）的风量，1# 主排风机风门就应相应开大，否则势必会影响磨内通风；反之，若要调整磨内通风，也要同时调节循环风机去 V 选的用风。即二者的调节相互约束。

在三风机配置的联合粉磨中，图中 2# 主排风机与 2# 主收尘器（点划线圈围部分）为增加部分，它将原有磨机出来的废气，由通向 O 选改为直接由该系统处理，原本 1# 主收尘器及 1# 主排风机负责粉磨系统的除尘与排风，现改为只负责选粉废气的处理。这样，三风机配置比二风机的调节操作要灵活得多，磨机通风不再受循环风机调节的干涉，但系统增加了设备量。

千万不能忽视这些风量的调节与匹配，有时看似系统正常，但调节效果对电耗的影响要远比对产质量的影响更大。

（2）风机性能及调节手段的可靠性

详见 5.3.2 节(4)、(5)。

（3）系统漏风状态

系统漏风将使风量调节惰性化。随着系统的复杂，漏风的可能性加大，尤其不能忽略收尘器的各种漏风，这种漏风不但隐蔽，而且影响最大（详见 8.2.2 节）。

（4）磨机与辊压机能力匹配关系

磨机能力偏低时，需要调整循环风机通风量，以满足入磨物料的粒度。

10.5.3　判断循环风机风量适宜的方法

① 挤压出的料饼粒径组成要满足要求，使入磨粒径满足 0.9mm 筛余＜50%、0.08mm 筛余＜20%、含水量≤1%；且为管磨机的选粉与粉磨能力平衡创造条件。

② 系统各风机所用功率的总和及系统用电能降到最低值。

10.5.4　调节通风量的操作手法

① 根据辊压机与磨机能力的匹配状态。以联合粉磨为例，循环风量过大会造成入磨物料细度偏粗，粉磨能力会显不足；风量过小，细粉入磨过多，易形成料垫。从节能出发，为提高物料在辊压机的循环量，此风量不宜过大。

② 在调节各风机阀门时要统一考虑。在调整某个阀门开度时，一定要保持与其他阀门的协调，更要注意调节效果。图 10-12 中，若从旋风分离器出来的排至 O-Sepa 选粉机的风量过大，回 V 选的风量就会不够，影响分料效果；若过小，则循环风机就会憋风，甚至振动。而按照图 10-11 中的设置，就不会存在风机"顶牛"的情况。

循环风阀一般开度为 100%，并根据 V 选进出口风压和系统工况，适当调整循环风机转速和主风阀开度。不但保持 V 选系统负压，改善选粉细度；更要有足够风量，确保系统产量。

③ 三风机配置中，只要产品细度及出辊压机物料粒度允许，应尽可能开足收尘风机的阀门，使物料在各类选粉机内得到充分分级。

当产品细度较粗而磨内还表现负压不足时，可发挥三风机系统调节优势。除了采用增加物料在磨内停留时间的措施外，还可令部分磨尾收尘下的成品，返回到出磨斗提中一起进入 O-Sepa 选粉机，并增加磨内排风，提高磨内负压，而不使磨头产生溢料。

④ 当喂料粒度发生变化时，辊缝会改变，若判断是临时波动，无须停车调整。此时调节循环风机转速，改变回辊压机粗粉量，便足以确保辊缝相对稳定。

第11章

>>>>>>

对粉磨系统因变量的分析与控制

粉磨系统因少有化学变化，故其参数远比烧成系统简单，但在处理自变量与因变量间的关系时，仍需要有明确的思路，尤其现在针对不同的原料与成品，流行各种可供选择的粉磨类型，彼此差异较大；更何况，为发挥各自特长，各类粉磨设备之间还互相搭配。所以每类系统都要抓住因变量中的不同核心参数，才能准确判断搭配后的各自优势，发挥自变量调节的效果。

11.1　不同粉磨装备间的优化配置

11.1.1　不同粉磨系统的原理与能耗对比

按粉磨原理，粉磨设备可分为单粒粉磨与料层粉磨两大类。管磨机为单粒粉磨；立磨、辊压机则是料层粉磨。理论与实践都证明，料层粉磨比单粒粉磨显示出更大的产能与节能优势。为提高系统效率，粉磨设备应该按物料粒径变化范围分为粗破（从 25mm 到 1mm）与细研（从 1mm 到 $10\mu m$）两个阶段，根据不同原理，并借助选粉设备加以区分，最大限度降低粉磨过程的能耗。

（1）管磨机

作为传统的粉磨设备，由于单粒粉磨效率低下，产品电耗高。随着料层粉磨装备的出现，管磨机，包括中卸磨［详见 12.1.2.2 节（1）③］的应用范围正在缩小。仅由于管磨机对不同物料性能的适应性较高，且最终产品的颗粒形貌比料层粉磨更理想，因此，让它与更适于粗破的料床粉磨设备配套，承担细研作用，彼此扬长避短，在降低系统能耗中，还能有它的一席之地。

（2）立磨

在料层粉磨设备中，立磨虽不是最节能的磨型，但它对物料的适应性强，应用相当广泛，在制备生料、煤粉、水泥、超细矿渣等产品中，都存在优势，常是辊压机难以比拟的。

从立磨的结构讲，其自身就有粉磨与选粉两项功能。而且作为研磨体的磨辊，依靠磨盘转动的摩擦力在磨盘上自转，对在磨盘中心向外缘运动的物料施压，便能独自完成从粗磨到细研的全粉磨过程（图 9-1），只是时间过于短暂，所以它常在终粉磨工艺中使用，但细研后的颗粒形貌不甚理想。

（3）辊压机

它与立磨虽同是料层粉磨装备，但它的特点在于：

① 在相同磨辊直径及表面形状下，辊压机对物料的拉入角（6°）小于立磨的（12°），最大料层厚度要小，允许喂料中的最大粒度要小，故辊压机对物料粒径要求更高；而立磨的料层越厚，磨辊直径就要更大，对单位磨辊宽度需要施加的压力更大，且每次挤压效果不如辊压机。

② 因为磨辊对物料是一次挤压，选粉又是在机内进行，它的单位产品能耗比立磨低约 1/3。

③ 辊压机由于料层较薄，辊面对金属异物比立磨更敏感；再加之辊压机缺少烘干能力，不允许物料含水量过高，所以对物料性质变化的适应性差。

这些特点就决定辊压机更多情况难以独立作业，除非物料易磨性好，如原料含水少的生料才用终粉磨，更多情况需要与管磨机配套，并可摸索多种配套形式。

11.1.2　立磨与管磨机的配置方式

立磨与管磨机的配置方式目前还较为单一，基本都是以预粉磨方式配置。当立磨只靠自身作为终粉磨形式出现时，最好用于分别粉磨方式，以两台立磨并联方式，分别粉磨易磨性差别较大的物料，如熟料与矿渣等，然后再经混料机成为成品。此时也可用管磨机与之并联，粉磨配料量较少但易磨的物料，如页岩、石灰石等。

11.1.3　辊压机与管磨机配置方式

由辊压机和闭路管磨机组成的粉磨工艺流程有四种常见形式：预粉磨、混合粉磨、联合粉磨及半终粉磨（图 11-1）。

充当预粉磨的辊压机要用侧挡板控制回料，将磨辊两端受压不足的物料分离后返回辊压机，只将中部受压物料喂入后续磨机。加装侧挡板可以使系统能力增加近 50%，主机电耗下降 14%。为了减小预粉磨的边缘效应，辊压机宜选直径小、辊面宽的磨辊。

混合粉磨的控制回路长、调整缓慢，且辊压机在系统中所担负的任务与预粉磨系统差别仅在于，混合粉磨将闭路磨的粗粉都返回至辊压机稳料仓，使辊压机的喂料粒径控制还要受磨机系统的影响，增产节能效果不明显，因此，凡设计成混合粉磨的系统多已改为预粉磨方式。

联合粉磨由分选设备与辊压机组成了粗料循环闭路系统，可将辊压后产生的较细颗粒选出入磨，以改善后续磨机的粉磨状况，节约电耗。联合粉磨可以选用直径大、辊面窄的

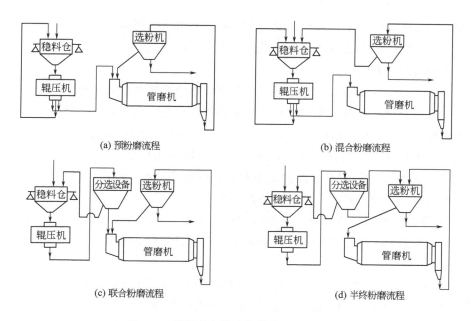

(a) 预粉磨流程　　　　　　　　　　(b) 混合粉磨流程

(c) 联合粉磨流程　　　　　　　　　　(d) 半终粉磨流程

图 11-1　辊压机与管磨机的主要匹配方式

磨辊，有利于提高磨辊对物料的啮入性能，适应较大颗粒物料，保证料层的稳定性；而且延长物料受挤压的时间，提高轴与轴承承载能力，提高安全运转与使用寿命。

　　半终粉磨的装备与联合粉磨一样复杂（图 10-11），但多加的分选设备却与磨机选粉串联，即分选出的细粉通过闭路选粉，使辊压出来的合格产品不再入磨，以提高磨机能力，但节能幅度并不大。

　　以 $\phi 4.2m$ 管磨机为例，它们与同规格辊压机、O-Sepa 选粉机相配可以组成各种闭路系统，表 11-1 数据对比将显示各种配置的优缺点。

⊡ **表 11-1　各种配置的数据对比**

粉磨流程	一级闭路	预粉磨	联合粉磨	半终粉磨
磨机规格	$\phi 4.2m \times 12m$	$\phi 4.2m \times 11m$　　　　均为 2800kW		
辊压机规格		$\phi 1.4m \times 0.65m$ $2 \times 500kW$	$\phi 1.4m \times 1.0m$ $2 \times 650kW$	
系统能力/(t/h)	78	115	150	160
增产幅度/%		47.44	87.18	105
主机电耗/(kW·h/t)	34.26	29.36	25.37	25.58
主机节电幅度/%		14.3	25.9	25.3

11.1.4　优化配置后对管磨内结构调整

　　只有减小磨内结构阻力，让磨机断面阻力分布均匀，才可能降低磨机与风机的能耗。

（1）优化配置后的磨内结构调整

在配置辊压机的管磨中，入料细度大大降低，磨内结构更需调整。尤其是让辊压机的旋风分离器选出的粗粉直接送入出磨斗提机（图10-12），且收尘灰进入成品后，磨机只接受自身选粉机的回粉。

常见结构所产生的缺陷有：隔仓板及出料篦板篦缝易堵塞；隔仓板断面上的过料能力不均衡，中心部位风速较高，粗粒物料及碎球易进入后仓；隔仓板附近球料比不合理，形成"低效研磨区"；尤其在磨辊压力不高、第二仓研磨体级配不合理时，细研效率会很低。

为此，国内福斯特公司开发了防堵塞篦板、防堵塞出口装置、均风稳流隔仓板（图8-5）等专利产品，增加了粗粉在磨内被磨时间，提高了出磨细粉比例。

（2）磨内结构调整应符合原料特性与产品要求

① 磨内分仓的原则　如果物料易磨性差，或粉磨低标号水泥，第一仓长度可适当延长，有利于提高磨机产量及水泥强度；如果生产高标号水泥，则要缩短第一仓长度。调整范围限于0.25m。

② 隔仓板的改变　尝试取消磨内隔仓板的筛分作用，将内筛板孔（原2~3mm）改为两边缝宽度为6~8mm的普通双层隔仓板，开孔率可降至15%以下；两层中间用弧线形扬料板，保持强制过料功能。但如果比表面积调节的灵敏度达不到80μm筛余，虽仍可使用带筛分装置的隔仓板，但一定要注意每块筛板之间的侧间隙不可过大（一般≤1.5mm）。

③ 衬板的重新选配　第一仓衬板采用节能型环沟阶梯衬板，并降低衬板工作面的提升角度，减少研磨体的冲击能力，增加其滚动研磨能力。

第二仓衬板为锥形分级衬板，为了减少研磨体出现"结团滑落"现象，降低部分研磨体间的相对滚动摩擦，可根据实际有效仓长，设置3~6道活化衬板，有利于研磨体形成三维运动空间。同时，为了延长物料在磨内停留时间，可以适当堵塞部分篦缝，或在筒体最外圈安装高为200~350mm的铸造盲板，或设置一道实心挡料环。

④ 钢球的重新配置　为减缓物料流速，强化研磨能力，可遵循以下原则，以磨机每米研磨体创造的平均比表面积越大越好，一般应大于10m²/kg。（即 $\frac{S_1/S_2}{L}$，S_1、S_2分别为出、入磨物料的比表面积，L为磨机有效长度）。

a. 钢球填充率。为了减缓物料在磨内流速，使物料充分研磨，保证磨机出料中含有足够量微粉，一般确定磨机第二仓填充率比第一仓高1%~2%，它们分别为32%~33%及30%~31%。

b. 最大球径与平均球径。适当降低钢球的平均直径，最大为φ40mm，依次为φ30mm、φ25mm、φ20mm，小球为φ17mm、φ15mm、φ12mm、φ10mm，取消钢段。如果系统中没有配置打散机或V选，辊压后的物料大部分直接入磨，物料粒径分布会很宽，再加之辊压机处理物料能力较小而挤压效果不好，或熟料、混合材易磨性较差时，钢球最大球径要增大至φ70mm，乃至φ90mm。

钢球的平均球径，第一仓根据入磨物料粒度、易磨性等，可在60~69mm之间选取；

第二仓根据成品质量要求等因素，多在 20～28mm 之间选取。

　　c. 确定钢球级配。磨机系统可通过台时产量、出磨筛余、回粉筛余、成品比表面积和成品的颗粒分布等参数变化情况分析与调整，以逐渐形成更加合理的钢球级配方案（详见 8.4.4 节）。

　　（3）根据运行结果，修正磨内结构

　　通过入磨物料的筛余与比表面积关系，选取仓长与配球。当筛余值不高、而比表面积不低时，说明第一仓细碎功能不需太大，此时第一仓长度宜短，钢球球径宜小；相反，筛余值高，而比表面积低时，则应加大第一仓长度，钢球球径加大。

11.1.5　选粉的优化配置

　　（1）立磨的选粉配置

　　当立磨作为管磨机的预粉磨时，原立磨内的选粉部件将被外置，而称为 CKP 磨，与管磨产品选粉统一考虑。这样可以有效降低喷口环阻力。该类型配置最终将成为终粉磨工艺，有希望成为最节能的粉磨系统。

　　（2）辊压机的选粉配置

　　目前多数辊压机已与 V 形选粉机相配，并且开始配用打散分级机或动态涡流选粉机。实践证明，V 选和动态涡流选粉机组成系统，与打散机相比，更能提高系统产量、降低电耗。V 选的使用曾经增加了系统的循环负荷，需要增大辊压机及提升机能力，磨机与辊压机功率比从 3 降到了 1.5 以下。在投入动态涡流选粉机后，这种发展趋势得到抑制。

　　当以半终粉磨相配时，只有当辊压机分选设备与磨机选粉机合为一体时，这种工艺流程才会更为简化而受到青睐。当它们配置到最佳状态，入磨物料的粒径小而均齐时，磨机就可改为单仓，甚至开路，从而减小磨内阻力，使钢球配比简单。此技术已成为国外发展趋势，而国内目前的部分试验尚不理想，其中原因恐怕与原料的稳定性不足有关。

11.2　各类粉磨系统的操作思路

　　操作粉磨系统同样需要正确的操作思路［详见 4.3.2 节(2)］，同样应该准确分析自变量与因变量的关系，采取合理的操作措施，实现磨机的高产优质低消耗。只是粉磨系统中管磨、立磨、辊压机等装备的粉磨原理差异较大，各有特点，需要分别分析。

11.2.1　管磨机的操作思路

　　（1）管磨系统的核心参数

　　回顾管磨机六大操作手段的分析，该系统的核心参数应当是什么呢？作为操作者思路的出发点（图 11-2），它应当是磨内物料流速。用核心参数的三条标准予以衡量，看它是否符合：

　　① 直接影响管磨产量、质量与消耗指标的水平　磨内流速高有利于产量提高，消耗

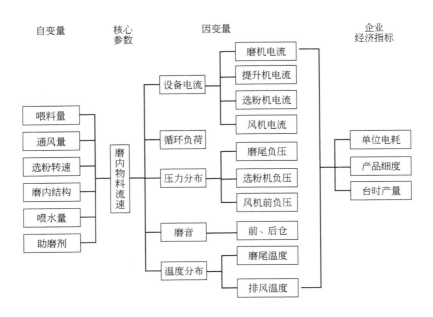

图 11-2 管磨机自变量与因变量关系

降低，但过高会影响产品质量，尤其在开路磨中；即使闭路磨有选粉机负责最终质量，但循环负荷过大，同样比表面积条件下，细粉含量会高，能耗势必增加。反之，磨内流速过低，会有过粉磨产品，其质量也并非理想，也不可能高产低耗。

② 管磨机所有自变量都对它有直接调节效果　一条水平横卧的管磨机，物料之所以能从磨头向磨尾运动，主要靠三种动力推动物料在磨中前进：磨头不断喂入物料从粗料向细料的推力；从前仓向后仓由大钢球向小钢球的推力；磨尾排风形成负压的抽力。这些动力的大小及物料接受此力的难易决定了物料在磨内的流速。即管磨机六个自变量中喂料量、磨内结构、通风量就是作为三种动力在推动物料前进，磨内结构中的隔仓板也直接改变对物料流动的阻力。另三项自变量则是通过改善物料受力能力而影响磨内流速：闭路磨中的选粉效率决定了细粉返回磨机的量，改变了它们回磨缓冲钢球对物料的冲砸效果；水泥磨中，喷水量控制着磨内温度，助磨剂改变物料表面活性。它们都改变磨内物料流速。所以，衡量六大自变量是否调节到位，一定要看磨内的物料流速是否合理。

③ 可以验证因变量的变化趋势　衡量管磨控制的所有因变量，都可反映磨内流速的控制效果：当磨机电流增加、磨音变脆、系统负压变大、循环负荷增大、磨内温度升高及产品细度变粗，所有这些变化无一例外地反映磨内流速在加快，这种变化趋势完全可以表明自变量的操作效果是否满意。

通过三个条件的衡量，将磨内物料流速作为中心操作参数是称职的，而且也难以找到其他因变量能替代它的位置。因此，它应当成为管磨操作思路的出发点。

（2）管磨粉磨物料要解决的主要矛盾

提高管磨粉磨效率，就要解决研磨体向物料施加力的大小，以及物料接受这种力的难易程度这样一对主要矛盾，并寻求该研磨能力与物料通过能力的平衡。物料的磨内流速之所以是关键参数，正因为它反映了该矛盾的解决效果，直接影响磨机产质量及能耗等指标的完成好坏。

在配有选粉机的圈流粉磨系统中，管磨机的粉磨能力与选粉机间的平衡就成为系统的主要矛盾。如果粉磨能力不足，物料就要增加它在系统内的循环次数，系统电耗增加；反之，如果选粉能力不高，就要增加返回管磨机的细粉量，缓冲钢球对物料的粉磨能力，系统能耗也高。因此，循环负荷就是衡量这对矛盾解决好坏的指标。

（3）明确思路的最终目标

无论任何粉磨系统，从技术角度出发，只有降低单位产品电耗，才有生命力；从市场竞争角度出发，企业产品的能耗最低，才能有低成本；而从环保角度出发，只有节能才应当允许生产。对于某一指定粉磨系统，管磨机的单位电耗比立磨高，立磨比辊压机高，但其运行条件要属管磨机最简单。它们同样有一个规律：要想获取较低单位电耗，就要有足够高的台产，但只追求高台产，不如更重视降低单位电耗的措施与条件。因为这与烧成系统一样，粉磨系统最高的能耗转换效率并不是在产量最高时，甚至设备规格变大时［详见1.1.2 节，12.3.2 节(1)］，因此，它们的单位能耗并不低。

11.2.2 立磨的操作思路

（1）立磨系统的核心参数

立磨的调控与管磨有很大不同。该系统因变量的核心参数应当是磨内压差（图 11-3）。试看该参数是否符合核心参数的三个条件：

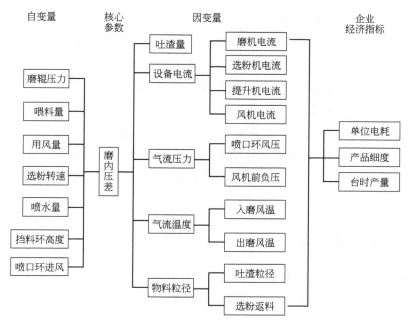

图 11-3 立磨自变量与因变量关系

　　① 它直接影响立磨产、质量与消耗指标的实现。操作立磨者都知道，在磨内压差实际值与允许值相差较大时，才表明有增加产量的潜力，无论操作哪一个自变量，最后能否有效，都要看磨内压差是否降在允许值范围之内，这是增产降耗的直接表征。

　　② 立磨的自变量均可对磨内压差有直接调节效果，也被它们的调节能力所约束。磨内压差是立磨内物料流速的具体表征，立磨形成产品的过程是：喂料到磨盘，靠离心力经磨辊碾压后到磨盘外缘，准备出磨再循环之前，其中细粉被底部四周喷口环进风吹起，向磨内上部的分离器运动，细粉排出磨外，粗粉返回磨盘；吹不起的粗粒直接出磨进外提升机循环入磨。在此过程中，系统排风机排风与喷口环进风是磨内压差形成的动力，通过对风机风压或喷口环面积的调节，都可直接改变磨内压差；反之，依靠此压差作为携带粉尘气流的动力，将此气流吹至选粉叶片将最为主要。磨辊压力的碾压效果直接决定气流携带粉尘的量，改变对磨内压差的需求量；喂料量、选粉机转速、喷水量都会改变气流运动的阻力，要求更高的磨内压差。总之，调节这些自变量都会改变磨内压差的形成量与需求量，对它们的调节能力也就必然制约磨内压差的改变能力。

　　所以，磨内压差可以随时检验每项自变量的调节是否得当。

　　③ 所有调节效果均可由此参数验证其合理程度。立磨的料层厚度、外循环量（吐渣量）、产品细度、磨机主电流、选粉机电流、废气温度等操作效果，无一不是通过磨内压差的大小验证。比如，当磨盘料层变厚、外循环量增加、产品变粗、磨机主电机电流变大、选粉机电流变小、出口风温变高时，都说明磨内压差变小。所以，磨内压差是平衡立磨操作各大矛盾的象征。这是立磨操作理念应当树立的中心思想。

　　(2) 立磨要解决的主要矛盾

　　立磨系统要解决的主要矛盾是粉磨能力与选粉能力的平衡，而磨内压差就是衡量这对矛盾匹配效果的核心指标。其粉磨阶段的主要矛盾是磨辊对物料施加碾压的力与物料接受该力的平衡；而选粉阶段主要矛盾是产品质量与能耗之间的矛盾。

　　(3) 明确思路的最终目标

　　立磨操作的最终要求比管磨机要高，它必须是在保证立磨振动所允许条件下的最大节能。因为设备任何振动都是在消耗能量，因此减振不只是为运行，更是为节能。但引起立磨振动的原因较多，需要采取针对性措施，需要有洞察核心参数与其他参数的能力。

11.2.3　辊压机的操作思路

　　(1) 明确辊压机的核心参数

　　辊压机众多因变量的核心参数应当是料饼厚度与密实度（图11-4），它同样应符合核心参数的三个基本条件。

　　① 追求适宜的料饼厚度及密实度是保证辊压机高产、优质、低耗的关键操作目标。

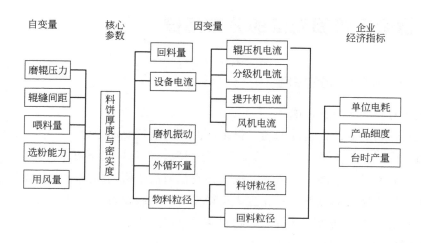

图 11-4　辊压机自变量与因变量关系

② 在辊压机的五大操作手段中，无一不是为了实现对料饼厚度的高水平控制。比如：稳料仓料位、辊缝间距、磨辊压力、循环用风量与回料量之间的合理匹配就是要实现料饼合理厚度与密实度。正是通过料饼厚度的适宜程度在验证每个操作手段应用的正确性。

③ 判断辊压机操作效果的因变量尽管有料饼粒径组成、产品细度、磨辊电流、外循环量、磨辊振动等参数，但它们都受到料饼厚度与密实度的制约。另外通过这些参数也能衡量料饼厚度与密实度的合理性。因此，料饼厚度与密实度是判断辊压机操作中主要矛盾解决好坏的标志，理所应当将它作为正确操作思路的源头。

由于料饼粒径组成并非检验内容，也不能在线测定，因此，需要开展这方面的研究与验证。

（2）辊压机要解决的主要矛盾

调节磨辊压力的目的在于，在确定辊压机两个磨辊间距后，在磨辊允许载荷条件下，选择适宜的磨辊压力，以得到合理的料层厚度与密实度，使辊压机实现耗能最低的经济运行。

辊压机磨辊压力的施压过程在于：物料在短时间内通过压力区，从压力开始点受力，到压力零点结束受力。一次性接受巨大能量，靠物料间传递挤压力，让料层中强度低、粒度大、有缺陷的颗粒最先压碎成细粒，并填充于间隙，增大料层的相对密度。

（3）明确思路的最终目标

在各类粉磨设备中，辊压机的粉磨能耗最低，但它的应用条件要比管磨与立磨都苛刻得多，尤其对喂入物料的物理性质要求较高。这不仅是为了避免与立磨有差异的振动，更是为了适应它的粉磨原理，使磨辊间对物料挤压的接触远远少于立磨磨辊与磨盘接触频次，从而有节能效果。

11.3 粉磨系统因变量的分布规律

11.3.1 各点气流负压的控制

（1）风压对粉磨效率的影响

驱动物料在粉磨系统内运动的动力很多，但风力是重要动力之一。前文对烧成系统做过详细分析（详见6.3.1节），粉磨系统虽较之简单，但作用仍不可小视。

如物料在管磨机与立磨内的流速，很大程度都取决于磨内风速，为保持粉磨产品的低耗，它们要与磨内阻力时刻匹配；在进入选粉设备或分级设备后，风压大小将对其效率起决定性作用；它的大小还决定允许入磨物料含水量的上限。

（2）不同粉磨系统的负压分布特点

① 管磨机的压力分布是：全系统都处于负压状态，磨头为接近零压的微负压，磨尾负压高于磨头，磨尾排风机的机前负压最高。

② 立磨的压力分布是：由正、负压共同努力，确保气流携带物料运动。磨盘以下靠从喷口环鼓入适当温度的气流，形成正压；直到磨盘上方为零，即此处为正、负压分界的零压面；上部至产品出口处是靠系统排风机形成负压，将选出的合格细粉与废气一起带出。

③ 辊压机的气流分布是：在磨辊对物料挤压阶段没有气流作用，在打碎料饼进入 V 选后，由于选粉机内的气流呈负压状态，风压将对不同粒径的粉料分离起关键作用；如果要分出符合粒径要求的产品，风压大小的调整更是至关重要。

11.3.2 各点温度的控制

（1）温度对粉磨效率的影响

磨机运行虽是低温状态，但也应有正常的温度范围，过高、过低都会干扰粉磨效率；温度过高还可能发生石膏脱水、包球等现象，还会对磨尾轴承温度产生不利影响；但温度过低，也不利于物料磨内流速，如冬季启动磨机需要较长时间，意味着增加耗电量。

（2）如何控制粉磨流程中的温度

磨机粉磨过程中，其热源主要来自研磨体与物料间的摩擦、碰撞生热；或靠某些原料（如未冷却的熟料）入磨带入的潜热；当物料含水量较高时，就需要专门引用窑的余热，或设置专用热风炉，如煤磨、生料立磨、矿渣立磨等，这时的温度分布更显重要。

对于无热源的磨机，温度分布规律一般是，随着物料经过研磨体对它的冲砸与碾压过程，将一部分动能转化为热能，因此，物料在离开设备之前的温度最高。在有专用热源时，更要重视气流温度，它同样是在离磨时最低。

为克服热能对物料或设备的不利影响，磨内要用通风手段予以控制，即用电能转化为风能给以冷却。因此，温度分布能反映喂料量、通风量等自变量的调节效果。

11. 3. 3　各点粉料细度的控制

粉磨工艺全过程本身就是为获得粉料所要求细度而设计的。物料入磨粒径不同，粉磨设备的粉磨原理也不相同。因此，对粉磨效率与能耗有重大影响的是，粗碎阶段与细研阶段的粒径分工与交界位置。

如管磨内的第一仓与第二仓的隔仓板位置，选粉机的切割粒径与效率，磨内配球对物料粒径的适应等都是管磨机应用的关键技术；在立磨内，喷口环与分离器对物料粒径的分割，直接影响返回磨盘接受碾压的物料粒径；而辊压机的料饼打碎分离、分级机，将决定返回磨辊与入管磨的物料粒径。

第12章

▶▶▶▶▶▶

改善粉磨系统四大技术经济指标的操作

在逐项讨论各类磨机自变量的操作手段及如何控制因变量之后，就应该综合应用这些操作手段，改善台产、质量、消耗以及完好运转率等技术经济指标。

12.1　如何降低粉磨能耗

12.1.1　均质稳定是粉磨节能降耗的首要条件

现代粉磨工艺，为了大幅节能，已经从单体粉磨发展为料床粉磨，对原料粒度、含水量等的均质稳定程度有了更高要求。如果说管磨机，粒度大小对生产的影响程度，只涉及磨机产量及消耗大小，但对于立磨及辊压机，设备就会因此而跳停，无法正常生产，所以，均质稳定已是磨机维持运行的必备条件。

为了达到均质稳定的运行，应该满足以下要求：

（1）严格控制被粉磨原料的质量

① 控制原料粒度　当破碎机锤头磨损，破碎物料已经变粗时，绝不能为了节约破碎成本，而不及时更换锤头；也不能忽视物料在输送与储存中可能造成的物料粒径离析。它们都会极大影响粉磨效率。

② 控制原料含水量　生产中经常为原料所含水分过多而困扰，水分过多不仅影响指标完成，甚至威胁生产正常进行。因此，有必要详细了解自然界矿物（包括原煤）中所含水分的不同状态和性质：

a. 结构水，即离子水，在分子式中用 OH 表示，如高岭石 $Al_4[Si_4O_{10}](OH)_8$。这种水要想脱离矿物，需要很高的能量，一般在 $600 \sim 900 ℃$ 才能脱水解体。

b. 中性水，它包括结晶水、沸石水、层间水。它们的代表矿物分别有二水石膏 $Ca(H_2O)_2[SO_4]$、钠沸石 $Na_2[Al_2Si_2O_{10}] \cdot 2H_2O$、钠蒙托石 $Na_{33}(H_2O)\{(Al_{167}Mg_{22}[Si_9O_{10}](OH)_2)\}$ 等。对它们脱水所需能耗要比结构水少，一般可在 $200 \sim 600 ℃$ 范围

除去。

c. 胶体水，是胶体矿物固有的特征，在化学结构式中有反映，但其含量不定，如蛋白石 $SiO_2 \cdot nH_2O$，处理这部分水要比中性水更容易些。

d. 吸附水，不属于矿物本身的化学组成，在化学式中不能表示，它是存在于矿物间隙中的自由水，略高于 100℃，就能蒸发出来，故用烘干工艺便可排除。

根据上述水分的不同性质，当某种矿物确实含水量过高时，可以有针对性地根据水所存在的状态，采用相应烘干设备。至于因雨水而增加的水分，则应该投资建设防水、排水设施。

③ 水泥粉磨中关键在于稳定熟料质量　粉磨站在购置熟料时，常常是以熟料中的游离氧化钙含量论质量，认为越低质量越好。尽管游离钙检验比较容易，但事实熟料质量的判定绝非如此简单：如果熟料过烧，强度不但不高，而且更难粉磨（详见文献［1］1.4节）。更何况熟料在露天存放时间较长，经过不同程度的水化，游离氧化钙含量确实不高，但这种熟料强度降低，无法多加混合材，而且易磨性更差，电耗明显增加。过去冬季储存熟料的做法，绝对是一种既不合理，也不合算的经营策略。

（2）实现设备完好运转率，才能均质稳定

这要靠高性价比的装备及高水平的设备维护（详见 3.3 节、文献［4］及文献［1］12.2～12.4 节）。生产调度要尽量减少开停车次数，为追求获得峰谷电费差价频繁开停，虽可节省电费，但耗电量会为此而增加，同时也无法保障窑系统稳定生产。正确做法是克服薄弱环节，保证窑、磨产量的平衡。

（3）提高操作者及全体员工的素质

原材料均质稳定与设备完好运转率是企业员工共同努力的结果，不仅中控操作员要做到稳定操作，并选择最佳参数下的运转（详见 4.2 节、4.3 节及 11.1 节），避免盲目冲击产量所造成的能耗浪费，而且与原材料采购、装运、均化、破碎、输送相关的各岗位操作，以及设备购置、维护、维修人员有关。故应将均质稳定列为对他们的主要考核指标。

12.1.2　粉磨工艺中节能降耗的途径

12.1.2.1　易磨性原料的选择

在选择粉磨原料时，不只要重视主料石灰石或熟料的易磨性，也要考虑其他辅助原料及混合材的易磨性。从有利于粉磨工艺的节能角度出发，应重视原料的物理性能，如易碎性、易磨性、粒度、水分、黏性等，而不能只考虑原料化学成分含量，更不能只考虑价格因素。

按原料来源可分为天然性原料与工业性原料两类：天然性原料的质量稳定性较差，而其他工业的下脚料会相对稳定，而且从保护环境及循环经济角度出发，理应先选择这些工业副产品。但当今工业副产品也并不都合理，如当今流行使用的电石渣，虽可代替石灰石，而且能减少粉磨电耗，但它是生产乙炔的副产品，它所用的原料正是优质石灰石。就此而言，如果水泥企业百分之百使用电石渣，就等于放弃劣质石灰石不用，岂不加剧自然资源的浪费和枯竭。显然这类非综合利用资源的项目，值得深究，不能轻易享受国家的减税优惠。

12.1.2.2 选择最适宜的粉磨工艺

粉磨工艺发展至今已有很多种。合理选择粉磨工艺，实质是选择适合不同原物料特性的粉磨技术。不仅在基建阶段要根据不同原物料的价格与加工性能选择粉磨装备，考虑吨能力投资最低，生产中更要看单位产品能耗最低的粉磨效率（图12-1）。因此，有必要从粉磨的能量转换原理上识别粉磨工艺的先进性。

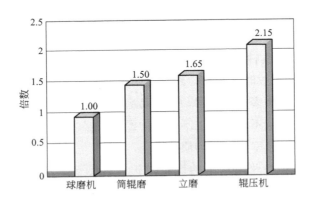

图 12-1 比表面积为 300m²/kg 时各类粉磨效率比较

根据原理，粉磨系统中有三个不同的能量转换阶段，即粗磨阶段、细研阶段、选粉阶段，其中只要某一环节的效率降低，都会制约全系统效率。

在管磨机中这三阶段区分较为明显：粗磨是靠钢球带起后的势能转换为动能后对物料做功，细研是靠钢球与物料间相对运动研磨进行，选粉则是让风能将成品与粗料靠离心力分离。在立磨及辊压机中，物料入磨区域是粗磨阶段，出辊前是细研阶段，选粉则分别是由磨内选粉及磨外的 V 选等设备完成。每个环节都有提高效率的不同手段。由此可知，为提高粉磨效率，应该尽快摒弃采用钢球对物料冲砸的低效形式，并从提高选粉效率方向努力。

（1）生料制备

辊压机与立磨虽同是料层粉磨设备，但它们在终粉磨工艺中各有优缺点。生料制备中，辊压机终粉磨电耗比立磨少 1/3，节能显著。尽管有含水量较高时难以应用、对生料细度控制的能力不高等弱点，需要烘干、选粉等辅助工序，但它还是在市场上显示出强大的生命力。

辊压机生料终粉磨工艺的优势在于：

① 从工艺角度看，对硅质原料，辊压机比立磨更能适应，磨得更细，有利于生料煅烧中硅酸三钙的形成（当增大 200μm 筛余时，并未影响煅烧，即可说明）。这是因为辊子对物料的碾压力比管磨中的球要高，而立磨的用风量远远大于辊压机用风，使成品中有较

大粒度的硅质原料；从机械角度看，辊压机的料床压力约为立磨的 5 倍以上，压出的细粉形状均为针状或片状，生料易烧性好，而且工艺流程简单，占地少。

② 辊压机所配设备要少于立磨，装机容量低。只需要 V 形选粉机、涡流选粉机、提升机与风机即可。立磨选粉装置虽为内置，但它要有排渣设施，返料输送；还需锁风装置。但不论是三道阀，还是回转锁风阀，使用效果都不理想，直接影响能耗。所以，同为国产设备，包括土建、安装费在内，辊压机总投资要低于 5%。

③ 表 12-1 中辊压机与立磨系统生料台产分别是 220t/h 与 190t/h，虽总装机容量仅低 2.5%，但系统电耗已降至 10～13kW·h/t，比一般立磨要省 3～5kW·h/t。以年消耗生料 250 万吨计，年节电费用为 500 万元左右。

⊡ 表 12-1　相同规格不同粉磨装备工艺的系统能耗对比表

项目		辊压机终粉磨方案	立磨粉磨方案	中卸烘干磨粉磨方案
系统产量		设计值 220t/h,保证 200t/h	190t/h	设计值 185t/h
质量指标		$R_{90}<14\%,R_{200}<1.5\%$		
主机规格		CLF180-100,2×900kW	3626,2000kW	$\phi4.6m×(9.5+3.5)m,3550kW$
选粉装备		VSK 型,75kW	动态选粉机,75kW	组合选粉机,160kW
循环斗提		760t/h,90kW	200t/h,37kW	700t/h,132kW
系统风机		$4×10^5m^3/h,6300Pa,1000kW$		$3.1×10^5m^3/h,7000Pa,1000kW$
旋风筒		4-ϕ4500mm	4-ϕ5000mm	无
总装机功率		2965kW	3112kW	4842kW
系统单位电耗 /(kW·h/t)	主机	8.2	10.5	17.5
	选粉机	0.2	0.3	0.79
	斗提	0.7	0.2	0.65
	风机	3.8	5.26	4.96
	其他	0.1	0.2	0.1
	合计	13.0	16.46	24.0

④ 辊压机发生振动的可能性要小，只要重视喂料稳料仓内的物料保持恒定，且没有细粉离析，振动就不会发生。而立磨振动原因较多，成为威胁辊压机正常运转的主因。

⑤ 辊压机的维修费用低，轧辊复合辊面可达 30000h，而立磨的磨盘与磨辊寿命仅为 8000h。易损件的维护费用，每年可节约 150 万元。

（2）矿渣粉磨

辊压机加管磨的方案要比立磨用电高 10kW·h/t，但因矿渣粉流动性好，售价要高 20 元/t。

（3）水泥制备

立磨终粉磨工艺与辊压机管磨的联合粉磨工艺比较，前者是有待发展的新技术，能否取代后者，还将取决于两者降低能耗的潜力。

① 立磨水泥终粉磨　将立磨作为水泥终粉磨流程的装备，国外早已成功使用，占有

率达 60％以上，我国近年也有数台应用。与管磨机单独粉磨相比，可节电 30％～40％；与辊压机联合粉磨工艺相比，也有约 5kW·h/t 的节电幅度，且工艺流程变得简单。但这种优势在克服以下难题后，才能展现：

a. 为解决水泥产品细度高、干燥，立磨料层难以稳定的弊病，要设计新磨辊，或采用辅辊协助准备料床，或采用球形带槽辊自行准备料床。同时，主辊高压碾磨的特有结构，既有利于料层稳定，又能增加物料在磨辊与磨盘间的受力。彻底改变立磨粉磨过细产品时，就要喷水稳定料层，无须再顾虑喷水威胁水泥质量。

b. 为符合水泥较宽粒径分布的要求，选粉装置要采取有导风叶片的高效笼式选粉机，提高选粉效率；同时减小用风量，增加气体含尘浓度，降低选粉效率。两者综合效果是选粉效率未变，但却获得较宽的粒径分布。实践证明，立磨终粉磨的水泥需水量比管磨的圈流低、开流高。

c. 因为熟料比石灰石易磨性差，对磨辊、磨盘的磨蚀性高。为此，既要选用 Ni-HIV、高铬铸铁等高耐磨材质，又要采用大直径窄磨辊，并降低磨盘转速，降低磨损。

d. 为提高水泥颗粒的圆粒形貌比例，要在磨辊与磨盘间的相对挤压力上，增加碾压力。

实践证明，上述措施已使立磨的粒径分布曲线与管磨机基本相同，而且微观的圆粒状形貌，随着立磨产品粒径变小，其影响已经淡化。只有石膏脱水量的比例，在立磨中还会偏小。

② 水泥的联合粉磨　为了节约投资，曾经在原管磨机前增加细碎装备［详见 12.3.1 节 3(2)②］，这样虽能满足增产目的，但节能潜力极为有限。随着料层粉磨装备发展迅速，辊压机与管磨、CKP 立磨与管磨的联合粉磨已占到统治地位。且发展趋势为：

a. 大辊压机与小管磨机配置。要控制向磨机喂料的细粉比例，≤1mm 细料应在 15％～20％之间；辊压机应采用低压大循环操作方式，多数国产辊压机一般磨辊压力控制在 7.5～9.0MPa；注意对相配磨机的操作优化（详见 11.1.3 节）。

由于料床粉磨效率高，辊压机每多投入 1kW·h/t 吸收功，后续管磨机便可节省 2～3kW·h/t 的电。同时，这种节能优势主要表现在 380m²/t 的比表面积以内，如果比表面积再高，球磨机反而会显示节能潜力，直至 500m²/t。这说明：增大辊压机规格，减小磨机规格是对的，特别粉磨高标号水泥时，让辊压机物料通过量为磨机最大产量的 5 倍以上，系统能耗便可下降 3kW·h/t 左右。

b. 单、双闭路粉磨工艺差异。在联合粉磨工艺中，所谓单闭路粉磨一般有三种情况：一种是指磨前无选粉装置（即预粉磨或混合粉磨）；另一种是磨机为开流，不需选粉机；而现在发展为磨与辊压机共用一台选粉机（图 10-11）。双闭路粉磨是指辊压机与磨机有各自的选粉装置，其中辊压机除了有静态 V 选外，还增加动态涡流选粉机作为选粉装置，实践证实这种分级效果更好。

单闭路总装机功率小于同规模的双闭路，看似节电，但双闭路靠减少过粉磨更可省电。两种布置实际就是开路磨与闭路磨竞争的延续，只是现在入磨粒度已大幅降低，两者最终电耗水平，仍很大程度上与系统优化及操作有关，并不见得谁一定能占据固有的节能优势。

③ 风机配置方案的变化　粉磨系统风机的配置方案由两风机向三风机演变〔详见 10.5.2 节(1)〕，虽然设备量增加，但节约了总功率的配置。比如，同是 $\phi3.8m\times13m$ 管磨，辊压机 RP140×100 的系统，两风机功率分别为 355kW、800kW，三风机功率分别为 400kW、450kW、110kW。

在立磨与管磨配合中，按照 CKP 磨模式，国内也出现了 LXM 立磨与管磨的搭配，它在立磨内增加了动态选粉机，其他方面也选择立磨的优化技术，如抬磨辊启动、翻辊检修或使用等。它与辊压机的联合粉磨相比，系统总投资减少 30%～40%，电耗节约 10%～15%，具有磨损低、检修率低、运行可靠等优点。

从以上各类粉磨装备的选择对比可知，衡量先进技术的标准就是：同等产质量条件下，要比节能幅度，而不是只看技术的成熟程度；先进节能技术可能会有较大风险；但成熟而不具备节能优势的设备，被淘汰的风险会更高。这就是在选择装备时需要深悟的辩证法。

(4) 分别粉磨技术

① 不同物料共同粉磨有如下不利：

a. 能耗增高。对于容易粉磨的混合材，很快变成细粉，阻碍了熟料的继续粉磨，不仅付出更高能耗，也难以达到满意粒径。这时就需要更高的熟料配比，不但电耗增加，而且单位水泥折合的热耗也必然增大。反之，对于矿渣等难磨混合材，如果与熟料相比，粉磨至相同比表面积，所需时间约为熟料的 2～2.5 倍，这时的共同粉磨，矿渣活性并未充分发挥。

b. 降低水泥质量。对于比熟料更易磨的混合材，当熟料还未磨至 $45\mu m$ 以下时，产品的比表面积已经达到，显然限制了熟料继续细磨，更多活性难以发挥；而且混合材的过细粉磨，还会增多砂浆中的漂浮物，再继续粉磨也无能为力。

c. 降低磨机产量。为了能细磨熟料，只好降低物料在磨内的流速而减产。

d. 发生更多的工艺故障。过细粉磨混合材容易产生静电、包球等现象，影响粉磨效率。

② 分别粉磨技术的生命力　不同硬度、粒度的物料分别粉磨，很早就被业界公认是重大节能技术（以前称微集料水泥），之所以未能广泛应用，是因为它要求设备多而复杂。但随着生产规模大型化、装备水平快速发展、混合材加入比例增加，它的应用效益越发明显。矿渣立磨就是将最难磨的矿渣与熟料等物料分别粉磨，实践已证明，人们已接受这种"分灶吃饭"的观念。

因此，用立磨粉磨水泥时，对易磨性差异较大的原料，应购置两台立磨，采用熟料与混合材单独粉磨再混合的工艺，通过采取不同的操作参数，会有很大节电潜力；又由于磨细的混合材可充当熟料中的填充物，形成最大堆积密度的粒径组成，还能提高水泥强度（详见 12.2.2 节）。如果为节省投资，只用一台立磨，按时间段对熟料与混合材分别粉磨，不仅操作复杂，需要不断调整操作参数，也增加了耗电。

③ 分别粉磨也要分别对待　应该指出，并不是任何装备都适宜"分灶吃饭"。比如辊

压机分别粉磨熟料与矿渣时，实践证明反而不利。这是因为：

a. 矿渣的粒径一般比熟料要小得多，不适于单独在辊压机中粉磨，容易导致细料过多，让物料在辊缝中快速通过，发生冲料。

b. 矿渣与熟料自然组成的粒径级配，已经满足了辊压机对级配搭配的要求，使它们都受到最大的挤压力，提高料饼的密实性；而且矿渣的少量水分能增加物料内摩擦力，有利于形成稳定的料床，不但挤压后物料的粒径大幅下降，而且为后续磨机粉磨创造了条件。

如果要单独粉磨矿渣，更适宜采用 MTG5200 型筒辊磨，单产 5000t/d，能耗最低。当产品比表面积同为 $450m^2/kg$ 时，球磨机电耗高达 $90kW\cdot h/t$，立磨只用 $45kW\cdot h/t$，而筒辊磨仅为 $35kW\cdot h/t$。

④ 多点给料的管磨机与分别粉磨类似　我国专家研制开发的多点给料管磨，虽然没有形成标准设计、规模生产，但其理念是值得称道的。它能实现一台磨上"难磨物料先喂，易磨物料后喂"的原则，克服分别粉磨增加过多设备的缺点。遗憾的是，该技术起步已处于管磨机晚期，随着料层粉磨技术的日臻成熟，管磨机已渐淡出市场，可发挥潜力大为弱化。

12.1.2.3　使用高耐磨性能的研磨体

① 目前应用于中型磨机的滚动轴承技术已较为广泛，锌基瓦及环保节能型复合材料的支撑轴承代替五金瓦。不但可以提高运转率、减少故障，还可使总能耗降低5%左右。

② 提高研磨体材质

a. 优质的钢球不仅可以降低单位产品的球耗，而且由于硬度较高，因耐磨可保持合理级配，粉磨效率也高；

b. 优秀材质的磨辊可以承受更大的磨辊压力，就可以提高立磨、辊压机的效率；

c. 管磨机应当用小钢球替代钢段［详见8.4.4节(5)］。

12.1.2.4　在线粒径组成的检测技术

在粉磨工艺中，在线检测粉状物料的粒径组成，是近年德国研发的最新检测技术。它使操作员能随时随地能观测到产品的粒径组成，以尽快调整操作参数，其准确度与反馈时间都远超过离线检测的效果，与传统控制生产的筛余及比表面积检测相比，其结果都更为完整而快速。

在线粒径检测仪的推广使用，不但使产品能稳定在理想的粒径组成上（尤其是在水泥制备中）、保证产品质量稳定、避免过粉磨浪费能量，而且为分别粉磨技术控制粒径组成创造了理想条件。

12.1.2.5　合理制定粉磨工序的考核指标

任何考核指标都应以低能耗指标为先，而不是产量指标年年提高，电耗也在同步增加；应该反过来，必须让电耗指标年年进步，台时产量有所增加。

以往粉磨质量指标中，从未对传统要求进行过分析。有些传统要求不仅使能耗增高，而且对产品质量自身也并没有好处。比如，粉磨产品的细度（包括生料、煤粉、水泥）并不是越细越好（详见文献［1］第 4 章）。至于水泥细度应当如何要求，混凝土制造商已经对它有了评价。

与此同时，应该建立设备完好运转率的考核体系（详见 12.4 节）。

12.1.2.6　重视启动程序与减少开停频次

粉磨设备的功率都很大，因此开停频次与顺序将直接影响系统的电耗及设备安全。正确的操作是启动系统风机后，不要先将阀门或变频打到正常位置，而是应先开启动态选粉机，并先将其变频器加速到正常速度，然后再加速风机变频，或开大风门。不应待风机开到正常位置后，再启动选粉机，此时选粉机的启动电流将会很高，并保持 22s 的较长时间，不利于电机和变频器的长期安全运行，也增加电耗。

12.1.2.7　实现智能化操作的潜力

同烧成系统实现智能化节能潜力［详见 7.1.2 节(6)］。

12.1.3　如何确认粉磨系统的电耗

不少企业由于缺乏对计量管理的认真，常常依靠月底盘库作为依据，不但计量秤当作摆设，甚至连电表也未按生产系统分设备配置。但粉磨单产电耗既然是衡量系统产能高低的关键标志，能够确认生产实际电耗，也就成为任何技术及管理是否先进的标志。所以，能实现下列措施要求者，才有资格证明它的先进电耗指标是真实的：

① 应保障入磨的原料性能稳定，包括易磨性、含水量、粒径等指标。

② 入磨的计量秤都能实行定期的动态标定与静态标定，且大于 30kW・h 的设备都安装有单独计量的电表。即不能依靠月底盘库数据确认电耗。

③ 系统分布各处的负压值不应过大（详见 11.3.1）。

④ 不再使用高耗能的粉磨设备。如选用 $\phi>3.8m$ 的球磨机；还用 $\phi40mm$ 以上的钢球；还在使用钢段；没有使用陶瓷球；还使用选粉效率低于 60% 的选粉机；辊压机规格过小。

12.2　如何提高粉磨产品质量

12.2.1　粉磨产品质量的总体要求

12.2.1.1　粉磨产品质量的核心宗旨

与烧成工艺要有核心宗旨一样，粉磨工艺也有核心宗旨，即追求产品中各种组分的最佳粒径组成。它的含义在于：既遵循熟料发挥最大活性的 $3\sim32\mu m$ 粒径范围，避免粒径过细、过粗所造成的熟料浪费，降低水化的化学需水量；又同时让各种粒度满足最大堆积密度的物理要求，极大降低孔隙率，从而进一步提升强度，并降低水泥的物理需水量；加之不同混合材有最适宜的粒径，能充分发挥各自的化学活性，且可从控制过粉磨中获得大幅电耗降低。然而，当今的粉磨质量检验却长期坚守 $80\mu m$ 筛余及比表面积等指标，虽与粒径组成表现出某些相关性，但却远离核心宗旨，没有抓住产品性能的实质。随着激光粒径分析仪的问世，发达国家已经对粉磨产品粒径组成有了新的认识，能圆满解释粉磨产品各项性能高低的原因。但最初的离线检测，其测试速度远不能指导生产控制，他们又发展了在线检测技术，才让提高水泥性能、又降低能耗的愿望有了抓手，才能使分别粉磨有了新的生命力，可以对不同物料分别控制各自粒径范围，提出相应的工艺方案。唯有此时，降低粉磨电耗，节约熟料用量，才可能提上日程。

没有这个核心宗旨，水泥质量就缺乏对粒径控制的追求。就以现有矿渣单独粉磨为例，如果只停留于控制比表面积，虽是分别粉磨技术，但效果大打折扣；至于分析生产故障，就更缺乏理论依据。

所有粉磨产品（生料、煤粉、矿渣及水泥等）质量除了围绕粒径组成的核心要求外（包括细度与比表面积），还有化学成分以及含水量等要求。对于生料与水泥，重要的是化学成分组成的合格与稳定；对于煤粉，除了要强调热值、挥发分及灰分含量的稳定外，还应该突出关注含水量；水泥还要增加对标准稠度下的需水量与外加剂的相容性等指标的关注。

12.2.1.2　成分组成的保证

生料磨与水泥磨操作中最重要的质量指标是成分组成，为此，应满足以下两方面要求：

（1）无论是哪种类型，粉磨系统的稳定运行，都是成分稳定的保证

磨机频繁开停车、突然改变喂料量及发生饱磨、振动等异常现象，都会导致粉磨产品成分的波动。

① 开停车所造成的成分波动　由于不同物料的易磨性不同，磨机开车时最先磨出的物料是最易磨成分，停车时最后磨出的物料是最难磨成分。因此，管磨在开车后的半小时内、立磨在开车后的15min内，产品中最难磨成分会偏低；相反，在止料后的相同时间内，出磨产品中最难磨成分偏高。因此，只有减少开停车频次，才可能消除这种影响。

② 配料秤的计量精度　配料秤是控制成分稳定的关键设备，需要专人对计量精度定期标定。而且任何计量配料的精准要在一定范围内有效。如果大幅度加减料，就会让计量秤在非线性范围工作，造成成分波动。

当使用粉煤灰等流动性较大原料进行配料时，计量难度会更高。如果重视程度不够，不仅会使产品质量波动，而且还会降低粉煤灰加入量的最大允许值，影响企业效益。建议使用粉料稳流定量给料螺旋秤，满足掺量准确的要求（参见文献［4］10.1.2节）。

③ 原料物理性质稳定　物料性质的变化，不仅导致易磨性有较大变动，而且也会发生下料不畅等情况，导致过分空磨或饱磨。如不能及时发现这类异常状态，产品成分就会出现较大波动。

④ 检验误差的误导　化验取样的代表性及报告检验结果的时效性，都将直接影响对产品成分的控制。而且靠累积样取样检验，并未反映成分的稳定程度，只有瞬时样才能反映真实情况［详见3.5.2节（2）］。

控制生料组成采用中子活化分析仪在线检测，不但可提高时效性，而且还能实现对各组成配料秤喂料皮带速度的自动控制，使生料率值的标准偏差大大降低，已为不少企业正

在实施重要措施（详见 2.1.3 节）。

（2）防止物料离析对成分的干扰

由于物料粒径组成不同，它们在诸如均化堆场、配料库（仓）、生料库等的储存与进出过程中都会产生离析现象，大颗粒会集中在堆场下部，或库（仓）壁四周，且难以均匀出场或出库（仓），由于粒径不同的颗粒中成分会有差异（大颗粒中的难磨成分较高），就会造成粉磨产品质量波动，而且会因易磨性不同，引起粉磨工序的产量波动。

为此，必须采取防止物料离析的措施：

① 对于掺杂黏土质成分较多的石灰石原料，不仅成分波动较大，而且在均化堆场会有明显离析。应该在破碎机前安装波辊板式给料机代替普通重型板式喂料机，提前对它们分离，分离后的黏土质料可以直接入硅质或铝质配料库。

② 尽量控制破碎后的产品中过细物料的比例（详见文献［1］4.1 节）。

③ 生产中要保持物料在库（仓）内料面高度在 2/3 至 1/2 之间，不能为节约辅助设备用电，人为延长向仓内喂料的间歇时间，让料面从库满到库空。

④ 严防由于各种原因增加料库内物料含水量，避免生料黏附于库壁，出现"库漏"现象。一旦发生"棚库"，应当及时清库。国内发明的库内"太极锥"设施能有效预防棚库、堵料。

（3）生料三率值的保证

生料饱和比（KH）、硅率（n）、铝率（p）的选配与稳定不仅是水泥熟料质量高低的基本条件，而且也直接影响窑的产量与能耗水平，但在大多企业三率值合格率仅为 60% 左右，还不稳定。就此而言，该指标确实能反映企业管理水平的高低。

影响三率值的因素，绝非只是上述生料配料的计量水平与防止离析，更要严格控制煤粉灰分的稳定及对窑灰的处理方式［详见 5.1.2 节（1）］。

12.2.1.3 产品水分的控制

（1）控制生料水分小于 1%

① 作为生料原料的水分含量要有一定控制［详见 8.1.2 节（1）、9.1.2 节（1）、10.1.2 节（1）］。

② 提高进入磨机的热风烘干温度。废气温度的控制、循环风的使用，管磨、立磨、辊压机各有特色，可详见相关用风量调节。

③ 防止在生料的输送与废气处理过程中有任何掺入或渗入水分的可能［详见 5.1.2 节（3）］。

（2）控制煤粉水分小于 1.5%

① 控制煤粉含水量的难度　降低煤粉水分，常需要较高温度烘干，而生产人员总担心温度过高会引起系统燃爆，发生事故。但只要针对不同生产工艺采取不同措施，就能做到既降低煤粉水分，又保障安全生产。

a. 不同磨机类型。风扫式球磨所用风量较低，因此烘干能力有限，废气温度理应要高。而立磨所用空气量较大，物料在磨内又呈悬浮状态，故烘干能力较强，热风温度可偏低控制。

b. 不同废气来源。如果煤磨烘干热风来自窑尾废气，因其氧含量低，会比用热风炉或篦冷机热风安全。但是，废气中的含尘量也大，当生料粉（或熟料细粉）进入煤磨，显然要增加煤粉灰分，同样不利于燃烧，也不利于稳定配料成分。相对而言，降低废气中生料含量要比减少熟料含量更难，因此，尽管篦冷机废气氧含量高，设计选用篦冷机废气烘干者仍居多。

② 降低煤粉含水量的具体做法

a. 改善磨内热交换效率。对于用篦冷机废气及独设热风炉的系统，提高烘干温度并不困难，但更要关注磨内原煤与热空气的热交换能力，否则，虽提高了烘干温度，煤磨的废气出口温度以及煤粉入仓温度都相应提高10℃，但煤粉水分并未降低多少。

煤磨一般都应带有烘干仓，并根据原煤含水量确定烘干仓长度，但更要关注扬料板的角度与结构，提高热风与原煤的热交换水平。

对立磨则应防止排渣口漏入冷风，以有利于热风在磨内均匀分布。有人强调避免煤粒堆积需要漏风，其实只要调整喷口环面积，增加喷口环风速就能满足。

b. 消除明火是提高烘干用废气温度的前提。煤粉在煤磨燃爆的条件有三：有足够煤粉浓度；有足够氧气；且有明火存在。三者缺一不可。煤粉生产中难以避免前两个条件，尤其用篦冷机废气。但实践证明，克制第三个条件并不难。明火的存在固然与系统温度有关，但降低烘干温度并不能消灭明火，而应该消除产生明火的各种可能因素。只有此时，生产中才不会为压低烘干温度，放弃对煤粉水分的要求。

（a）严格管理原煤堆场带入的异物成为明火［详见3.2.4节］。

（b）防止煤磨所用烘干热源中带入明火。无论热风是来自窑尾，还是窑头，都应将废气中的含尘量通过旋风或沉降处理，这样不仅可防止异物降低煤粉热值，更可避免高温异物（如红熟料）混入成为明火。

（c）消除系统内提供位置滞存煤粉而成为明火。作为磨机全系统，包括收尘器下的集灰斗壁及进出口管道，都不能有死角让煤粉堆积（图12-2），否则它们就是明火来源。比如：在煤粉仓侧壁装电磁振动器；在死角焊上扒钉后用浇注料抹平；用螺运机输送煤粉时，尽量减少吊瓦支撑；试车时喂入生料粉，在停排风机后寻找系统存有生料粉的位置，给予封堵。

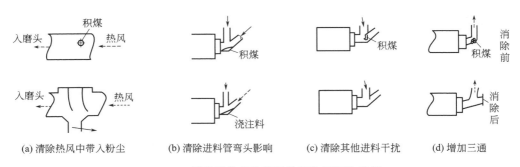

(a)清除热风中带入粉尘　(b)清除进料管弯头影响　(c)清除其他进料干扰　(d)增加三通

图12-2 煤磨系统几种煤粉堆积位置消除示例

（d）严格控制煤粉输送中风煤混合的风速介于 16～30m/s 之间。风速过低会使煤粉沉积而自燃，过高会引起静电火花，导致煤粉爆炸。

在消除产生明火先天因素的同时，还要防止后天煤粉滞留于某处的可能。比如，收尘系统漏风，新鲜空气进入将改变原有风速、风向使煤粉积存；又如，煤粉会滞于磨破的滤袋内等。

（e）设置对明火的监测、报警及安全系统。电收尘器入口、料斗及通风管道、煤粉仓顶应设置废气 CO、O_2 含量分析仪，磨机进口管道及排风出口管道设置 O_2 含量检测装置，均应提供报警信息；配备 CO_2 自动灭火装置，设置防爆阀；保证仓内煤粉在合理料位波动，低于 1/3 料位时，应停用助流风；关键位置设置可靠测温元件并连锁；并定期检查所有安全设施的可靠性。

（f）严防电气火花的产生，如煤磨系统及润滑站电气控制应有独立房间与现场隔离，电机电缆接口应有防尘保护套管等。

（g）对进厂原煤质量的控制与搭配均匀。企业往往忽略对进厂原煤质量的稳定控制，尤其当原煤供应紧张或资金缺乏时。但入磨原煤含水量忽高忽低，就应随之调整烘干用废气温度，而操作员很难掌握煤质变动信息，使调整不及时，更不准确，为煤粉燃爆创造可能。因此，控制原煤质量稳定，不仅为了成本，更为了安全，是管理者不可回避的责任。

（3）控制水泥含水量小于 1%

实际操作中，由于水泥磨内温度易偏高，实现 1% 以下的要求并不困难，只是在应用磨内喷水技术时，需要监视自动控制喷水量。

（4）控制矿渣含水量小于 1%

矿渣自身含水量常常偏高，因此，对矿渣粉磨应该有专门设置烘干的热风炉，严格控制烘干温度，这是降低产品含水量的必要措施。

12.2.1.4　产品粒径组成（细度）的保证

（1）表达产品粒径组成的不同方式

以往用产品细度、比表面积测试产品的粉磨程度，但随着测试水平的提高，直接检验粒径组成，不仅提高粉磨效率，降低能耗，而且能确保产品质量。不同粉磨产品对产品粒径组成的要求并不相同：生料及煤粉要求粒径范围越窄越好，以满足使用要求的能耗最低；水泥产品则要求粒径组成范围较宽，求得单位体积最大堆积密度，以提高水泥强度及改善混凝土的各种性能。因此，生料与煤粉可以用细度控制，而水泥则应以粒径组成作为控制目标。

当细度与比表面积在表述某产品质量有矛盾时，可按如下思路分析：

细度一般是用 80μm 筛余表示，基本反映粗磨效果；而比表面积则倾向于表现细磨能力；若二者不一致，就要测定其粒径分布组成。无论是取样检验，还是工艺设备都会存在细节，使两者并未同步升降：

① 如细度筛余大，而比表面积却高，应先检查取样是否有异［详见 12.2.3 节②］，再检查检验是否准确，如水筛筛网有无堵塞等。

② 如选粉偏细、而选粉机回料量却波动较大时，就要检查选粉机自身及输送设备，如空气斜槽帆布是否破损、堵塞；或旋风筒下料管磨漏，有内漏风在影响分离效率。

（2）生料细度的要求

同样的生料细度，用 $200\mu m$ 筛余与 $80\mu m$ 筛余控制是有差异的（详见文献［1］4.2节）。尽管不少企业已体验到 $200\mu m$ 筛余控制生料细度的益处，但仍怀疑它对熟料煅烧质量有影响。他们以高温炉煅烧试验结果为依据，细度高的生料同样温度下游离钙低，但预分解窑生产没有高温炉的试样条件，过细生料经五级旋风筒并不能入窑，却从一级预热器排出成为窑灰。通过生产实践验证，才能使品管人员信服。

当 $200\mu m$ 与 $80\mu m$ 筛余结果不能对应时，要看生料取样点是否有收尘灰混入，尤其收尘灰来源较多时。还要看生料中个别成分与粒径的对应关系，当有石英存在时，粒径不能超过 $44\mu m$；而方解石存在时，最大粒径可控制小于 $125\mu m$。

（3）煤粉细度的要求

确定煤粉细度指标也并非越细越好（详见文献［1］4.8节），煤粉过粗不利于提高燃烧速度，应当避免；但煤粉水分较高时，同样不能靠过细煤粉补偿煤粉燃烧速度（详见5.2.2.5）。

（4）水泥的最佳粒径组成

有研究表明，水泥粒径不同，不仅表明化学组成的改变，也反映矿物组成不一致。因此，高强度水泥的最佳粒径组成必须同时满足两个条件：既满足熟料等矿物能发挥最大活性的微观粒径，具有均匀的水化速度；同时满足不同粒径的最大堆积密度。

业界公认熟料具有最大活性的粒径是 $3\sim 32\mu m$，该比例一般大于 65%，其中 $16\sim 24\mu m$ 的颗粒尤为重要；$<3\mu m$ 颗粒因为水化快、需水量大、易结团、与外加剂相容性不好，应小于 10%；而 $\geqslant 60\mu m$ 的颗粒活性小，建议控制 $45\mu m$ 筛余在 $10\%\sim 16\%$。另外，提高水泥颗粒的圆度系数，有利于改善水泥流变性能。

为满足最大堆积密度，从 Fuller 粒径分布理想曲线（见图 12-3）可看出，$<3\mu m$ 的

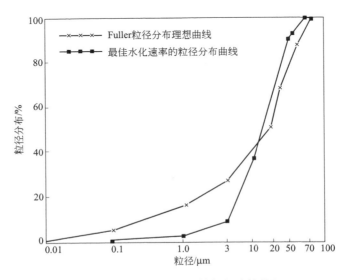

图 12-3　实际与理想水泥粒径组成的差距

比例要求在 29%，显然与水化要求<10%不符，而且国内水泥此粒径比例确实严重不足。为了解决这个矛盾，最好的办法是将混合材单独细磨，再与纯硅酸盐水泥混合，即用更细粒径的混合材，填充熟料间空隙，以实现水泥最大堆积密度；同时，还要有介于 $32\sim75\mu m$ 间的较粗粒径，以满足混凝土最大堆积密度的需要。具体方案应为：石灰石细粉＋矿渣细粉（粉煤灰细粉）＋熟料中粉＋矿渣粗粉。这就是粉磨工艺要追求的最佳粒径组成。

由此可知，为提高水泥早期强度，随意降低水泥细度的办法并不可取。这不仅会增加电耗、增加需水量、影响混凝土耐久性，而且水泥研磨过细，磨温升高，会导致更多水合石膏分解成无水石膏，让水泥与外加剂适应性变差，水泥净浆泌水率增加。

12.2.2　水泥质量的要求

建筑水泥的质量，除了上述要求外，还有强度、凝结时间、需水量、水化热、安定性、碱含量、与混凝土外加剂的相容性等性能要求。它们是水泥最佳矿物组成及粒径最佳堆积密度的综合反映。而水泥质量的另一重要标志就是这些指标的稳定程度，即出厂水泥中相关指标标准偏差要小，它表示企业原燃料与生产稳定的程度，也是用户获取最大经济效益的根本。

最佳矿物组成根据所用原燃料通过合理配料与优越煅烧热工制度而得到（详见 7.2.3 及 7.2.5 节），最佳粒径组成则是最佳粉磨工艺所追求的（详见 12.2.1 节）。前者是化学过程，后者更着重于物理过程。两者互相关联，密不可分，绝不能厚此薄彼，甚至相互取代。

（1）强度

在论述水泥粒径组成时已经涉及，水泥强度不能只是考虑矿物结构的化学效果，还要考虑颗粒最大堆积密度的物理效果。这是现代水泥"胶空比理论"的核心，水泥强度归根结底取决于水泥中孔隙及裂纹率多少，以及这些缺陷的尺寸。只有孔隙尺寸小于 $10\mu m$ 时，强度才不会受威胁。因此，化学反应中要形成少而小的孔隙，同时使用高细混合材填充空隙提高堆积密度，这种提高强度的方法，还不会增加水化热。所以，仅从提高水泥强度的物理角度而言，也应大力推广分别粉磨技术［详见 12.1.2.2(3)］。

（2）凝结时间

水泥的凝结时间将取决于石膏品种及掺加量，即 SO_3 含量，但混合材及熟料也会带入少量 SO_3。所以，其含量直接影响凝结时间，也影响水泥强度，尤其是早期强度。

需要掺加石膏的量主要取决于熟料中 C_3A 含量，C_3A 含量高，石膏量需要增加，反之，则减少。其次是水泥中熟料的细度，熟料粒径越细，石膏掺加量需要提高。企业中多以化验室小磨的石膏曲线，确定其掺加量。

现在电厂都有脱硫处理，因此用电厂粉煤灰作为混合材时，要特别注意对水泥凝结时间及强度的不利影响。只有检测粉煤灰中 SO_3 含量后，才能确定石膏掺量；检测方法要用艾士卡法取代《水泥化学分析方法》（GB/176—2017）规定的硫酸钡重量法或离子交换法，虽检验时间较长，但检验亚硫酸盐的误差较小。小电厂的粉煤灰，如果燃料不稳定，更要关注这点。

不同石膏的 SO_3 含量、粒径组成、含水量会有不同。在掺用时要关注这些指标对水泥性能的影响，尤其要重视天然石膏与脱硫石膏的区别，也要重视脱硫石膏的来历。其中，石膏含水量对磨机产量及水泥质量影响较大：含水量较低的脱硫石膏生产的水泥偏细，即相同含水量时，天然石膏生产的水泥细度不如用脱硫石膏；而含水量高时，同样对粉磨不利，若超过 30%，钢球表面将会黏附物料。

另外，凝结时间还与粉磨设备和工艺有关，如辊压机终粉磨水泥，石膏受挤压程度将影响凝结时间，可能发生快凝。

（3）需水量

① 需水量的重要性　需水量是指水泥水化过程所需要的最低水量，但所用水量并不都用于活性矿物的水化，而呈三种状态：化学结合水；水化流变需用水；未水化流变需用水。前两类即为水化水及表层水，约占需水量的 40%；后一类是填充水及吸附水，当堆积密度大、颗粒球形度好时，需水量就会小。

高性能水泥通过提高与外加剂的相容性，可以减少配制混凝土的需水量，显著改善混凝土的工作性能、力学性能、耐久性能。需水量大就意味着降低混凝土强度、流动性差、与外加剂相容性差、早期开裂等。水泥标准稠度用水量每增加 1%，为维持混凝土坍落度不变，则每立方米混凝土就要增加需水量 6～8kg，为保持强度，还要相应增加水泥用量约 10kg，外加剂也要增加 0.2kg；混凝土生产为满足施工性能，是根据坍落度调整用水量的，如果需水量不稳定，施工中又不能及时掌握此波动，无法及时改变水泥与砂石配料，就难免酿成重大工程事故。

因此，需水量往往是水泥产品性能竞争的重要指标，关系到水泥的销售价格；也是衡量新工艺开发的前提条件，在立磨尝试终粉磨工艺时，产品质量能否与传统管磨机相媲美，需水量是重点突破口。

② 影响需水量的因素　影响需水量的因素有：熟料性能、入磨机熟料温度、混合材的品种及其掺量、石膏品种及其掺量、水泥粒径组成等。不同熟料及混合材有不同化学结合水的需求量，熟料温度也会影响水化流变需用水的存在。

③ 降低水泥需水量的具体措施　降低需水量总的努力方向是：凡有利于外加剂相容性的措施，都会降低需水量，两者可以互相促进。加大合理颗粒粒径比例，减少未水化流变需用水。

a. 熟料的合理矿物组成及煅烧制度。熟料矿物 C_3A 虽然对早期强度贡献较大，但是它的需水量大、水化热高，应尽可能降低 C_3A 含量。C_3A 每增加 1%，标准稠度需水量就要提高 1%，混凝土用水要多 6～7kg/m³，故应控制在 6% 以下。同时，要提高硅率，适当增加 C_2S 的含量。

熟料要高温煅烧并快速冷却，充分发挥预分解窑的优势。

b. 降低混合材的需水量。水泥混合材常选择矿渣粉、石灰石粉、粉煤灰等材料，它们的掺量应通过试验确定，一般可掺加两种以上混合材，实现性能优势互补。

粉煤灰为多孔性中空圆球体，优质粉煤灰应含有大量球形度好的玻璃体，能改善水泥的流变性能；含碳量要少，烧失量低；粉煤灰越细，球形玻璃体含量越高，越能改善混凝土性能，降低需水量。比表面积高的粉煤灰与水泥颗粒能形成最佳级配组合，更好发挥微集料填充效应，对混凝土耐久性有利。粉煤灰加入水泥中，将降低水化速率，它与 $Ca(OH)_2$ 的火山灰效应将增大混凝土中的凝胶份额。

矿渣粉可以改变水泥粒径分布，矿渣粉粒径远远小于水泥，它也在混凝土中发挥填充作用，使其孔洞结构细化，增加耐久性与抗硫酸盐腐蚀能力。超细矿渣粉具有较高活性，受到水泥中的硫碱激发，能更大发挥潜在水硬性，大幅提高后期强度。

c. 降低出磨水泥温度。水泥温度直接威胁需水量及与混凝土外加剂的相容性。在夏季时，个别地域应着重降低管磨机出磨水泥温度（详见 8.5.2 节），出磨水泥温度应以不超过 65℃ 为宜。

（4）水泥与外加剂相容性

混凝土搅拌站很重视水泥性能与外加剂的相容性，相容性好且能保持稳定，已经成为衡量水泥质量优劣的重要标准。该特性直接关系到混凝土的施工泵送性能、力学性能及耐久性能，过差会造成泵送困难，过好也易发生泌水、离析，甚至出现假凝、急凝。相容性的复杂在于，不会有能与所有外加剂相容的水泥，也不会有与所有水泥相容的外加剂，只要一方面出现不稳定，都会改变相容性。尤其水泥的稳定性更难，当水泥的可溶碱含量（0.4%～0.6%）、游离钙含量、熟料矿物组成、水泥比表面积（280～350m²/kg）、颗粒级配及形貌、混合材与二水石膏的掺加量、水泥温度与存放时间，其中只要一项变化，相容性就不可能一成不变。正因为如此，水泥与外加剂相容性理应成为出厂水泥的例行检验项目。

试验证明，如下水泥混合材对相容性均有改善作用，其显著程度依次为：石灰石＞矿渣粉＞粉煤灰，而且比表面积越大，改善作用越明显。

（5）安定性

主要取决于熟料中游离钙含量及氧化镁含量。该性能不符合规定者并不多见，但也不排除窑系统故障时，会出现游离钙难以控制的局面。此时必须停窑排除故障后再生产。

（6）水泥颜色

水泥外观颜色基本上并不能反映水泥的内在质量。只是水泥颜色不均齐，对无装饰的混凝土，会让视觉有不良感觉。这种情况发现不多，一般是在矿山含有特殊成分，又极不重视稳定配料时才会发生，或不同工艺、不同工厂生产的熟料与水泥混合使用时出现。

（7）高性能混凝土对水泥质量的要求

能同时满足以下四方面要求的水泥，才能生产高性能混凝土。

① 满足混凝土工作（施工）性能，即要求与混凝土外加剂相容性好、保水性好，表现在坍落度、流变性、经时损失、可泵性等要求令人满意。为此，水泥粒径组成必须合理，保证标准稠度需水量小。开路磨磨制的水泥粒径分布较宽，这方面会有优势。

② 满足混凝土的力学性能，有较高的胶砂强度，且不再只靠水泥强度，更不是靠早

强矿物，提高比表面积，而是要添加各种外加剂。

③ 满足混凝土耐久性，这是社会意义的节能减排。它要求混凝土抗渗性、抗冻融性、耐腐蚀性、耐磨性等都有较高水平。为此，水泥游离氧化钙必须低、硅酸盐矿物含量高、C_3A 低；同时，水泥早期水化不能太快，出磨温度不要太高，水化热要小。至于早强强度高的水泥，只有利于缩短施工周期，它的高晶胶比使混凝土抗疲劳性能变差，并不利于混凝土的耐久性。

④ 满足混凝土体积稳定性，即防止由于自收缩、干燥收缩、温度收缩等因素导致的混凝土开裂，这就要求水泥具有较高的后期强度。

除此之外，在保证混凝土优良性能的前提下，若能进一步减少水泥用量，将是更大的节能减排，这也是水泥工作者的任务之一。

在选择混合材、助磨剂之外，应该选用合适的掺料，重视混凝土中的颗粒组成。

12.2.3 质量检验

① 对原料堆场存放的检验。首先堆场原料存放的原则是，各种不同原料不能混合堆放，不应随意找个位置堆放。各种混合材与熟料、石膏堆放都应设专库专用堆场，尤其在改变配料方案时，对临时增加或修改的原料更不能混合。如某电厂将粉煤灰与脱硫石膏混杂，造成凝结时间莫名其妙延长，险些酿成事故。

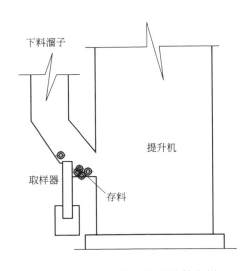

图 12-4 取样点缺乏代表性的案例

② 取样检验的准确。不论是检验生料、还是水泥，都有成分的配比质量问题，煤粉则有不同煤质的搭配问题，再加上细度及水分的质量要求。对这些质量指标的检测，都有取样代表性的要求。由于自动取样器的广泛应用，很多人认为代表性已经不存在问题，实则不然，取样器的安装位置及方式，直接影响检验结果，有的磨机调整质量反应不敏感，有的磨机细度与比表面积不能对应，都要考虑取样位置，累积样品是否完全累积的是本单位时间样品，瞬时样品是否为当时磨出的样品。如图 12-4 所示取样位置，就是缺乏代表性的其中一例。

现在大多磨机生产线仍是采用离线取样控制产品组分配比，不论是采用 X 荧光分析仪，还是用更简单的钙铁仪。离线检测不仅间隔时间长，控制滞后，而且还会有取样代表性及两次检验之间不得而知的波动，其结果是误导生产，造成配料成分不准确，生产成分不稳定。

③ 产品质量指标的合理性（详见 12.1.2.5 节）。

④ 重视水泥的存放条件。

12.3　如何提高磨机台产

12.3.1　影响磨机台产的因素

（1）物料的性能

详见 8.1.2 节(1)、9.1.2 节(1)、10.1.2 节(1) 及 12.2.3 节。

（2）提高磨机的装备水平

① 易磨性不同的物料分别粉磨　不同性质的物料分别粉磨不仅有利于提高产量，还可提高质量，更可以大幅降低电耗［详见 12.1.2.2 节(3)］。

② 加装预粉磨设备　总的思路是通过对原料的预粉碎能力，将管磨第一仓粉碎功能提前到磨机外进行。目前市场上拥有的预粉磨装备较多，按粉磨原理可以归纳为两类：

a. 细碎类：棒磨机、棒捣机、立破碎、卧破、柱磨机、辊破机、风选磨等；成品比表面积均小于 100m²/kg，但能耗不低，常用于小型磨机提高产能用。

b. 料层类：辊压机、CKP 立磨；成品比表面积 140～180m²/kg。

按节能原则，理应选第二类料床粉磨设备，尤其大型水泥粉磨站，最好采用终粉磨技术。

不论是何种预粉磨装备，都可用"预粉磨配置功率能效转换指数"判断其能力。该指数与比表面积、水泥产量三者之间有一个金三角关系，以下面公式表达：

$$A = \frac{S}{WD}$$

式中，A 为预粉磨配置功率能效转换指数；W 为预粉磨配置功率，kW；S 为预粉磨后的物料比表面积，m²/kg；D 为原水泥成品小时产量，t/h。

从上式可知，预粉磨配置功率 W 越小，预粉磨的比表面积 S 越大，原台时产量 D 越低，其预粉磨功率能效转换指数 A 越高。

国产辊压机的磨辊承受压力只有 7～8MPa，而国外先进辊压机能承受高压 16～20MPa，故产品比表面积是 140m²/kg 与 180m²/kg（图 12-5）。当入磨物料细度无法小于 1mm 时，管磨第一仓配球必须用 ϕ30mm 以上大球，或提高辊压机装机容量至 13kW·h/t 以上，比高压辊压机多用 5～6kW·h/t。这种结果与日本将立磨机作为预粉磨的技术（CKP）相比，预粉磨功率能效转换指数约为 CKP 的 1/2。

物料通过能力不足会导致磨内温度提高，也是降低粉磨效率的重要因素（详见 8.5.2 节）。

（3）改善选粉能力

① 立磨选粉采用 LV 技术，可提产 10% 以上（详见文献 [1] 4.2 节）。

② 辊压机改善 V 选效率及选择回粉量是提产降耗的重要途径［详见 10.4.2 节(2)］。

（4）提高制约系统能力的个别装备功率

① 主电机及磨盘减速机的额定功率是制约立磨产量的主要参数。

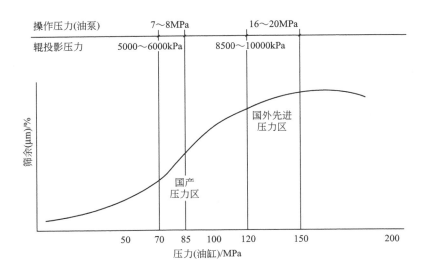

图 12-5 国产与国外先进辊压机料床压力分布

② 磨辊的额定电流是制约辊压机产量的主要参数。

当因受主电机额定功率制约时，可用进相机降低运行电流 10% 左右，如果已用了进相机，则只有更换较大功率电机及相应的减速机，提高挤压能力。但这将取决于磨辊材质及全系统配套装备有潜在能力时进行。

③ 煤立磨可以增加磨辊碾压面积，实现 10% 左右的增产（详见文献 [4] 2.2.5 节）。

12.3.2 高台产并非是低能耗

凡认为提高台产就必然降低单耗者，是误将很多情况提产确实降耗当作绝对规律，忽视了产量增加到设备交换能量不充分时，要付出更多能耗这个事实。

（1）大规格管磨的单位电耗增加

不论任何设备，都不是规格越大能耗越低。主要是看规格大是否有利于能量交换效率的提高，是否有利于降低能量的无端损失。大直径的管磨随着直径增大，粉磨介质的无效功就要增加，虽然设备台时产量增加，但单位产品电耗也在提高。这是因为：

① 物料磨内流速是粉碎能力与通过能力平衡的结果，理论上粉碎能力是与磨机直径的 3.5 次方成正比，而通料能力却只有 0.5 次方增加，这种平衡在磨机直径为 3.2m 时最佳。实践已经证明，当 $\phi \geqslant 3.2m$ 时，就要设法加大通料能力，比如减少隔仓板及其阻力、优化衬板与钢球配置等，但这对于大直径磨机却很难。这正是 $\phi 4.2m$ 磨机能耗普遍高于 $\phi 3.8m$ 磨机的原因。

② 磨机越大，钢球越易在磨机内打滑，衬板与钢球传递能量差，越不利于转化为有用功。有人测算，在磨机直径为 4.2m 时，会有 40% 的钢球不做功，或称惰性做功。

③ 当入磨物料由于破碎造成较多圆角时，钢球对易磨、难磨物料间粉碎能力差异就

会加剧，使细软物料将硬物料包裹，降低粉磨效率。

（2）小时产量高时的电耗并非最低

当单产增加到一定程度，粉磨效率与选粉效率不相匹配时，尤其是粉磨的产品不能及时被选出时，就会增加物料无效循环的次数，产量增加的幅度远低于电耗。

当产量提高是靠磨机过量加载钢球时，或靠磨辊压力过大施加时，负效应会更明显。

（3）系统用风也要影响电耗

为提高产量加大系统拉风，虽会达到目的，但风机电机功率增加的幅度会更大，同样要使单产电耗增加。因此，同样要顾及系统的循环风机是否与尾排风机争风耗能［详见5.3.3 节(2)］。

因此，磨机操作应当追求以能耗最低的最佳产量，这个结论不但对煅烧操作成立，对粉磨操作同样是真理。

12.4　如何提高粉磨系统完好运转率

水泥生产中，粉磨设备的运转率并不是越高越好。但仍应考核磨机的完好运转率，要看磨机不带病的运转率，以求能耗最低下的最高产量，这种运转率是以总运转时间为分母，无病运转时间为分子。与此同时，还应统计故障停车的次数与时间，以区别计划停车的效益差异。

12.4.1　不同磨机维护的通用原则

（1）对原料的基本要求

原料中混入金属与铁屑杂质，无论是随原料带入，还是装备自身配件脱落，都是粉磨设备的禁忌。因此，应当充分重视除铁工艺与装备的可靠与维护，尤其对辊压机与立磨等料层粉磨装备。至于对物料粒度、水分的要求，已在相关章节中明确。

（2）设备安全运转对磨机操作的要求

操作中一定要监视主电机的电流或功率，当发现磨机电流比正常状态提高 10％以上时，一定要查明原因，如果是瞬间提高，可能是信号干扰，或者混入了金属件；但如果是持续有规律增加，则要检查主电机等设备存在的隐患，必要时应停机检查。

（3）采用先进设备维护技术

① 应用在线滤油机及对润滑油品在线检测　润滑是设备维护的基础。而润滑油的品质则是基础的基础。传统定期滤油方式，不但不能保证油品始终优良，而且油耗很高。国外开发的在线滤油机，可以实现油品优质，而且省油。因此，对重要减速机等要求润滑较高的设备，应该配置在线滤油机。但在线滤油并不要求 24h 不间断过滤，只要企业自备油品检测仪表，就可以根据油品变化，确定滤油机开启时间，以节约用电及提高滤油机的效率。

这些油品检测仪器应成套购置，有污染度检验仪、金属磨粒检测仪、油品性能检测仪等，它们能在十分钟之内，现场测出油品中的水分、黏度、酸碱度、铁磁磨粒及相对污染度等参数，不但确保润滑油始终在高品位下运行，延长润滑油使用寿命，而且也能让在线滤油机经济运行。

② 冲击脉冲传感器在线检测　检测设备振动状态是判断设备运行正常与否的条件。然而，对于某些大型慢速设备，除了用一般振动传感器之外，应该用冲击脉冲传感器对设备运行监测。如转速低（18.7r/min）的辊压机，可随喂料粒径产生较大冲击载荷，一般振动测试很难采集到振频等数据，而在动、定辊两端轴承座各安装一冲击脉冲传感器，动辊再装一转速传感器，就能监测到轴承的异常运行状态，做到早期预警，监测维护到位。

（4）提高与窑运转的同步时间

① 窑磨同步运行的优点　新型干法生产线的窑与生料磨、煤磨已经是密不可分的孪生兄弟。

生料磨产量高、不能与窑同步运行会有如下不利：生料磨停机后不使用废气，会直接影响窑内用风量的稳定；窑尾收尘器的负荷也会增大，却被某些企业当作排放不合格的理由。

煤磨与窑不同步，因篦冷机或窑尾废气使用量的变化，不仅会对窑及余热发电的稳定产生干扰，而且也会影响煤粉质量的稳定。

这些因开停车产生的波动干扰因素，操作员也只能被动适应调节，而调节效果却因人而异。

② 减少人为开停车因素

a. 提高窑台时产量的措施要优于磨，尤其在磨总产已经明显高于窑时。同时要提高磨机运行的可靠性。

b. 合理利用峰谷电价政策。当磨机产量富余时，可以利用避峰就谷的原则安排开停车。但管理者应当清醒地认识到，这种安排只能节省电费，而绝不节电。相反，由于大型粉磨设备启动电流高，开停前后都会因生产不稳定而增加耗电量及其他费用。因此，应尽量压缩开停频次，并多开停水泥磨、破碎或包装等设备，而少涉及生料磨、煤磨。

c. 水泥品种的合理组织。企业为满足市场需要会生产多品种水泥，但应由多条粉磨生产线完成，以确保质量稳定，避免不同品种对质量的干扰；也有利于磨机的稳定运行，利于选取合理的工艺参数，节能而增产。而不应一台磨机频繁变换品种，更不应两台磨机共用一条进出料的输送线。

12.4.2　管磨机常见故障的排除

（1）饱磨

当磨机喂入物料量长时间大于出料量时，就会出现异常发闷的磨音，此时就是饱磨，同时还会出现磨机压差变大，磨机主电流变低，出料提升机电流变小的现象。

引起饱磨的原因有：

① 钢球磨损后未及时补进，研磨能力不足。

② 磨机内各仓研磨能力不均衡，第一仓能力过高，后仓能力不足，就易饱磨。

③ 系统中存在设备故障，会导致饱磨。比如，选粉机回粉下料管的双重锤翻板阀控制失灵，或阀片与阀杆连接螺栓脱落，阀片成为常开状态，风道短路，此时成品在主排风机的强大负压下，未被拉走而返回磨内，等于降低了选粉效率，细粉累积、磨内隔仓板堵塞，通风明显不足，而导致饱磨；又如选粉机旋风筒下分格轮堵死，继而旋风筒积满成品，造成粗细粉全部返回磨内形成饱磨；还有其他造成隔仓板堵塞的原因，都会出现饱磨。

（2）糊球、包球

当入磨辅料的水分含量较高，且入磨熟料温度较高时，容易发生糊球现象。或粉磨产品过细不能及时出磨，造成包球。同时表现为磨机电流变小，磨音发闷，磨机出料大幅下降，磨机出口废气温度过高。此时应该加大磨机排风，并用煤矸石或煤粉冲洗。一般使用助磨剂，不会出现这种现象。

（3）钢球窜仓

当磨机电流逐渐变小，现场磨音杂乱，即不闷也不脆。产量越来越低时，且磨内温度并不高，应该判断隔仓板被磨透或破损，应该立即停机检查并更换。

（4）磨头吐料

① 原因分析

a. 入磨物料（石灰石、石膏、水渣、粉煤灰等）水分过大。尤其水渣含水未烘干而入磨，使隔仓板、篦板缝隙堵塞，磨出细粉无法从隔仓板篦缝通过，第一仓越积越多，便从磨头吐出。

b. 磨内通风不畅。停机可发现管道壁黏结较厚物料，或系统收尘器压失较大，因漏风严重，设备内花板、布袋等处结露，板结严重等，系统阻力大，磨头负压不足，致使磨头倒料。

c. 磨机投料量过大，超过磨机粉磨能力，迫使部分物料从磨头排出。

d. 入磨熟料温度高达 100℃左右，且粒度较大，使磨机易磨性差，产量降低。

e. 钢球磨损后，级配不合理，严重降低粉磨能力。

② 预防方法

a. 源头上控制入磨物料水分 [详见 8.1.2. 节(1)]。

b. 操作中严密观察系统关键部位的负压，定期清理、疏通仓内篦板篦缝，确保畅通，清除管道与收尘积灰，消除漏风，确保磨机全系统通风顺畅 [详见 8.2.2 节(1)]。

c. 合理控制台时产量，求最佳喂料量（详见 12.3.2 节）。

d. 提高篦冷机热交换效率，降低熟料出窑与入磨温度（详见 5.6 节）。

e. 积累配球经验，定期清仓，摸索适应本磨机钢球级配方案（详见 8.4.4 节）。

12.4.3 立磨常见故障的预防

立磨需要预防的机械故障有：液压张紧系统故障、磨辊漏油和轴承损坏、机械原因引起的振动跳停等；常见的工艺故障有操作不当引起的振动跳停、堵料及塌料等。

（1）液压张紧系统故障

液压张紧系统主要有三大类故障：

① 蓄能器氮气囊破损　当磨辊压力不平衡时，各拉杆的缓冲力不同，而压力过大、过小时，又会导致氮气缓冲能力减弱，引起磨机振动。发现氮气囊破损或压力不足，应即刻检查原因，停机更换或补气。

a. 及时发现氮气囊破损迹象：用手感触蓄能器壳体温度，如明显偏高或较低，蓄能器可能损坏，更换气囊或单向阀；立磨停机液压站卸压后，蓄能器阀嘴上的压力表指示与氮气囊正常压力相差较大；磨辊抬起或加压时间是否明显延长；拉伸杆及拉伸杆螺栓频繁断裂。

b. 维护要求：氮气囊的预加载压力要严格按设定值给定，并定时检查，及时补充氮气。并掌握正确充氮方法［详见 9.3.2 节（4）②］；氮气囊一旦破损，将会导致持续不断的冲击性振动，加速液压缸密封件和高压胶管损坏，故应尽快更换氮气囊。但根本保护措施在于磨机运行稳定，避免剧烈振动。

② 液压站高压油泵频繁启动　当发现立磨液压压力无法保持，高压油泵频繁启动，液压油温升高时，磨机的研磨效率降低。此时应查找原因：是液压油缸的拉杆密封损坏，油缸内漏；还是回油阀（或泄压阀）内漏或损坏。检查液压缸是否存在内漏时，可停磨后将张紧液压站油泵断电，如观察到液压站油压在逐渐下降，说明内漏存在，应及时更换密封或修复相关部位。

为防止此类现象发生，应合理设定液压站压力范围：范围过窄，不仅减弱氮气囊缓冲能力，而且会导致高压油泵短时间内频繁启停，严重时会烧毁高压电机；同时，要定期检查和清洗液压阀（和泄压阀），防止阀口处杂物造成泄压。

③ 液压缸缸体拉伤或漏油　液压油外漏有如下原因：液压油中存在杂质，细颗粒夹于液压缸与活塞杆之间；或蓄能器单向阀阀柄断裂，螺栓和垫圈进入液压缸内，缸体、活塞环被拉伤，损坏密封；液压缸密封圈老化；研磨压力设定偏高，液压缸油压持续偏高，使密封圈长期承受较高压力而损坏。

因此，液压油必须保持高清洁度。在检查缸体、管路清洗、更换氮气囊和液压油时，周围环境要高度洁净；应使用在线滤油机，并配有快速验油仪器，发现油液乳化变质应及时更换；合理设定研磨压力，实际操作压力一般应为最大限压的 70%～90%；在拉杆与液压缸连接部位外部用软连接护套防止细物料落入。

（2）磨辊漏油和轴承损坏

立磨磨辊轴承多采用稀油循环润滑，常出现磨辊漏油和轴承损坏。

① 判断磨辊轴承损伤的方法

a. 现场观察磨辊回油油质，或检测油样中的金属颗粒含量，如果油样中金属颗粒含量较多，说明轴承损伤严重。

b. 观察磨辊回油温度。磨辊回油管真空度、油温应在正常合理范围，如某磨辊回油温度升高，其他磨辊正常，说明该磨辊轴承有损伤。减速机各轴承测点温度应在规定范围内。

c. 立磨主电机电流、排风机与选粉机电流、磨辊压力、提升机电流等参数不应超过额定值。

② 损坏原因

a. 对以风压密封轴承的多数立磨而言，密封风机风压低或滤网和滤布积灰堵塞，或磨内密封管道上关节轴承及法兰连接点漏风，都会使磨腔内的密封风量及风压降低；投料或停机时，如操作不合理，也会使磨辊腔内的微负压吸入粉尘。

b. 磨辊回油管真空度的调整直接关系到磨辊轴承的润滑，油压过高，磨辊内油位上升，易造成磨辊漏油，甚至损坏油封；油压过低，磨辊内油量欠缺，润滑不足而损伤磨辊轴承。

③ 维护轴承的方法

a. 保证磨辊轴承密封风机电流正常，风压不得低于规定值，定期检查密封风管、磨腔内密封风管与磨辊连接的关节轴承法兰不能漏风。在风机入口处加装滤网和滤布，保证风源清洁。

b. 慎重调整真空度压力。

c. 定期检查磨辊润滑系统，正常生产中油温应在 52～53℃，磨辊与油箱之间连接的平衡管无堵塞、真空开关正常，油管接头和软管无破损漏气，回油泵工作正常。当发现油箱油位异常波动时，要仔细分析原因，及时处理。

d. 定期向磨辊两侧密封圈添加润滑脂。

e. 应使用在线滤油机，随时除去回油管中金属粉末，并根据油质情况及时更换润滑油。

f. 磨机升温和降温时要控制合理升温速度，使辊套、衬板、轴承均匀受热，延长使用寿命。

g. 在磨内焊接施工时，必须防止焊接电流伤害轴承或铰接点。

（3）防止立磨振动跳停

立磨的振动跳停，其根源是磨盘上的料层不稳定，其原因既有物料自身因素，也有操作因素、设备因素。具体原因要由形成料层的两部分来料分析：一是喂料；二是选粉返回的粗料。

① 机械因素引发的料层不稳定

a. 机械力不当引起的料层不稳

（a）磨辊辊套松动、衬板松动，使磨辊和中心支架组合中心偏移磨盘中心［详见9.3.2节（3）］。当磨机随着磨盘转动出现有规律振动时，如果某一磨辊辊套松动，因磨辊直径小于磨盘直径，故磨盘转动不到一周，就会振动一次；如果是磨盘衬板松动，磨盘每转一周，就会有与磨辊个数相同的振动次数。此时都应尽快停磨，紧固松动的螺栓。

RM磨的导向槽衬板易掉落，也会引起磨辊在磨盘上摆动而造成磨机振动。

（b）磨盘、磨辊严重不均匀磨损。磨盘与磨辊严重磨损后，尤其磨损不均匀，单块衬板，外形轮廓呈鸭蛋形；数块衬板形成明显凹坑；两块相邻衬板磨损量可相差30～40mm。此时就会造成机械持续振动，台产大幅降低。故应尽早安排更换衬板或补焊，并复查下料管位置，喂料是否落在磨盘合理位置。

（c）压力框挡块与磨壳体缓冲板之间的距离变大。对于非凡型立磨，该距离安装尺寸只有8mm，运行后间隙会大幅增加，为更换缓冲板需要停机12h。为了减少停机时间，可以用厚钢板按照缓冲板尺寸制作三块垫片，分别垫在缓冲板与磨壳体之间，将此距离增大至15mm以内，磨机的振动便会减小。

（d）磨辊不转，引起磨机振动。如果内部轴承损坏，磨辊就可能不转，主电机电流突然明显增大，此时要立刻停车检查。

（e）不同类型立磨，机械薄弱环节也会不同，操作中应有各自侧重点。采取平盘锥辊设计的立磨有利于形成楔形挤压面，由内向外间隙减小而压强增大，使料床稳定而减小振动。

带有扭力杆的立磨，由于长期受力、材质不好，发生断裂而引起磨机振动；MLS磨易发生掉架、撑架、"上炕"或"下炕"；磨辊与液压缸的连接杆也可能在运行中发生断裂。

发生上述故障，磨机都有较大异常反应，此时应首先卸压，然后止料、停磨。

b. 挡料环高度不当引起的料层不稳［详见9.6.1节（1）］。

c. 金属异物存在引起料层不稳，此时振动数值突然增高，并反复出现［详见12.4.1节（1）］。

d. 振动传感器自身振动发出的误报警。如安装松动，或有其他异物撞击。因此，需要定期检查传感器工作状态。

e. 选粉机塌料会使磨盘上细粉突增而造成跳停［详见本节（5）］。

② 操作不当引起磨机振动

a. 磨辊施加的压力不当［详见9.3.1节（3）］。

b. 风量不当引起的料层不稳（详见9.2.1节）。

c. 喂料粒度过粗、过细、不均齐都会引起料层不稳［详见9.1.2节（1）①］。

d. 喂料量不当引起的料层不稳（详见9.1.1节）。

e. 氮气囊的预加压力不当［详见12.4.3节（1）①］。

f. 喷水量不适引起的料层不稳（详见9.5.1节）。

g. 对于用风机密封磨辊轴承的立磨，当风机风压过低时［详见12.4.3节（2）］。

③ 防止振停的应急操作　除了针对振动对症采取措施之外，凡能升辊的立磨可以立即抬辊操作。而操作中最重要的是当研磨压力较高时，应该首先降压 5～10bar。为延缓振动时间，还可通过"系统复位"使"高报""高高报"消失，为操作处理争取数秒钟时间。

（4）磨机堵料

当发现磨机主电流逐步升高或明显变化、吐渣量明显增加、振动加剧时，应该警惕立磨饱磨。而导致饱磨的原因，操作上可能是喂料量过大，选粉机转速过高，而磨辊压力不高，磨内通风量不足所致。与此同时，机械上分析，还有如下细节可导致饱磨：

① 观察立磨外循环量，会因磨内部分结构故障而出现如下三种变数。

a. 外循环提升机电流突然上升，可能是因为喷口环位置突然机械故障，致使局部风速降低（详见 9.7.1 节）；也可能是因为选粉机叶片脱落，或联轴器故障，降低选粉效率，并伴有磨机振动加大；液压系统故障，磨辊加压困难或难以保持。

b. 如果外循环量电流逐日增加，就要考虑如喂料溜子等配件磨损，逐渐磨漏，使入磨物料直接落入喷口环内，增加外循环量。这时外循环物料的粒径分布较宽。

c. 如果外循环提升机出料溜子有部分堵塞时，提升机电流增加，而循环量却在减少。凡外循环量增加的因素，都会减轻对磨内饱磨的压力。

② 观察磨机振动特性　如果磨机振动幅度比正常高 1～2mm/s，但仍能持续运行，同时伴有磨内压差降低，选粉机负荷降低，磨机出口温度升高，此时喂料溜子多为不畅所致。如果物料发黏或含水量偏大时，物料容易粘在入磨管道前后；如果锁风阀（回转式或三道阀式）的叶片与壳体磨损间隙变大时，则易让大粒物料卡住。

③ 观察主电动机功率变化　当磨盘主电机功率升高较多时，说明磨盘上的料层厚度增加，很可能是磨机的排渣溜子堵塞，或是刮板下腔内存有积料。如果物料较湿，喷口环也有可能堵料。

发现有饱磨迹象，在检查原因同时，操作者可立即加大拉风，减少喂料，如果不见缓解，就要尽快停磨处理。

（5）选粉机塌料

当喂料量较高，研磨能力已显不足时，或喂料细粉过多，选粉能力不足，或系统漏风严重，都会出现来自选粉机的塌料，塌料前后磨内压差表现极大波动。

排风管道走向不当也可引起塌料与振停。在立磨废气出口去旋风筒的管道布置中，为使管道支撑方便，经常出现不合理走向，设计中没有考虑此排风管道中带有大量成品，它们会在管道弯头处随着气流变向出现少量沉降，积少成多后顺着管壁流回立磨，轻者降低磨机产量，重者磨机振动跳停（图 12-6）。

（6）启动与停机操作

① 不同类型立磨启动要求不同　各类立磨启动方式主要分两大类：

a. 一类配有防止磨辊与磨盘直接接触的限位装置，以 HRM 磨为代表。它是无压力框架结构的立磨，故可拥有磨辊限位装置（详见文献［4］2.2.2 节）。它使启动操作简单化，只要启动润滑站，抬起磨辊，就可启动主电机，投料 30～60s 后就可落辊。其中关键在于掌握落辊时机，过早，物料少不足以形成料层；过迟，会使磨机物料外排太多，损坏

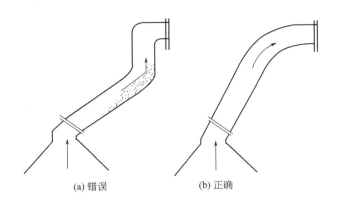

(a) 错误   (b) 正确

图 12-6 立磨排风管道布置要求

刮料板，或大块料堵塞喷嘴及下料溜子。

立磨的启动时间应该越短越好，尤其是一旦磨主电机运转，就应该投入满负荷产量。因此，需要如下准备工作：辅机组启动时间应控制在 60s 以内，该组设备较多，有关生料均化库生料入库的设备、生料输送设备、立磨自身设备等。开启磨机辅助传动，与此同时，启动喷水泵喷入足够水量，将事先存于磨内的物料碾成料垫，此时间不宜过长，只有此时进行风门调整：进出循环风机的风门开至 95%，入窑尾短路风门关至 0%，让窑尾废气全部进入立磨。一般在风门调整任务完成后，料层已经形成，约 90s。此时启动主电机，同时按理想产量，开启从配料站至立磨的所有喂料设备。两项合计时间 150s。该启动方法不仅可靠，而且节电。

磨内下料锥斗溜子出口离磨盘距离过大，会造成返回磨盘粗料与上升细粉物料碰撞，不利于磨机提产及节能；但如出口距磨盘过近，返料或喂料不易散入磨辊下方，也易造成停磨。

b. 另一类立磨没有限位装置，以 MPS 磨为代表。要求启动前布料、烘磨、抬辊等。

布料是指在磨盘上铺一定料层的过程，现场检查布料的厚度与均匀程度，不要有过多细粉，如果发现料层过薄，或有断料，需要重新布料。布料后系统温度较低时，可以同时烘磨、抬辊。

烘磨时要防止升温过快、过热而引发损坏磨机轴承、软连接，润滑油变质等恶果，故热风阀不能开得过大，必要时用冷风阀调节升温速度。

启动液压站后，采用中控操作抬辊时，发现三个反馈压力始终比设定值小，或者反馈电磁阀一直处于轮番动作，表明需要现场操作抬辊。

在确认抬辊到位后，迅速检查各个设备的"备妥"状态、各组设备的连锁、进相机退相、辅传脱开、三通阀打至入磨等细节。

待磨辊压力油站在油缸调整平衡、保压系统正常，并将其他条件全部准备完毕，等待发出"允许启动"信号后，方可启动。

如果因物料过干、过细，不易形成料层，主减速机启动易跳停。此时应采用辅助电机启动，并用喷水将料层压死，再用主传启动。

② 止料、停磨的技巧与要求　在处理各种异常状态时，都会遇到要求及时止料、停磨的操作，为了避免不应有的损失，操作员应熟练掌握如下要求与技巧。

a. 对于磨辊无限位装置的立磨，当自配料站开始的喂料设备没有停止给料前，不能停下立磨。在逐渐减料后，电流明显下降时，可以立即停机。为了节省人工现场的操作工作量，中控操作员可将喂料量调至最低点，此时配料的调速给料机基本处于只有运行信号而不下料的状态。否则，要求现场人工将配料库下的棒条闸阀打入断料，待开车时，再人工打开。

b. 有循环提升机外排翻板设计的立磨，在磨停前会有数吨待处理外排物料。为了再启动的方便与安全，应当减少此量。因此，停磨前几分钟（此时间与配料站到磨机的距离有关）减少喂料量 5%～8%，并降低研磨压力，将外排翻板设置在返回位置，取消外排料，当入磨皮带上只剩吐渣料时，选择恰当时间提辊，并尽量在磨振前多磨一段时间，磨空物料，少排吐渣。

c. 磨辊可以抬起的立磨，当逐渐减料时，要掌握抬辊时机，不可过迟，否则会引起振动。

d. 对于长时间停机或检修前停机，要首先关闭热风阀，打开冷风阀，最后关停循环风机，并对磨机液压站卸压。

e. 因故障停磨时，如果窑尾废气未利用发电，就要考虑窑废气对窑尾收尘的安全及粉尘排放超标的可能，应尽早调整增湿条件。如果有余热发电，立磨停机时掺入的窑灰温度会直接威胁生料入库胶带提升机的胶带寿命，因此，设置窑灰仓储存，既可用作水泥混合材，也可立磨开车时与生料同时均匀入库。

③ 立磨开停车连锁的设计　在设计立磨开停车程序时，要注意修正一般电气自动化设计原则，即开机顺序与停机顺序并非完全可逆，连锁关系要根据需要调整：

如 HRM 立磨，开机顺序为：立磨减速机润滑站、液压站抬辊、磨内选粉机、风机、喂料阀、三通阀、金属探测器、除铁器、入磨喂料皮带、外循环提升机、立磨主电机、配料库底收尘、配料皮带秤、液压站落辊。

而正常停机的顺序为：配料皮带秤、（滞后数分钟）磨辊卸荷、立磨主电机、磨内选粉机、液压站抬辊、关闭高压截止阀、（滞后 10min）减速机润滑站。

紧急停机的顺序为：主电机、配料皮带秤、液压站抬辊、磨内选粉机、减速机润滑站（短时停机可不停）。

12.4.4　辊压机常见故障的预防

辊压机常见故障有偏辊、跳停及冲料几类。

（1）辊压机偏辊

① 偏辊的危害　当辊压机辊缝偏差超过轴承游隙时，就是偏辊。此时，无法满足轴承安装尺寸要求，运行阻力呈几何倍数增加，轴承温升极快，直至轴承损坏。当偏辊超过

扭矩支承补偿量时，还会加剧减速机振动，并通过万向联轴器传递给电机，继而引起部分传动部件故障。因此，偏辊是辊压机正常运行的大敌。

② 偏辊的原因

a. 物料粒径的离析是常见原因，它将造成磨辊两端物料粗细不均，而此时如果两侧液压缸压力一致，偏辊就必然发生，粗料一侧辊缝较大，细料一侧辊缝小。为纠正偏辊，首先要解决物料的离析，进料口设置物料均分装置，使物料均匀地落入稳料仓正中。一旦出现偏辊，可采取临时措施，调节左右液压缸压力，强制辊缝重新均衡，但此时左右腔压力不一致，会降低对物料做功效率，产量下降，电耗升高。

b. 喂料不充分可造成进入辊子左右两端的物料不均匀、不连续。此时不仅会偏辊，而且会引起辊压机大的振动。因此，保证稳料仓有一定（60％）料位是必要条件。

c. 进入辊压机的物料粒度较细，气孔率较高，形成"气爆"导致辊压机振动大，左右轴承座位移量大，此时纠偏程序报警，液压系统停止工作。因此，提高 V 形选粉效果，尽早选出细料是治本之策。

d. 当斜插板于辊压机两端的位置高低不平时，出现辊压机两端物料进入角度不同，左右物料相差较多而导致偏辊。所以，在调节斜插板时，务必保证两侧位置水平相同。

e. 当左右液压缸压力不一致时，尽管喂料无离析现象，仍会出现偏辊。此时应检查液压系统故障：因管路泄漏造成一侧液压缸不保压；因液压元件泄压不同步等。每当偏辊发生时，纠偏程序将执行保护功能，辊缝大的一侧加压，小的一侧泄压。但是如果液压元件出现故障，无法纠偏时，应该立即停机，尽快消除管路泄漏，进行清洗或更换液压元件。

由上可知，偏辊原因更多来自喂料的粒径与程序，仅液压系统泄压才属设备原因。

（2）辊压机跳停

① 因主电机电流过大或严重波动而跳停

a. 试车时进料系统的调节斜插板位置过高，或运行中斜插板磨损已严重，此时都需要及时重新降低斜插板位置。

b. 当磨辊之间混入较大金属块或其他异物时，此时应该对移动辊的液压系统卸压退回，捡出磨辊之间的异物，同时应检查金属块或异物混入的原因，采取对策防止再次发生。

c. 主传动系统或磨辊上的某个零部件损坏，可根据设备运行中发生的异常声响确定损坏的零部件，如果不能确定，可将各部件拆卸后用手盘动，确定损坏部件，予以更换。

以磨辊挡环螺栓断裂为例：磨辊的辊套是靠过盈配合安装在辊轴上并有柱销定位，为防止柱销退出，在辊套上设计了固定挡环。在挤压物料中，如果物料有离析或下料不均，使辊缝两端相差较大时，液压缸的推力就会在宽缝一侧加大，导致固定辊的辊套受到横向推力，加之辊套受热后，辊套与辊轴的过盈配合力减小，挡环螺栓由于受热松动及磨辊振动逐个断裂而脱落，使辊套可以横向推移。此时辊压机发出异常声响及振动，掉落的螺栓如果不能及时清除，还会严重伤及辊皮。辊压机磨辊受力分布如图 12-7。

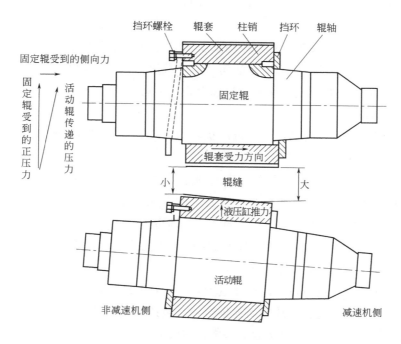

图 12-7　辊压机磨辊受力分布

d. 当出料设备发生故障时，物料堵塞在辊压机内，设备跳停。清除堵料后，修复故障设备。

e. 主电机的电气回路或控制回路发生短路、断路等故障，分别检查电气回路中的接线情况、发热情况，电气回路与控制回路中各元件的工作点，发现异常后，更换元件或调整工作点。

② 液压系统工作不正常，造成左、右某侧压力过大，或压力波动过大而跳停

a. 油泵频繁启动。当阀门未关到位，或电磁换向阀、主溢流阀堵塞时，使阀芯无法到位，液压系统压力难以达到或保持，通过多次按动相应按钮即可排除。

如果是液压泵站溢流阀失灵尚未调好，或系统外泄漏，或油缸密封圈过度磨损，各球阀的阀芯磨损严重造成内泄漏，都应立即检修或更换。

b. 液压系统发生振荡。存在两种可能：电磁换向阀和阀门中有杂质堵塞，使其不能到位，此时可及时拆卸、清洗相关阀门；蓄能器充气压力与液压系统工作压力相近，使蓄能器频繁启闭而产生振动。

c. 液压油不足、质量差。

d. 辊压机蓄能器气压显著下降，磨辊压力变化剧烈。

e. 电器、仪表故障。

③ 润滑系统不能正常供油而跳停

a. 润滑泵故障或溢流口溢流。可能产生溢流的原因有：润滑泵限压阀的压力过低，

需要提高；或安全片已破裂，需要更新；或有润滑油路被堵，需要检查分油器的被堵油路并清洗。

当发生溢流后，应在处理后对限压阀重新调节，并清洗过滤网。

b. 分油器未动。油泵贮油筒中无油而"空油报警"失灵；油泵活塞杆或活塞套已磨损而失去功能；输送油管或接头漏油；虽润滑泵正常运行，但分油器不工作。以上情况均可对症处理后运行。

④ 喂入物料粒度过大而跳停。入辊压机物料粒度比任何其他粉磨装备都有更为严格的要求［详见 10.1.2 节(1)①］。

这种跳停再次启动后，压力往往加不到预加压力值，这是由于铁块或大块物料进入辊面一侧，引起某侧溢流泄压，且弹簧不能复位或卡住，此时只需把辊压机转换为机旁操作，单独向一侧加压，并更换无法加压的溢流阀即可。

⑤ 辊面磨损严重而跳停［详见 10.3.2 节(5)］。上述④、⑤两项将造成左、右侧辊缝过大、辊缝差过大、辊缝间隙极限开关动作急停。

⑥ 选粉机变频电机调节过快或幅度过大，会导致系统保护跳停（详见 10.4.4 节⑤）。

⑦ 由于粉磨系统其他设备故障而连锁跳停，包括连锁自身的故障。

以上情况可归结为压差、电流差、辊缝差跳停，分别通过压力传感器、电流表、位移传感器正常检测，中控可观察屏幕显示的压力、电流、辊缝数据发现异常。

若自控给出连锁跳停的信号，就要求现场巡检检查如下内容是否有异常：

a. 物料中是否含有大块物料，是否超过辊压机允许进料粒度。

b. 金属探测器是否漂移，导致入辊压机物料中含有金属件损伤辊面。

c. 辊压机进口溜子处所装气（电）动闸阀开关是否灵活。

d. 进料装置是否开度过大。

e. 进料溜子上棒条闸门开度是否适当。

f. 打开辊压机辊罩检修门检查是否有物料堵塞。

g. 检查侧挡板、进料调节板是否与电流高的辊轴有擦碰现象。

h. 检查辊面棱纹是否磨损，测量动、定辊直径，若已磨损，进行辊面堆焊。

i. 减速机油温是否异常。

（3）辊压机稳料仓冲料

除了细粉在料仓中过多或过于集中时，会产生冲料现象之外，还有以下可能：一是有个别大颗粒或异物，卡在辊缝中；二是辊面有较大面积磨损或辊皮脱落；三是侧挡板磨损或变形外翘，发生边缘效应。

（4）辊压机稳料仓料位上升

主要原因有：

① 矿渣或脱硫石膏含水量大，物料下料不畅；

② 辊压机设定压力大，料饼不易打散，造成回料量大；

③ 循环风机风门开度过小，V 形选粉机回料量大。

12.5　粉磨系统几种不正常工况范例

12.5.1　原料不稳型

（1）异常特征

磨音或磨机电流变化较大，导致操作员不断频繁改变喂料量。立磨或辊压机会造成跳停。

（2）导致原因

企业采购与储存原料不重视均质稳定，使入磨的原料粒度、水分、硬度经常处在不断改变的状态中，甚至掺有金属件异物，威胁设备正常运转。

（3）危害效果

无法实现高产优质低消耗的目标。尤其是出磨产品的质量指标不稳定。对下道工序或用户都有较大不利影响。如果是立磨或辊压机，还会威胁伤害磨辊的安全运转。

（4）解决途径

严格控制进厂原料质量不仅要合格稳定，还要均化；并重视除铁。

12.5.2　大风大料型

（1）异常特征

用风量大，尤其是循环风机的开度大；喂料量大，产品细度易粗，尤其 $200\mu m$ 筛余偏大。

（2）导致原因

为提高磨机单产，提高磨机通风量是一种有效的方法。但如果用风量过大，增加的产量要用成倍的能耗补偿，反而影响企业效益。尤其是在管道连接不顺、阻力较大时，更加明显。

（3）危害效果

① 各风机之间会增加无缘的相互抵消的能量浪费，不但单位电耗升高，还不利于风机寿命。

② 产品细度中粗粉会增多，如果 $80\mu m$ 筛余相同情况下，大于 $200\mu m$ 的比例会增大，如果是生料磨，则不利于煅烧；对于煤磨及水泥磨，也不是希望的结果。

（4）解决途径

合理控制用风（详见 8.2.3 节、9.2.3 节），以追求最低电耗时的最高产量。

12.5.3　通风不畅型

（1）异常特征

系统风机前负压过高，磨头负压很小，甚至正压；管磨的磨音发闷，甚至糊球；立磨的磨内压差不大，吐渣量大；辊压机回粉量多；产量加不上去。

（2）导致原因

① 物料含水量较大，物料在磨内流动性较差。

② 磨机风机功率不足；或系统通风管道阻力过大，包括管道的连接方式、系统收尘器的阻力及沿途的漏风严重；也不排除风机之间的争风抵消。

③ 喂料量过大，粉磨能力不足，而且选粉效率低，回粉量较大，粉磨与选粉能力不匹配。

④ 如果是管磨机，磨内隔仓板等设施故障。如果是立磨，需检查喷口环及相应管道。

（3）危害效果

磨机台产大幅度降低，能耗增加。

（4）解决途径

根据不同原因分析采取对策。

参 考 文 献

[1] 谢克平. 水泥新型干法生产精细操作与管理. 2版. 北京：化学工业出版社，2015.

[2] 谢克平. 新型干法水泥生产问答千例：操作篇. 北京：化学工业出版社，2011.

[3] 谢克平. 新型干法水泥生产问答千例：管理篇. 北京：化学工业出版社，2011.

[4] 谢克平. 高性价比水泥装备选用动态集锦. 北京：化学工业出版社，2016.